Stimmen zum Miracle Morning

„Ich war fast mein ganzes Leben lang eine Nachteule, bis ich endlich den *Miracle Morning* entdeckte und schnell erkannte, wie wichtig es für mich war, den Tag zielgerichtet zu beginnen. Als Unternehmer hat diese Methode mir unschätzbare Dienste geleistet und meine Produktivität, Kreativität und Konzentration massiv verbessert. Wenn du dieses Buch nicht liest, wirst du niemals so erfolgreich, wie du sein könntest." – **Pat Flynn, Bestsellerautor von *Will It Fly*? und Moderator des Hit-Podcasts *Smart Passive Income***

„Erfolg hinterlässt Spuren. Durch welche einzige Veränderung, welche Idee, kannst du dein Geschäft und dein Leben dramatisch verbessern? Durch den *Miracle Morning* und die geheimen Gewohnheiten, die eine Vielzahl von erfolgreichen Unternehmern nutzen." – **JJ Virgin, Gründer von JJ Virgin & Associates und dem Mindshare Collective**

„Unternehmer sind die Schöpfer und Visionäre dieser Welt und wir denken viel zu oft, dass wir eine leere Leinwand brauchen, um dieses Ziel zu erreichen. Ich habe aber gelernt, dass eine Struktur und eine positive Routine, besonders früh am Morgen, entscheidend sind, um große Träume wahr werden zu lassen. Selbst wenn du kein Morgenmensch bist, ist dies die Anleitung, die du brauchst, um Großes zu schaffen." – **Yanik Silver, Autor von *Evolved Enterprise* und Gründer von Maverick1000**

„Ich wünschte, ich hätte dieses Buch schon vor 15 Jahren in der Tasche gehabt, am besten eine mitgenommene, zerknickte und mit Notizen vollgekritzelte Ausgabe. Das hätte mir eine Menge Ärger erspart. Seit damals hatte ich das Glück, auf diese Prinzipien zu stoßen und zum erfolgreichen Unternehmer zu werden. Aber Cameron präsentiert alles ganz klar und knackt den Code, sodass ihn jeder lesen kann. Dieses Buch ist großartig für Unternehmer und die zahlreichen Menschen, die gerne erfolgreiche Unternehmer wären." – **James Altucher, Gründer von Choose Yourself Media**

Hal Elrod & Cameron Herold

mit Honorée Corder

MIRACLE MORNING

FÜR UNTERNEHMER

Die Stunde, die dein Business verändert

Aus dem amerikanischen Englisch von Christina Brombach

Edition Forsbach

Die amerikanische Originalausgabe erschien 2016 unter dem Titel „The Miracle Morning for Entrepreneurs".

Bibliografische Information der Deutschen Nationalbibliothek:
Die Deutsche Nationalbibliothek verzeichnet diese Publikation in der Deutschen Nationalbibliografie; detaillierte bibliografische Daten sind im Internet über http://dnb.dnb.de abrufbar.

Edition Forsbach
Bücher mit Herz

© Edition Forsbach, Bamberg 2020
www.edition-forsbach.de
3. Auflage, September 2025

Coverbild: © sompong_tom, Adobe Stock

Printed in Germany
ISBN 978-3-95904-123-2 (Print)
ISBN 978-3-95904-124-9 (E-Book)

„Es gibt ein Sprichwort, dass der, der den Morgen gewinnt, den ganzen Tag gewonnen hat … Die beiden Autoren von *Miracle Morning für Unternehmer* sind zwei der klügsten Geschäftsleute, die ich kenne, und das Buch ist ein idealer Fahrplan für alle, die ihren Morgen (und ihr Unternehmen) auf die nächste Stufe heben wollen." – **Jayson Gaignard, Gründer von Mastermind Talks**

„Hals und Camerons neues Buch zeigt deutlich, dass nicht alle Morgenrituale gleich gut sind. Jeder Unternehmer kann von dieser Methode profitieren, die es ihm erlaubt, jeden Tag mit dem richtigen Fuß aufzustehen." – **Ari Meisel, Gründer von Less Doing**

„Als Unternehmer ist man ständig dabei, Ressourcen von einem niedrigeren Produktivitätslevel auf ein höheres zu heben. In Cameron Herold und Hal Elrods neuem Buch *Miracle Morning für Unternehmer* findest du heraus, wie du eine größere und bessere Vision für dein Business entwickelst, wie du den Morgen in den Griff bekommst, wie du besser mit deiner Energie umgehst und deinen Erfolg auf die nächste Stufe hebst. Lies dieses Buch sofort, wenn du ein noch einflussreicherer und inspirierender Unternehmer werden willst." – **Joe Polish, Gründer von Genius Network und Piranha Marketing Inc.**

„Viele Unternehmer hassen den Morgen. Das ist verständlich, wenn man bedenkt, wie viele von uns bis spät in die Nacht hinein arbeiten, manchmal sogar bis zum Morgengrauen. Um ehrlich zu sein, ich habe kein besonders regelmäßiges Morgenritual. Aber wenn ich den Tag richtig beginne, scheint einfach alles glatter zu laufen. Wenn du nach Inspiration und einer Anleitung suchst, wie du jeden Tag mit einer positiven Haltung beginnen und alles überwinden kannst, was sich dir in den Weg stellt, hast du das mit dem *Miracle Morning* gefunden. Voll mit Techniken und Taktiken, wie du das Beste aus deinem Morgen (und dem ganzen Rest des Tages) herausholen kannst, ist *Miracle Morning für Unternehmer* die perfekte Anleitung, wie du deinen Tag optimal beginnst und dafür sorgst, das alles glatt geht, bis du dich abends wieder ins Bett legst." – **Joey Coleman, Chief Experience Composer bei Design Symphony**

Widmung

Hal

Dieses Buch möchte ich speziell meinen Unternehmerkollegen widmen – denen von uns, die das Spiel schon lange spielen und denen, die gerade erst damit anfangen. Ich bewundere euren Mut, euch ins Ungewisse zu begeben, um Werte für die Welt und Freiheit für euch und eure Familie zu erschaffen. Allerdings hat keiner von uns ganz allein Erfolg. Jeder große Unternehmer wird von einem Kreis aus einflussreichen Personen gestützt, die uns auf unserer Reise begleiten und manchmal die Richtung vorgeben. Oft sind es genau diese Menschen, für die wir bereit sind, stundenlang alles zu geben.

Im Mittelpunkt dieses Kreises steht für mich meine Frau Ursula, meine Traumfrau, deren Unterstützung alles möglich macht, was ich tue. Danke, dass du an mich glaubst, sogar dann, wenn ich es selbst nicht schaffe. Für meine Kinder, Sophie und Halsten: Ihr spornt mich an, mehr zu tun und mehr zu erschaffen. Ich liebe euch mehr als alles andere auf der Welt!

Zuletzt möchte ich Cameron Herold für die Zusammenarbeit an diesem Buch danken. Ich war schon längst ein Fan von Cameron, bevor wir uns das erste Mal begegneten, deshalb war es mir eine Ehre, die Köpfe mir ihm zusammenzustecken und gemeinsam ein Buch zu schreiben, von dem ich glaube, dass es für dich alles verändern wird.

Cameron

Ich möchte all den Unternehmern und CEOs danken, deren Coach ich in den letzten zehn Jahren sein durfte. Eure Routinen und euer Wissensdurst haben mich dazu inspiriert, auch weiter zu wachsen.

Der wichtigste Dank geht an meine Frau Kimberley, die wunderbarste Frau, die ich je kennengelernt habe. Ich fühle mich gesegnet und wäre ohne sie komplett verloren. Und an meine vier Kinder, Aidan, Connor, Hannah und Emily. Vielen Dank, dass ihr mir erlaubt habt, meine Business-Träume zu verfolgen, damit ich mehr Freizeit habe und mit euch gemeinsam neue Erinnerungen schaffen kann. Ich liebe euch alle!

INHALT

Teil II:

Die Überfliegerfähigkeiten von Unternehmern

Teil III:
Unternehmerische Überfliegerprinzipien

GELEITWORT VON RENÉE MOORE

Hal Elrod ist der Autor eines der beliebtesten Bücher der Welt, *The Miracle Morning*. Das Buch wurde mittlerweile in 27 Sprachen übersetzt und hat über 2.000 Fünf-Sterne-Bewertungen auf Amazon erhalten; die darin beschriebene Methode wird täglich von über 500.000 Menschen in mehr als 70 Ländern praktiziert. Deshalb freue ich mich sehr, das Geleitwort zur deutschen Ausgabe seines Buches *Miracle Morning for Entrepreneurs* schreiben zu dürfen.

Als ich Hal Elrod und seine Bücher kennenlernte, war ich zunächst erstaunt: Sollte so eine scheinbare „Kleinigkeit", wie eine Stunde am frühen Morgen mit sich selbst zu verbringen, eine derartige Bewegung unter den Menschen bewirken? Es heißt, dass Hal Elrod eine der am schnellsten wachsenden und engagiertesten Online-Communities der Welt gegründet hat.

Doch dann erkannte ich, dass alle erfolgreichen Menschen offenbar diesem einfachen und effizienten Tagesablauf folgen: Unternehmer, Millionäre, Schriftsteller – sie leben nicht einfach in den Tag hinein, sondern stehen wesentlich früher auf als alle anderen und verbringen eine Stunde oder mehr mit sich selbst und sechs einfachen Ritualen: Meditation, Affirmationen, Visualisierungen, Bewegung, Lesen und Schreiben. Und sie machen jeden Morgen das Gleiche – sie reflektieren, bevor sie anfangen zu arbeiten, sie bringen Struktur und Effizienz in ihre Arbeit, sie schöpfen Energie – und sie starten in den Tag, ohne durch E-Mails, Telefonate und soziale Netzwerke vom Wesentlichen abgelenkt zu werden. Das ist der Schlüssel zu ihrem Erfolg.

Und da ich selber als Business-Mentorin Unternehmer unterstütze, ihr Business erfolgreich aufzubauen, Potenziale zu erkennen, Menschen zu inspirieren und verborgene Talente ans Tageslicht zu bringen, kann ich bestätigen, dass das nur mit einer klugen Strategie geht – sowohl beim Aufbau eines Business als auch auf dem Weg zum Erfolg. Dabei spielen die sechs Rituale des *Miracle Morning*, die Live S.A.V.E.R.S., eine wichtige Rolle. Am frühen Morgen, bevor die Welt erwacht, ist offenbar die allerbeste Gelegenheit, über die Handlungsschritte nachzudenken und den Rest des Tages optimal auf dein Schreiben auszurichten.

In diesem Buch *Miracle Morning für Unternehmer* erfährst du, wie du dich selbst am besten führen und deine persönliche Entwicklung vorantreiben kannst, wie du mit deiner Energie umgehst und wie du es schaffst, Prioritäten zu setzen. Du findest eine Vision für dein Business, lernst zu delegieren und dir einen Partner zu suchen, der deine Fähigkeiten und Stärken ergänzt, um dein Business weiter vorwärts zu bringen.

Hal Elrod hat das Buch zusammen mit Cameron Herold geschrieben, der Bestsellerautor und anerkannter Experte zum Thema „Unternehmerisches Denken" ist. Er stellt dir Erfolgsprinzipien und grundlegende Fähigkeiten vor, die du brauchst, um dein erfolgreiches Business aufzubauen und daneben ein erfülltes Privatleben zu haben. Sein Geheimtipp für erfolgreiche Unternehmer ist der *Miracle Morning* – er gibt dir die Chance, den Tag richtig zu beginnen und gleichermaßen für Körper und Geist zu sorgen.

Lies dieses Buch bitte mehrmals – du baust dir damit eine Grundlage für Erfolg als Unternehmer und in allen Lebensbereichen, und das für den ganzen Rest deines Lebens.

Ich wünsche dir viel Spaß beim Lesen und großen Erfolg beim Umsetzen!

Deine Renée Moore

Dr. Renée Moore, *Internationale Keynote-Speakerin, „Deutschlands führende Motivations-Expertin" (RTL), „The New Global Leader" (Huffington Post) und Autorin des Bestsellers "Be Unstoppable in deinem Business!"*
www.reneemoore.com

EINE EINLADUNG VON HAL

Die Leser und Anwender des *Miracle Morning* haben eine außergewöhnliche Gemeinschaft von über 200.000 ähnlich gesonnenen Personen auf der ganzen Welt geschaffen, die jeden Tag mit einem Ziel aufwachen und Zeit darauf verwenden, das unbegrenzte Potenzial zu nutzen, das in uns allen liegt, während sie gleichzeitig anderen helfen, das Gleiche zu tun.

Als Autor von *Miracle Morning* empfand ich es als meine Pflicht, eine Online-Community zu schaffen, in der sich Leser zusammenfinden können, um sich kennenzulernen, sich gegenseitig Mut zu machen, sich über die besten Methoden auszutauschen, sich gegenseitig zu unterstützen, über das Buch zu diskutieren, Videos zu posten, einen Partner zu finden, dem sie Rechenschaft ablegen können, und sogar Smoothierezepte und Sporteinheiten zu teilen.

Allerdings hätte ich mir damals ehrlich gesagt nicht träumen lassen, dass die *Miracle Morning Community* eine der positivsten, engagiertesten und sich gegenseitig am besten unterstützenden Online-Communitys der Welt werden würde, aber genau das ist passiert. Die Persönlichkeit und menschliche Größe unserer Mitglieder aus mittlerweile über siebzig Ländern erstaunt mich jeden Tag aufs Neue – und es werden immer mehr.

Geh einfach auf **www.MyTMMComunity.com** und beantrage Aufnahme in die Facebook-Gruppe der *Miracle Morning Community*. So kommst du augenblicklich in Kontakt mit über 80.000 Menschen, die die Methoden des *Miracle Morning* bereits anwenden. Einige davon fangen ihren Weg zum *Miracle Morning* vielleicht erst an, aber es gibt noch viele mehr, die schon seit Jahren dabei sind und ihre Ratschläge, Unterstützung und Erfahrung nur zu gerne teilen, um dir schneller zum Erfolg zu verhelfen.

Ich moderiere diese Community und schaue auch regelmäßig dort vorbei, also freue ich mich darauf, dich dort zu treffen. Wenn du lieber persönlich auf den sozialen Medien mit mir in Kontakt treten möchtest, folge einfach @HalElrod auf Twitter oder Facebook.com/YoPalHal auf Facebook. Ich möchte dich kennenlernen!

VORWORT

VON LEWIS HOWES

Die Entscheidung, Unternehmer zu werden, ist eine der schwierigsten Karrieren, die man wählen kann. Hinter der Verlockung von Freiheit, Flexibilität, unendlichem Potenzial und einem Traumleben steckt die kalte Realität. Diese Realität beinhaltet zahllose lange Tage, die oft bis spät in die Nacht hinein dauern, und das Woche für Woche, Jahr für Jahr. Unsicherheit, Selbstzweifel, Scheitern, Fehler und Enttäuschungen sind ein unvermeidlicher Teil der unternehmerischen Reise.

Dennoch bleiben Unternehmer freiwillig dabei, diesen selbstgewählten Mount Everest zu besteigen, weil sie wissen, dass sie es schaffen können. Und der Fußabdruck, den sie auf der Welt hinterlassen, ist alle Hindernisse wert.

Allerdings muss das Leben als Unternehmer auch nicht ganz so schwer sein, wie es viele Leute oft beschreiben. Wenn man sich konsequent die Gewohnheiten und Prioritäten zulegt, die dafür sorgen, dass man jeden Tag mit Höchstleistung funktionieren kann, umgeht man dadurch einen Großteil des Stresses, der Erschöpfung und der Überforderung, mit denen sich die meisten Unternehmer herumschlagen müssen.

Als ehemaliger professioneller Footballspieler und aktueller Teil der US-amerikanischen Handballnationalmannschaft habe ich schnell gelernt, dass die Gewohnheiten, die ich mir als Spitzensportler und Unternehmer zulege, direkten Einfluss auf den Erfolg meiner Träume haben.

Miracle Morning für Unternehmer ist das ultimative Lehrbuch dafür, welche Gewohnheiten und Prioritäten dir helfen werden, deine Träume zu verwirklichen. Es ist ein perfekter Kompass, der dir zeigt, was du – jeden Tag – ganz oben auf deine Liste schreiben musst, um sicherzustellen, dass du den Gipfel des Unternehmertums erklimmen kannst, ohne dass dir unterwegs das Selbstvertrauen und die Puste ausgehen. Es gibt keine bessere Methode, dich in eine hervorragende Ausgangsposition zu bringen, als in diese täglichen, positiven Gewohnheiten zu investieren. Wenn du das tust, werden die Verlockungen und die Erfüllungen des Unternehmertums für dich schon sehr bald Realität werden.

Lewis Howes, Autor des *New-York-Times*-Bestsellers *The School of Greatness*

www.lewishowes.com

EIN PAAR WORTE VON HAL

Willkommen zum *Miracle Morning*! Ich nehme an, wir haben mit Sicherheit zumindest eine Sache gemeinsam (wahrscheinlich noch ein paar mehr, aber eine kennen wir auf jeden Fall): *Wir wollen unser Leben und uns selbst verbessern.* Das soll nicht heißen, dass irgendetwas mit uns oder mit unserem Leben nicht stimmt, aber als menschliche Wesen sind wir nun mal mit dem natürlichen Trieb geboren, stetig zu wachsen und besser zu werden. Ich glaube daran, dass dieser Trieb in jedem von uns schlummert. Und doch wachen die meisten von uns jeden Tag auf und treten wieder in das ewig gleiche Leben.

Wie auch immer dieses Leben für dich gerade aussieht – ob du außergewöhnliche Höhenflüge des Erfolgs genießt, ob du die herausforderndste Zeit deines Lebens durchstehst oder dich irgendwo dazwischen befindest –, ich kann mit absoluter Sicherheit behaupten, dass der *Miracle Morning* die praxisorientierteste, wirksamste und effektivste Methode ist, die ich je kennengelernt habe, um jeden Bereich deines Lebens zu verbessern und schneller damit voranzukommen, als du dir vorstellen kannst.

Für Überflieger und Höchstleistungsträger können sich die Karten durch den *Miracle Morning* komplett neu mischen, weil er ihnen erlaubt, die schwer fassbare nächste Stufe endlich zu erreichen und ihren persönlichen und professionellen Erfolg viel weiter zu steigern, als es ihnen bisher gelingen konnte. Darunter fallen natürlich auch ein gesteigertes Einkommen und/oder ein wachsendes Business, mehr Verkäufe und höhere Umsätze, aber meistens geht es dabei vielmehr darum, neue Wege zu finden, in Lebensbereichen, die du vielleicht vernachlässigt hast, mehr Erfüllung und Erfolg zu verspüren. Zum Beispiel verbessern sich dadurch ***Gesundheit, Glück, Beziehungen zu anderen, Finanzen, Spiritualität*** sowie alle anderen Bereiche, die dir besonders wichtig sind.

Für diejenigen von uns, die gerade eine Menge Gegenwind bekommen und sich täglich abstrampeln müssen – geistig, emotional, finanziell, in Bezug auf andere oder in einem anderen Lebensbereich –, hat sich der *Miracle Morning* immer wieder als das einzige erwiesen, was jedem die Kraft geben kann, scheinbar unüberwindliche Hindernisse zu besiegen, wichtige Durchbrüche zu erlangen, und die Situation zu seinen Gunsten zu verändern, oftmals in relativ kurzer Zeit.

Egal, ob du in ein paar wenigen Lebensbereichen wichtige Fortschritte erzielen möchtest oder ob du bereit bist, dein ganzes Leben umzukrempeln und von Grund auf zu verändern, sodass von deiner aktuellen Situation bald nur noch entfernte Erinnerungen bleiben, so oder so ist dieses Buch das richtige für dich. Du stehst am Beginn einer wundervollen Reise durch einen einfachen, Schritt für Schritt erklärten Prozess, der garantiert jeden deiner Lebensbereiche verwandeln wird … und das vor 8 Uhr morgens.

Ich weiß, ich weiß – das sind ganz schön große Versprechungen, die ich da mache. Aber der *Miracle Morning* erbringt jetzt schon messbare Resultate für hunderttausende von Menschen auf der ganzen Welt, und er kann auf jeden Fall die eine Methode sein, die dich dahin bringt, wo du sein willst. Meine Co-Autoren und ich haben alles getan, was wir können, um sicherzustellen, dass dieses Buch wirklich eine lebensverändernde Investition deiner Zeit, Energie und Aufmerksamkeit ist. Danke, dass du uns erlaubst, an deinem Leben teilzuhaben. Unsere wundervolle, gemeinsame Reise geht gerade erst los.

Mit Liebe und Dankbarkeit

Hal

EIN PAAR WORTE VON CAMERON HEROLD

MEIN MIRACLE MORNING

Welch größeren Reichtum kann es geben, als Herr über das eigene Leben zu sein und es dazu zu nutzen, zu wachsen? Jedes Lebewesen muss wachsen. Es kann nicht stillstehen. Es muss wachsen oder sterben.

AYN RAND, *Atlas wirft die Welt ab*

Hal und der *Miracle Morning* haben mein Leben verändert. Seit ich begonnen habe, die Morgenroutine anzuwenden, die ich in diesem Buch gefunden habe, bin ich ein deutlich besserer Unternehmer geworden und kann den CEOs, deren Mentor ich bin, helfen, sich Gewohnheiten zuzulegen, die ihnen wiederum ermöglichen, sich selbst und ihr Business auf eine Stufe zu heben, die sie sich nie erträumt hätten.

In *Die 7 Wege zur Effektivität* beschreibt Stephen Covey, wie bedeutsam es ist, wichtige, aber nicht dringende Aufgaben höher zu bewerten als solche, die zwar dringend, aber nicht wichtig sind. Er definiert wichtige Aufgaben als alles, was entscheidend dazu beiträgt, langfristige Ziele zu erreichen, was aber nicht zwingend bis zu einem bestimmten Zeitpunkt erledigt sein muss.

Die Methoden in diesem Buch, und viele, die ich an meinen besten Tagen nutze, sind solche wichtigen Aufgaben. Und je konsequenter ich sie anwende, desto besser wird mein Leben.

Mein *Miracle Morning* besteht aus einer Routine, in der Achtsamkeit, mein persönliches Dankbarkeitstagebuch, Meditation, ein Tagesbeginn ohne E-Mails zu lesen und eine ganze Bandbreite von Gesundheitspräparaten wie Vitaminen, Probiotika, Zitronensaft, Knoblauch und Tee (statt Kaffee) ihren Platz haben.

Wie wir hierher gekommen sind

Hal und ich haben uns vor einiger Zeit durch ein paar Mastermind-Gruppen kennengelernt, zu denen wir beide gehören. Ich habe mich damals bewusst darauf konzentriert, meine Geschäfte weiter zu verbessern, aber es waren Hals Ansatz für Persönlichkeitsentwicklung und sein Morgenritual, die meine Aufmerksamkeit erregten.

Als meine Frau mir das erste Mal vom *Miracle Morning* erzählte, war meine Reaktion: „Nein. Ich bin definitiv kein Morgenmensch." Also machte ich einfach weiter wie zuvor und drückte die Schlummertaste.

Doch dann entwickelte sich der *Miracle Morning* zu einem viralen Phänomen. Ich sah, wie Menschen, die ich kannte, Dinge darüber posteten, wie er ihr Leben verändert hatte, und dachte: „Scheint so, als fände dieser *Miracle Morning* immer mehr Anhänger – gut für Hal!"

Natürlich musste ich das Buch lesen, verliebte mich in die Methode und begann, sie für mich umzusetzen. Und jetzt trainiere ich für meinen ersten Marathon und wiege wieder so viel wie vor zwanzig Jahren. Als Hal mich kontaktierte, um mich zu fragen, ob ich dieses Buch mit ihm zusammen schreiben wollte, fühlte ich mich geehrt.

Das Ergebnis hältst du jetzt in der Hand. Zusätzlich zu dem, was Hal und ich jeweils zu diesem Buch beigetragen haben, habe ich noch andere äußerst produktive Unternehmer interviewt und ihre Profile mit aufgenommen.

Der Miracle Morning für Unternehmer

Wenn du außergewöhnlich viel Erfolg und Einkommen anziehen, erschaffen und erhalten möchtest, musst du zuerst herausfinden, wie du *zu der Person* wirst, die überhaupt in der Lage ist, einfach und dauerhaft den außergewöhnlichen Erfolg und das damit einhergehende Einkommen anzuziehen, zu erschaffen und zu erhalten, die du dir wünschst.

Dann musst du das meistern, was die Top-Unternehmer darüber wissen, ein Geschäft aufzubauen, das ihnen die Freiheit und das Einkommen ermöglicht, die nur das oberste Prozent aller Menschen genießen können.

*Miracle Morning für Unternehme*r ist anders als alle anderen Unternehmensratgeber. Es ist das Standardwerk, das dir zeigt, wie du in *jedem* Lebensbereich gleichzeitig erfolgreich sein kannst: wie du gleichzeitig ein Top-Unternehmer sein und ein Leben voll Gesundheit, Balance und Erfüllung führen kannst. Dieses Buch verrät dir, was die erfolgreichsten Unternehmer tun, und verschafft dir von der ersten Seite an einen Vorsprung, indem es dir hilft, zu einem von ihnen zu werden – geistig, emotional, spirituell, strategisch und in Bezug auf deine Fähigkeiten.

Du bist dran

Was wäre, wenn du jeden Morgen mühelos aufwachen und direkt das außergewöhnlich hohe Maß an Energie, Klarheit und unerschütterlicher Konzentration haben könntest, das du brauchst, um deine obersten Prioritäten umzusetzen und dich selbst und dein Business auf die nächste Stufe zu heben? Was wäre, wenn es eine liebgewonnene Gewohnheit wäre, morgens früh aufzustehen? Was wäre, wenn jeder Morgen sich wie der Weihnachtsmorgen anfühlen könnte? Du weißt schon, so, wie sich Weihnachten anfühlte, als du noch ein Kind warst? Als du ins Bett gingst und schier vor Vorfreude und Spannung platztest, was wohl am nächsten Tag passieren würde, sodass du morgens geradezu aus dem Bett sprangst, um möglichst schnell alle deine Geschenke aufmachen zu können – oder ging das nur mir so? Hättest du daran Interesse?

Ich kann dir versichern, dass ich mich jeden Tag genau so fühle. Ich gehe abends ins Bett und freue mich schon auf den nächsten Tag, und ich wache jeden Morgen voll Vorfreude auf das auf, was der Tag für mich bereithält. Dafür, dass sich mein Leben in etwas so Wertvolles verwandelt hat, bin ich unendlich dankbar.

Ich weiß. Du denkst jetzt wahrscheinlich: „Das habe ich schon versucht, aber es hat nicht geklappt. Ich habe versucht, mein Leben und mein unternehmerisches Wachstum in den Griff zu bekommen, und ich bin daran öfter gescheitert, als ich zugeben will. Jetzt macht es mich nervös, etwas Neues auszuprobieren. Kann mir diese Methode wirklich helfen?"

Ja! Ja! *Ja!*

Ich glaube, dass man sowohl sein äußeres als auch sein inneres Verhalten meistern muss, wenn man wirklich erfolgreich werden will – wie auch immer Erfolg für dich aussehen mag. Wenn du den Morgen gewinnst, gehört dir der ganze Tag. Und wenn dir der Tag gehört, schaffst du auch deine unternehmerische Reise.

Wenn du es zulässt, kann *Miracle Morning für Unternehmer* dein Coach sein, dein Partner, dem du Rechenschaft ablegst und dein Mastermind-Team, alles auf einmal. Sorge dafür, dass du dieses Buch und dein Journal immer zur Hand hast, damit du es lesen und wiederlesen, dir Notizen machen, deine Gedanken festhalten und deine Fortschritte messen kannst.

Du kannst genauso erfolgreich werden wie ich, wenn nicht noch erfolgreicher. Du kannst meinen Erfolg nehmen und ihn für dich vervielfachen.

Alles beginnt damit, dass du die Kontrolle über deinen Morgen übernimmst. Bist du bereit?

TEIL I:

DER MIRACLE MORNING UND DIE LIVE S.A.V.E.R.S.

1. WARUM DER MORGEN WICHTIG IST

(WICHTIGER, ALS DU GLAUBST)

Das erste Ritual, das du am Tag durchführst, ist bei Weitem das wichtigste, weil es deinen Geist und den Kontext für den ganzen Rest des Tages vorgibt.

EBEN PAGAN

Wie du jeden Morgen anfängst, bestimmt deine Geisteshaltung und den Kontext für den Rest deines Tages. Wenn du mit einem zielgerichteten, disziplinierten, wachstumsorientierten und zweckmäßigen Morgen beginnst, ist es so gut wie garantiert, dass du den ganzen Tag mühelos bewältigst.

Wachst du manchmal auf und fühlst dich direkt überfordert? Ich gehe jede Wette ein, dass es den meisten Unternehmern so geht. Sie beginnen ihren Tag damit, aufzuschieben, die Schlummertaste zu drücken und ihrem Unterbewusstsein damit die Nachricht zu schicken, dass sie nicht einmal genug Selbstdisziplin haben, aus dem Bett zu kommen, geschweige denn, das zu tun, was nötig ist, um ihre unternehmerischen Wachstumsziele zu erreichen.

Aber was wäre, wenn du das ändern könntest?

Was wäre, wenn du deinen Tag mit einer Stunde Ruhe und Frieden starten könntest? Mit einem aufgeräumten geistigen Raum, in dem du ein Gefühl von ruhiger Konzentration wiederfinden kannst, wo du die Kontrolle übernimmst und auf eine geordnete, selbstbestätigende Weise weitermachen kannst? Leider weißt du aber, dass du das nicht kannst – oder vielleicht doch, aber nicht ausgerechnet heute.

Was wäre, wenn du es als das erste Geschenk betrachten könntest, das das Leben dir morgens macht, wenn der Wecker klingelt? Früh aufzustehen schenkt dir die Zeit, die du brauchst, um die Person zu werden, die du sein musst, um all deine Ziele und Träume – für dich selbst und dein Unternehmen – zu erreichen, während der Rest der Welt noch schläft.

Die meisten Unternehmer wachen morgens auf und glauben, sie müssten sich darauf konzentrieren, mehr zu *tun*, um mehr zu erreichen. Du dagegen wirst bald lernen, dass das wahre Geheimnis ist, mehr zu *werden*, damit du mehr erreichen kannst, indem du *weniger* tust.

Du denkst jetzt wahrscheinlich: „Das alles klingt toll, Cameron. Aber ich bin nun mal kein Morgenmensch."

Das verstehe ich. Wirklich. Damit sagst du nichts, was ich mir nicht auch schon tausendmal erzählt habe. Und glaub mir, ich habe sehr oft versucht, die Kontrolle über meinen Morgen zu übernehmen und es nicht geschafft. Aber das war, bevor ich den *Miracle Morning* entdeckte.

Hör mir kurz zu. Ich wette, du willst nicht nur ein Unternehmen haben, das so groß und gut ist wie möglich, du würdest auch gern aufhören können, dir Sorgen darüber zu machen, dass am Ende des Geldes noch so viel Monat übrig ist oder dass du deine Ziele verfehlen könntest, und all die starken negativen Gefühle loslassen, die diese Herausforderungen mit sich bringen. Habe ich recht? Diese Dinge stehen dir auf der Reise zum effektiven Unternehmer im Weg, weil sie dein Selbstvertrauen beeinträchtigen und dich davon abhalten, dich in Bezug auf dich selbst und dein Leben gut zu fühlen, was dich wiederum daran hindert, effektiv auf deine Ziele hinzuarbeiten.

Kommt dir das alles bekannt vor?

Dann sage ich dir: Der Morgen ist der Schlüssel zu allem.

Wichtiger als die Zeit, zu der du deinen Tag beginnst, ist die Denkweise, mit der du deinen Tag angehst.

Vielleicht träumst du davon, durch dein Unternehmen ein beträchtliches Einkommen aufzubauen, damit du danach deinen Wecker mit einem Baseballschläger bearbeiten kannst, um zu sehen, wie es ist, aufzustehen, wann du willst.

Glaub mir, das verstehe ich. Ich beschließe auch oft, meinen Tag erst dann zu beginnen, wenn ich von selbst aufwache. Aber auch in solchen Fällen bildet mein *Miracle Morning* den ersten Teil meines Tages und verschafft mir die richtige Geisteshaltung, um das Beste aus dem Rest des Tages herauszuholen.

Es ist außerdem nicht unwahrscheinlich, dass du dieses Buch in einer frühen Phase deines Unternehmerlebens liest, und das bedeutet, dass du wahrscheinlich von Sonnenaufgang bis weit nach Sonnenuntergang am Aufbau deines Unternehmens arbeitest. Wenn das der Fall ist, ist es entscheidend, dass du lernst, den *Miracle Morning* umzusetzen, wenn du willst, dass dein Unternehmerleben geradezu explodiert, damit du endlich so erfolgreich werden kannst, wie du es dir wünschst. Hier ist die gute Nachricht: Es lohnt sich. Und es macht viel mehr Spaß und ist viel befriedigender, als du vielleicht erwartest.

Bevor wir allerdings genauer betrachten, wie du die Kontrolle über deinen Morgen übernehmen kannst, lass mich dir erklären, warum du das überhaupt tun solltest. Denn glaub mir, sobald du die Wahrheit über den Morgen kennst, wirst du nie wieder einen verpassen wollen.

Warum der Morgen so wichtig ist

Je mehr du über die Macht des frühen Aufstehens und über Morgenrituale lernst, desto mehr häufen sich die Beweise, dass der frühe Vogel viel mehr bekommt als nur den Wurm. Hier sind ein paar der wichtigsten Vorteile, die du schon bald am eigenen Leib erfahren wirst.

Du wirst proaktiver und produktiver.

Christoph Randler ist Biologieprofessor an der Universität Heidelberg. In der Juliausgabe des *Harvard Business Review* von 2010 erklärt Randler, dass „Menschen, die am Morgen ihre Leistungsspitze erreichen, besser für eine erfolgreiche Karriere positioniert sind, weil sie proaktiver sind als Menschen, die abends am leistungsstärksten sind."

Robin Sharma, *New-York-Times*-Bestsellerautor und weltbekannter Unternehmer, sagt: „Wenn man viele der produktivsten Menschen der Welt betrachtet, wird man schnell feststellen, dass sie alle eines gemeinsam haben: Sie sind alle Frühaufsteher."

Du siehst Probleme kommen und kannst ihnen rechtzeitig aus dem Weg gehen.

In seinem Artikel stellt Randler die These auf, dass Frühaufsteher alle wichtigen Karten in der Hand halten. Sie sind „besser in der Lage, Probleme vorherzusehen und zu minimieren, sie sind proaktiv, haben größere berufliche Erfolge und verdienen letzten Endes höhere Gehälter." Er beschreibt, dass Frühaufsteher Probleme früher kommen sehen, und dass ihnen die Lösung leichter von der Hand geht, was sie zu erfolgreicheren Geschäftsleuten macht.

Du planst wie ein Profi.

Frühaufsteher haben genug Zeit, ihren Tag zu organisieren, vorherzusehen, was auf sie zukommt, und sich darauf vorzubereiten. Unsere schläfrigeren Mitmenschen reagieren dagegen eher und überlassen dabei eine Menge dem Zufall. Bist du nicht auch gestresster, wenn du den Wecker überhörst und deshalb verschläfst? Mit dem Sonnenaufgang (oder davor) aufzustehen, erlaubt es dir, deinem Tag auf die Sprünge zu helfen. Während alle anderen herumrennen und (vergeblich) versuchen, ihren Tag in den Griff zu bekommen, bist du ruhig, cool und gefasst.

Du hast mehr Energie.

Ein wichtiger Bestandteil deines neuen *Miracle Morning* besteht aus Bewegung, die von gestressten Unternehmern oft vernachlässigt wird. Schon ein paar Minuten Bewegung reichen aus, um den Tag positiv gestimmt anzugehen. Ein besser mit Blut versorgtes Gehirn kann klarer denken und sich auf das konzentrieren, was wichtig ist. Frischer Sauerstoff durchdringt jede Zelle deines Körpers und schenkt dir den ganzen Tag lang Energie. Deshalb sind Spitzenunternehmer, die Sport treiben, besser gelaunt und in Form, schlafen tiefer und werden produktiver. Wenn du dich also mehr bewegst, wirst du auch gleich bessere Zahlen schreiben, mehr Kunden gewinnen, geeignetere Angestellte finden und insgesamt ein optimal aufgestelltes Unternehmen aufbauen.

Du genießt die Vorteile des Frühaufsteherlebens.

Forscher der Universität von Barcelona haben vor kurzem Morgenmenschen – Frühaufsteher, die gern mit dem Sonnenaufgang aus den Federn kommen – mit Abendmenschen verglichen, mit Nachteulen, die lieber lange aufbleiben und morgens ausschlafen. Einer der Unterschiede, die sie dabei festgestellt haben, ist, dass Morgenmenschen mehr Durchhaltevermögen an den Tag legen und besser gegen Erschöpfung, Frustration und Schwierigkeiten gewappnet sind. Das bedeutet, dass sie weniger anfällig für Angstneurosen, Depressionen und Drogenabhängigkeit und insgesamt mit ihrem Leben zufriedener sind. Klingt gar nicht schlecht, oder?

Die Beweise sind gesichtet und die Experten haben gesprochen:
Im Morgen liegt das Geheimnis einer außerordentlich erfolgreichen Zukunft für dich als Unternehmer.

Im Morgen? Wirklich?

Ich gebe es zu. Von „Ich bin kein Morgenmensch“ über „Ich wäre gern ein Morgenmensch“ bis hin zu „Ich stehe jeden Morgen früh auf und es ist ein tolles Gefühl“ ist es ein weiter Weg. Aber wenn du ein wenig herumprobierst und dabei auch mal scheiterst, wirst du lernen, dein inneres Faultier zu überlisten, ihm den Wind aus den Segeln zu nehmen und es letztendlich zu überwinden, damit du dir das frühe Aufstehen zur Gewohnheit machen kannst.

Nun gut, in der Theorie klingt das großartig, aber du schüttelst jetzt vielleicht den Kopf und denkst: „Das kann gar nicht sein. Ich stopfe jetzt schon genug Dinge für 27 Stunden in nur 24. Wie um alles in der Welt soll ich es schaffen, eine Stunde früher aufzustehen, als ich es bereits tue?“ Dem möchte ich entgegnen: Wie kannst du es nicht tun?

Das Wichtigste, was man verstehen muss, ist, dass es beim *Miracle Morning* nicht darum geht, sich selbst eine weitere Stunde Schlaf zu verweigern, damit der Tag noch länger und härter wird. Es geht nicht einmal darum, früher aufzuwachen. Es geht darum, *besser* aufzuwachen.

Tausende von Menschen auf der ganzen Welt erleben jetzt schon jeden Tag ihren *Miracle Morning*. Viele von ihnen waren früher Nachteulen. Aber sie schaffen es und es tut ihnen gut. Das hat nichts damit zu tun, dass ihr Tag eine Stunde länger ist, sondern damit, dass es die richtige Stunde ist. Und das schaffst du auch.

Wenn du immer noch nicht daran glauben kannst, lass dir von mir sagen: Das Schwerste daran, eine Stunde früher aufzustehen, sind die ersten fünf Minuten. Das ist die entscheidende Zeit, in der du in deinem warmen Bett die Entscheidung treffen musst, entweder in den neuen Tag zu starten oder noch ein letztes Mal die Schlummertaste deines Weckers zu drücken. Das ist der Moment der Wahrheit. Die Entscheidung, die du in diesem Augenblick triffst, wird deinen Tag, deine Erfolgsaussichten und dein Leben verändern.

Deshalb sind diese ersten fünf Minuten der Punkt, an dem wir mit dem *Miracle Morning für Unternehmer* ansetzen. Ab sofort wird es Zeit, dass du jeden Morgen gewinnst. Wenn du den Morgen gewinnst, gehört dir der ganze Tag!

In den nächsten beiden Kapiteln werde ich dir das frühe Aufstehen leichter und aufregender machen, als es je in deinem Leben war (auch wenn du dich noch nie als Morgenmensch gesehen hast), und ich werde dir zeigen, wie du aus diesen neu gefundenen Morgenminuten mit den Life S.A.V.E.R.S. für Unternehmer das Beste herausholen kannst – mit den sechs mächtigsten, nachgewiesenen Methoden zur Persönlichkeitsentwicklung, die es je gab.

In Kapitel 4, 5 und 6 zeigen wir dir die Überfliegerfähigkeiten für Unternehmer, die dafür sorgen werden, dass dein persönliches und unternehmerisches Wachstum sich immer mehr beschleunigt. Du wirst erfahren, warum du dein Leben strategisch auf endlose Energie umstellen musst und wie du deine Fähigkeit optimierst, auf deine Ziele und die profitabelsten Aufgaben ausgerichtet zu bleiben.

In Kapitel 7, 8 und 9 werfen wir schließlich einen Blick auf die unternehmerischen Überfliegerprinzipien, die du meistern musst, um ein erfolgreicher Unternehmer zu werden, deinem Business Flügel zu verleihen und dein Einkommen so schnell wie möglich zu steigern.

Obendrauf bekommst du außerdem noch ein Bonuskapitel von Hal und mir, das du mit ziemlicher Sicherheit lieben wirst.

Das ist eine Menge Information, also gehen wir es am besten gleich an.

Unternehmerprofil
JOE POLISH

Joe Polish ist der Gründer von *Genius Network* und *Piranha Marketing Inc.*

Größte Businesserfolge

- Joe betreut das anspruchsvollste Netzwerk für erfolgreiche Unternehmer der Welt: das Genius Network, in das über 240 Unternehmer jährlich 25.000 Dollar investieren.

- Millionen von Hörern haben seine Podcasts auf www.ILoveMarketing.com und www.10XTalk.com heruntergeladen.

- Er hat mehr als 3 Millionen Dollar für Richard Bransons Wohltätigkeitsorganisation *Virgin Unite* gesammelt.

- Eine seiner Ideen war *www.JoeVolunteer.com*, eine Art "Uber" für Ehrenämter, das komplett umgekrempelt hat, wie Menschen auf der Welt Gutes tun.

- Er gründete *www.ArtistsForAddicts.com*, um zu verändern, wie die Welt Menschen mit Suchtproblemen sieht und behandelt.

Morgenroutine

- Joe wacht zwischen 6 und 7 Uhr auf.

- In den ersten 30 Minuten trinkt er einen Smoothie und ein großes Glas Wasser.

- Dann meditiert er eine Weile.

- Als Frühsport trainiert Joe mit Gewichten oder macht Yoga.

- Dann kontaktiert er zum ersten Mal sein Team, darunter seine großartige Assistentin Eunice.

- Er nutzt die *CommitTo3-App* mit Cameron und legt drei Dinge darin fest, die er an diesem Tag erledigen will.

- Weil er sich als Mensch mit Suchtverhalten versteht, besteht ein wichtiger Teil seines Tages darin, an seiner Abstinenz zu arbeiten. Das bedeutet, dass er – je nach Tag – mit jemandem telefoniert oder redet, etwas in sein Journal schreibt, etwas liest oder etwas Positives anhört.

2. IN FÜNF MINUTEN ZUM FRÜHAUFSTEHER

Wenn man mal genauer darüber nachdenkt, ergibt es gar keinen Sinn, morgens die Schlummertaste zu drücken. Das ist, als würde man sagen: „Ich hasse es, morgens aufzuwachen, also mache ich es immer und immer und immer wieder.“

DEMETRI MARTIN, Comedian

Es ist möglich, das Aufwachen lieben zu lernen – auch wenn man vorher nie ein Morgenmensch war.

Ich weiß, dass du das vielleicht nicht glaubst. Im Moment denkst du vielleicht: „Mag sein, dass es Frühaufsteher gibt, aber glaub mir, ich habe es versucht. Ich bin einfach kein Morgenmensch.“

Es ist aber wahr. Ich weiß es, weil ich auch einmal Langschläfer war. Auch ich wachte früher mit verquollenen Augen auf und drückte erst mal die Schlummertaste. Ich war „schlummersüchtig“, wie Hal es nennt. Ich hasste den Morgen und wachte gar nicht gern auf.

Und jetzt liebe ich es.

Wie habe ich das gemacht? Wenn mich die Leute fragen, wie ich mich in einen Morgenmenschen verwandelt habe – und mein Leben sich dabei von Grund auf verändert hat –, sage ich ihnen, dass ich es in fünf einfachen Schritten getan habe, einen nach dem anderen. Ich weiß, es mag geradezu unmöglich erscheinen. Aber glaub einem ehemaligen Schlummersüchtigen: Das schaffst du auch. Und zwar genau so, wie ich es getan habe.

Das ist die wichtigste Botschaft übers Aufwachen: Es ist möglich, sich zu ändern. Man wird nicht als Morgenmensch geboren, man macht sich dazu. Auch du kannst zum Frühaufsteher werden, und zwar in ein paar einfachen Schritten, die nicht die Willenskraft eines olympischen Marathonläufers erfordern. Ich behaupte, dass du den Morgen lieben lernen kannst, wenn das frühe Aufstehen zu etwas wird, was du nicht nur tust, sondern das Teil deiner Persönlichkeit ist. Dann wird das Aufwachen für dich zu dem, was es für mich schon ist: Ich komme zwar nicht ganz mühelos aus dem Bett, aber kaum, dass ich aufgestanden bin, fühle ich mich voller Energie und Vorfreude auf das, was als Nächstes kommt.

Noch nicht überzeugt? Lass dich doch mal darauf ein! Ich stelle dir jetzt den fünfstufigen Prozess vor, der mein Leben verändert hat. Fünf einfache Anti-Schlummer-Schritte, die das Aufwachen – auch am frühen Morgen – so einfach wie nie zuvor machen. Ohne diese Strategie würde ich immer noch jeden Morgen meine(n) Wecker überhören oder die Schlummertaste drücken. Schlimmer noch, ich würde mich immer noch an den einschränkenden Glauben klammern, dass ich kein Morgenmensch bin.

Und ich hätte eine ganze Welt voller Möglichkeiten verpasst.

Das Problem mit dem Frühaufstehen

Mit dem frühen Aufstehen ist es ein wenig wie mit dem Laufen: Du denkst, du wärst kein Läufer – vielleicht hasst du es sogar –, bis zu dem Moment, in dem du ein Paar Laufschuhe zuschnürst, widerwillig vor die Tür trittst und in einem Tempo loslegst, das man gerade so eben als Laufen bezeichnen könnte. Du setzt einen Fuß vor den anderen, weil du dir vorgenommen hast, deine scheinbar unüberwindliche Abneigung gegen das Laufen zu besiegen. Das machst du ein paar Wochen lang, bis dir irgendwann aufgeht: „Ich bin ein Läufer!"

So ähnlich geht es dir, wenn du einen inneren Widerstand dagegen hast, früh aufzustehen und stattdessen immer wieder die Schlummertaste drückst und den Tag weiter aufschiebst. Dann bist du natürlich kein Morgenmensch. Aber wenn du einfach dem Prozess, den du gleich kennenlernen wirst, Schritt für Schritt folgst, dann wirst du in ein paar Wochen (oder vielleicht schon in ein paar Tagen) aufwachen und feststellen: „Ach du meine Güte, ich kann es gar nicht glauben … Ich bin ein Morgenmensch geworden!"

Diese Möglichkeit klingt gerade toll und du fühlst dich wahrscheinlich motiviert, aufgeregt und optimistisch. Aber was passiert morgen früh, wenn dein Wecker klingelt? Wie motiviert wirst du sein, wenn du im warmen Bett liegst und ein schriller Wecker dich aus dem Tiefschlaf reißt?

Ich denke, wir wissen alle, was dann mit deiner Motivation passiert. Sie wird außer Betrieb genommen und durch Rechtfertigungen und Ausflüchte ersetzt. Und Rechtfertigungen sind gewiefte Dinger – in Sekundenschnelle können wir uns davon überzeugen, dass wir nur noch ein paar Minuten brauchen … und kaum, dass wir uns versehen, rennen wir durchs Haus, weil wir verschlafen haben und zu spät für die Arbeit und das Leben sind. Mal wieder.

Dieses Problem ist knifflig. Gerade dann, wenn wir unsere Motivation am dringendsten brauchen – in den ersten Momenten des Tages –, scheinen wir am wenigsten davon zu haben.

Die Lösung besteht also darin, die Motivation am Morgen zu steigern und den inneren Schweinehund zu überrumpeln. Dazu dienen die fünf folgenden Schritte. Jeder davon hat nur ein Ziel: dein sogenanntes Aufstehmotivationslevel (AML) zu erhöhen.

Früh morgens hast du wahrscheinlich ein niedriges AML. Du willst nichts anderes, als dich noch einmal umzudrehen, wenn dein Wecker klingelt. Das ist normal. Aber durch diesen Prozess kannst du ein hohes AML erreichen, das dich bereit macht, aufzuspringen und den Tag zu meistern.

Die fünfstufige Anti-Schlummer-Aufstehstrategie

Minute 1: Fass den Vorsatz, bevor du einschläfst

Der erste wichtige Schritt auf dem Weg zum Frühaufstehen ist es, zu verstehen, dass der erste Gedanke, den wir morgens haben, meistens derselbe ist wie der letzte vor dem Einschlafen. Ich gehe zum Beispiel jede Wette ein, dass du schon Nächte erlebt hast, in denen du kaum einschlafen konntest, weil du dich schon so auf das Aufstehen am nächsten Morgen gefreut hast, vielleicht als Kind an Weihnachten oder am ersten Tag einer großen Urlaubsreise. Als an diesem Tag der Wecker klingelte, schlugst du die Augen auf und warst sofort bereit, aufzustehen und dich in den Tag zu stürzen. Warum? Weil der letzte Gedanke, den du vor dem Einschlafen in Bezug auf den kommenden Morgen hattest, positiv war.

Wenn sich dein letzter Gedanke vor dem Einschlafen dagegen ungefähr so anhört: „Ich kann es nicht fassen, dass ich in sechs Stunden schon wieder aufstehen muss – ich werde ganz schön fertig sein", dann wird dein erster Gedanke am Morgen ungefähr so klingen: „Oh, nein, waren das etwa schon sechs Stunden? Nein, ich will noch weiterschlafen!" Anders ausgedrückt: Es ist eine selbsterfüllende Prophezeiung und du erschaffst damit deine eigene Realität.

Der erste Schritt ist also, dich bewusst jeden Abend vor dem Einschlafen zu entscheiden, aktiv und aufmerksam eine positive Erwartung für den nächsten Tag zu erschaffen. Visualisiere sie und bestätige sie dir selbst.

Als Hilfestellung und um die richtigen Worte für eine wirksame Morgenaffirmation zu finden, kannst du auf www.TMMBook.com kostenlos die *Miracle Morning Bedtime Affirmations* herunterladen.

Minute 2: Stell deinen Wecker auf die andere Seite des Zimmers

Wenn du es noch nicht getan hast, stell jetzt deinen Wecker so weit vom Bett entfernt auf wie möglich. Das bedeutet nämlich, dass du morgens aufstehen und dich körperlich bewegen musst, um den

Tag anzufangen. Bewegung erschafft Energie, also hilft es dir auf ganz natürliche Art und Weise beim Aufwachen, wenn du aufstehst und das Zimmer durchquerst.

Die meisten Leute haben ihren Wecker neben dem Bett stehen. Denk mal darüber nach: Wenn du deinen Wecker an einem Ort stehen hast, den du vom Bett aus gut erreichen kannst, schläfst du noch halb, wenn er klingelt und dein Aufstehmotivationslevel (also dein AML) ist noch niedrig, sodass es sehr schwer ist, die Disziplin zu finden, aufzustehen. Es kann sogar sein, dass du den Wecker wieder ausschaltest und es nicht mal merkst! Es ist uns allen schon passiert, dass wir uns eingeredet haben, der Wecker sei nur Teil unseres Traums – damit bist du nicht allein, glaub mir.

Indem du dich zwingst, aufzustehen, um den Wecker auszuschalten, schaffst du die perfekte Grundlage zum Frühaufstehen, indem du dein AML unmittelbar erhöhst.

Auf einer Skala von eins bis zehn liegt dein AML aber wahrscheinlich trotzdem noch bei ungefähr fünf. Du fühlst dich vermutlich eher schläfrig als wach, also ist die Versuchung immer noch groß, direkt wieder ins Bett zu kriechen. Um dein AML etwas weiter zu steigern, versuch es mal mit …

Minute 3: Putz dir die Zähne

Sobald du aufgestanden bist und den Wecker ausgeschaltet hast, geh direkt ins Bad und putz dir die Zähne. Ich weiß, was du jetzt wohl denkst: „Im Ernst? Du erzählst mir, dass ich mir die Zähne putzen soll?" Ja, genau! Wichtig daran ist, dass du in den ersten Minuten etwas tust, bei dem du nicht nachdenken musst, damit dein Körper Zeit hat, aufzuwachen.

Wenn du den Wecker ausgeschaltet hast, geh direkt ins Bad, putz dir die Zähne und spritz dir ein wenig warmes (oder kaltes) Wasser ins Gesicht. Diese einfache Tätigkeit wird dafür sorgen, dass dein AML weiter steigt.

Jetzt ist dein Mund minzfrisch, also wird es Zeit für den nächsten Schritt:

Minute 4: Trink ein ganzes Glas Wasser

Es ist enorm wichtig, dass du dir morgens als Erstes Flüssigkeit zuführst. Nach sechs bis acht Stunden ohne Wasser bist du leicht dehydriert, und das macht schläfrig. Das ist häufig und zu jeder Tageszeit der Fall: Wenn man müde ist, braucht man oft gar keinen Schlaf, sondern mehr Wasser.

Nimm dir ein Glas oder eine Flasche Wasser (du kannst es auch machen wie ich und dir am Abend vorher schon Wasser bereitstellen) und trink es, so schnell du kannst. Damit holst du dir die Flüssigkeit zurück, die du im Schlaf verloren hast.

Übrigens, die Nebenwirkungen davon, morgens erst mal ein Glas Wasser zu trinken, sind bessere, jünger aussehende Haut und Unterstützung dabei, ein gesundes Gewicht zu halten. Nicht schlecht, oder?

Das Glas Wasser hebt dein AML noch mal ein bisschen an, also kannst du weitermachen.

Minute 5: Zieh deine Sportsachen an (oder spring unter die Dusche)

Beim fünften Schritt hast du zwei Auswahlmöglichkeiten. Entweder ziehst du deine Sportkleidung an, damit du sofort bereit bist, in deinen *Miracle Morning* zu starten, wenn du das Schlafzimmer verlässt. Du kannst dir die Kleider entweder zurechtlegen, bevor du ins Bett gehst, oder sogar darin schlafen (ja, im Ernst!). Am besten machst du das Teil zu deinem Zubettgehritual.

Die zweite Möglichkeit ist, direkt unter die Dusche zu gehen. Dadurch steigt dein AML ganz schnell auf ein Niveau, das es dir viel leichter macht, wach zu bleiben. Ich persönlich ziehe mich lieber an, weil ich nach der Bewegungseinheit sowieso duschen muss, und weil ich es schöner finde, das Gefühl zu haben, dass ich mir die Dusche wirklich verdient habe. Viele andere duschen aber lieber, weil es ihnen beim Wachwerden hilft und sie dadurch erfrischt in den Tag starten können.

Du hast die Wahl.

Unabhängig davon, für welche Variante du dich entscheidest, wenn du diese fünf einfachen Schritte ausgeführt hast, sollte dein AML hoch genug sein, dass es dich nicht mehr viel Disziplin kostet, für deinen *Miracle Morning* wach zu bleiben.

Vergleich das mal mit dem Versuch, dich zu einem *Miracle Morning* durchzuringen, wenn dein Wecker gerade erst geklingelt hat und dein AML bei fast null ist. Da dürfte es dir viel schwerer fallen, dich dafür zu entscheiden. Mit den fünf Schritten baust du Schwung auf, sodass du innerhalb von nur ein paar Minuten bereit für den Tag bist, statt dich müde und schlapp zu fühlen.

Mir ist es noch nie passiert, dass ich diese ersten fünf Minuten geschafft habe und mich dann dafür entschieden habe, wieder zurück ins Bett zu gehen. Sobald ich aufgestanden bin und mich zielstrebig durch den Morgen bewege, wird es immer einfacher, den Tag ebenfalls zielgerichtet zu verbringen.

Miracle-Morning-Bonustipps zum Aufwachen

Diese Strategie hat zwar schon für Tausende von Menschen funktioniert, aber es gibt noch mehr Hilfestellungen, die es dir leichter machen können, morgens aufzustehen. Hier sind ein paar, die ich von anderen Anwendern des *Miracle Morning* gehört habe:

- Die *Miracle Morning Bedtime Affirmations.* Wenn du es noch nicht getan hast, nimm dir jetzt einen Moment Zeit und lade diese energiespendenden, zielausrichtenden Morgenvorsätze kostenlos auf www.TMMBook.com herunter. Nichts macht es leichter, vor dem Wecker aufzuwachen, als den eigenen Geist genau darauf zu programmieren, was man will.

- Nutze eine Zeitschaltuhr für das Licht im Schlafzimmer. Einer der Fans von *Miracle Morning* hat uns verraten, dass er das Licht in seinem Schlafzimmer über eine Zeitschaltuhr steuert, wie man sie online oder im Baumarkt bekommt.

Wenn sein Wecker klingelt, geht im Schlafzimmer das Licht an. Was für eine tolle Idee! Es ist viel leichter, wieder wegzudösen, wenn es dunkel ist. Wenn das Licht angeht, wissen Körper und Geist, dass es Zeit zum Aufstehen ist. Wenn du keine Zeitschaltuhr benutzt, solltest du unbedingt das Licht einschalten, sobald du den Wecker ausgeschaltet hast.

- Nutze eine Zeitschaltuhr für die Heizung im Schlafzimmer. Eine andere *Miracle-Morning*-Anwenderin hat uns erzählt, dass sie im Winter einen Timer für ihre Schlafzimmerheizung benutzt und sie jeden Tag eine Viertelstunde vor dem Aufwachen einschalten lässt. Nachts stellt sie eine kühlere Temperatur ein, aber zum Aufstehen hat sie es lieber warm, damit sie nicht so stark in Versuchung kommt, wieder zurück unter die Decke zu kriechen.

Natürlich kannst du dir auch selbst Schritte für die fünfstufige Anti-Schlummer-Aufwachstrategie ausdenken und sie auf deine persönlichen Bedürfnisse anpassen.

Wenn du Lust hast, deine Erkenntnisse mit anderen zu teilen, würden wir uns sehr freuen, sie zu hören. Bitte poste sie unter www.MyTMMCommunity.com in die *Miracle-Morning-Community.*

Beim konsequenten und einfachen Aufwachen geht es darum, eine effektive, vorher festgelegte Schritt-für-Schritt-Strategie zu haben, um dein AML am Morgen zu erhöhen.

Warte nicht, probiere es gleich aus! Beginne heute Abend mit der Lektüre der *Miracle Morning Bedtime Affirmations*, platziere deinen Wecker woanders, stell dir ein Glas Wasser auf den Nachttisch und nimm dir fest vor, auch die verbleibenden zwei Schritte durchzuführen.

Leg sofort los!

Du brauchst nicht auf irgendetwas zu warten, bis du die Gestaltung deiner neuen, wunderbaren Zukunft anpacken kannst. Tony Robbins schreibt: „Wann ist dieses JETZT, dieser perfekte Zeitpunkt, etwas zu tun?“ Genau jetzt ist doch perfekt! Es stimmt: Je früher du anfängst, desto eher wirst du Ergebnisse sehen, darunter mehr Energie, eine bessere Einstellung und natürlich ein glücklicheres Privatleben.

Schritt Eins: Stell deinen Wecker jetzt sofort 30 bis 60 Minuten früher als normal und lass ihn 30 Tage so stehen. Das ist alles: nur 30 bis 60 Minuten für 30 Tage, ab sofort. Außerdem solltest du unbedingt eine Stunde für deinen ersten *Miracle Morning* in deinen Kalender eintragen – und zwar gleich für morgen. Richtig gehört, du brauchst nicht erst dieses Buch fertigzulesen und dadurch deinen Start aufzuschieben.

Wenn du jetzt einen gewissen Widerstand spürst, liegt das vielleicht daran, dass du in der Vergangenheit bereits versucht hast, etwas zu verändern, dass es aber nicht geklappt hat. In diesem Fall habe ich einen Vorschlag für dich: Blättere jetzt vor zu Kapitel 10, „Die 30-Tage-*Miracle-Morning*-Herausforderung“, und lies es durch.

Darin findest du die richtige Geisteshaltung und Strategien, die dir nicht nur helfen, den Anfangswiderstand zu überwinden, sondern dir darüber hinaus auch noch die effektivste Methode an die Hand geben, dir eine neue Gewohnheit zuzulegen und sie durchzuhalten.

Am besten funktioniert das, wenn du zu Anfang bereits an das Ende denkst.

Lass ab heute und zunächst mal für die nächsten 30 Tage deinen Wecker so stehen, dass du eine Stunde früher aufwachst, als du eigentlich müsstest. Nutze die Zeit, jeden Tag mit einem *Miracle Morning* in den Tag zu starten, damit du zu der Person werden kannst, die du sein musst, um dich und dein Unternehmen zu außergewöhnlich großem Erfolg zu führen.

Was du mit dieser Stunde genau anfangen sollst, erfährst du im nächsten Kapitel. Bis dahin empfehle ich dir, während des *Miracle Morning* einfach weiter in diesem Buch zu lesen, bis du die ganze Routine gelernt hast.

Schritt Zwei: Melde dich in der *Miracle-Morning-Community* auf www.MyTMMCommunity.com an. Dort findest du Unterstützung durch über 50.000 gleichgesinnte Frühaufsteher, von denen einige schon seit Jahren außergewöhnliche Ergebnisse mit dem *Miracle Morning* erzielen.

Schritt Drei: Finde jemanden, dem du über deinen *Miracle Morning* Rechenschaft ablegst. Bitte jemanden – deinen Partner oder deine Partnerin, Freunde, Familienmitglieder, Mitarbeiter oder jemanden, den du in der *Miracle-Morning-Community* kennengelernt hast –, mit dir auf diese Abenteuerreise zu gehen, damit ihr euch über eure Fortschritte austauschen und euch gegenseitig Rechenschaft ablegen könnt, bis der *Miracle Morning* ein Teil von dir geworden ist.

Okay, kommen wir jetzt zu den sechs wirksamsten, nachgewiesenen Methoden der Persönlichkeitsentwicklung, die es je gab – zu den Life S.A.V.E.R.S.

Unternehmerprofil

JJ VIRGIN

JJ Virgins Unternehmen heißen *JJ Virgin & Associates* und *Mindshare Collaborative.*

Größte Businesserfolge

- JJ schrieb ihr erstes Buch, das es auf die *New-York-Times*-Bestsellerliste schaffte, auf der Intensivstation, während ihr Sohn nach einem Unfall mit Fahrerflucht im Koma lag.

- Sie hatte Auftritte bei *Dr. Phil, Dr. Oz, The Doctors, The Today Show, TLC, The Food Network, Access Hollywood* und *Rachel Ray* und hat selbst zwei erfolgreiche Fernsehshows.

- Sie startete und betreut das weltweit größte Event für Unternehmer in der Gesundheitsbranche.

- *JJ Virgin & Associates* wurde schon dreimal Teil der Inc. 500-Liste der am schnellsten wachsenden Unternehmen der USA, und vier ihrer Bücher landeten auf der *New-York-Times*-Bestsellerliste.

- Sie ist Sprecherin für *NutriBullet Lean* und präsentiert Werbespots für das Produkt. Außerdem hat sie in der gleichen Funktion bereits *Emergen-C, So Delicious Dairy Free* und *Subway* repräsentiert.

Morgenroutine

- JJs *Miracle Morning* fängt schon am Abend vorher an. Sie legt sich ihre Agenda für den nächsten Tag zurecht und plant ihn, bevor sie ins Bett geht.

- Sie braucht jede Nacht acht bis neun Stunden gesunden Schlaf, deshalb geht sie um 22 Uhr ins Bett.

- Sie wacht (ohne Wecker) ungefähr um halb sieben auf. Dann putzt sie sich die Zähne, trinkt einen Kaffee (Bulletproof Coffee, schwarz) und nimmt ihre Nahrungsergänzungsmittel für den Morgen.

- Danach holt sie ihr „Vorsatzjournal" heraus, in dem sie ihre kurz- und langfristigen Ziele so klar wie möglich festhält. Außerdem schreibt sie auf, wie ihr Tag und ihre Woche am besten ablaufen sollen, wofür sie dankbar ist und welche positiven Gedanken sie ihren beiden Söhnen mitgeben will. Diese Gewohnheit hat ihr ihrer Meinung nach sehr geholfen, den Unfall und den Krankenhausaufenthalt ihres Sohnes durchzustehen.

- JJ fühlt sich morgens am kreativsten, deshalb widmet sie sich zu dieser Zeit dem Brainstorming, erschafft Marketingpläne, skizziert Bücher und Programme oder löst Probleme. Ihr zufolge ist das das Wertvollste, was sie für ihr Unternehmen tut.

- Dann macht sie sich ihren Morgenshake. Sie trinkt seit mehr als 20 Jahren Proteinshakes zum Frühstück. Ihr Lieblingsrezept enthält Proteinpulver, Nussmilch, Avocado, Spinat und Ballaststoffe.

- Zuletzt nimmt sie ein Bad, zieht sich an und startet in den Rest ihres Tages.

3. DIE LIFE S.A.V.E.R.S. FÜR UNTERNEHMER

Sechs Methoden, mit denen du garantiert kein Potenzial im Leben mehr verschwendest

Was Hal unter der Abkürzung S.A.V.E.R.S. geschaffen hat, ist eine Mischung aus den besten Methoden, die die Menschheit über Jahrhunderte bewusster Entwicklung geschaffen hat, eingedampft auf die „Besten der Besten“ und eingegossen in ein Morgenritual. Ein Ritual, das inzwischen auch Teil meines Tages geworden ist.

Viele Menschen wenden einen der S.A.V.E.R.S. täglich an. Viele Leute kümmern sich zum Beispiel um das ***E****, indem sie sich jeden Morgen bewegen. Andere nutzen das* ***S*** *für Stille und Meditation, oder das andere* ***S****, indem sie schreiben oder Tagebuch führen. Aber bis Hal das S.A.V.E.R.S.-Paket schnürte, hatte niemand alle sechs der uralten Spitzenmethoden jeden Morgen genutzt. Der Miracle Morning ist perfekt für vielbeschäftigte, erfolgreiche Menschen. Jeden Morgen die S.A.V.E.R.S. durchzugehen fühlt sich an, als würde ich meinen Körper, meinen Geist und meine Seele mit Raketentreibstoff betanken – und das jeden Tag bevor ich in den Tag starte.*

ROBERT KIYOSAKI, Bestsellerautor von *Rich Dad Poor Dad*

Optimistisch. Aufgeregt. Erfolgreich … Überfordert. Ausgelaugt. Deprimiert.

Das sind nur ein paar der gegensätzlichen Worte, die zusammen eine relativ genaue Beschreibung dessen abgeben, wie man sich als Unternehmer fühlt, je nach Tagesform.

Du und ich, wir wachen jeden Tag auf und stellen uns der gleichen Herausforderung: unsere selbstauferlegten Einschränkungen zu überwinden und unser volles Potenzial im Leben zu erfüllen. Leider schaffen die meisten Unternehmer das nicht einmal ansatzweise. Die große Mehrheit gibt sich mit viel weniger zufrieden als dem, was sie eigentlich will, und wünscht sich, sie könne es auf die nächste Stufe schaffen. Solche Unternehmer leben mit ständiger Reue und verstehen nicht, was sie tun müssten, um alles zu erreichen, was sie wollen.

Fühlst du dich auch manchmal so? Als ob das Leben und das Business, das du willst, und die Person, von der du weißt, dass du sie werden musst, um beides zu erschaffen, gerade außerhalb deiner Reichweite liegen? Denkst du ab und zu, dass andere Unternehmer es irgendwie geschafft haben, das Geheimnis zu verstehen, wenn du siehst, wie sie Leistungen erbringen, zu denen du einfach nicht in der Lage bist? Als wüssten sie etwas, das du nicht weißt, weil du sonst auch so gut wärst wie sie?

Die meisten Unternehmer stehen ihr ganzes Leben lang auf der falschen Seite einer beträchtlichen Lücke in ihrem Potenzial, die das, was sie sind, von dem trennt, was sie werden könnten. Sie sind oft von sich selbst und ihrem Mangel an anhaltender Motivation, dauerhaftem Einsatz und regelmäßigen Resultaten in einem oder mehreren Lebensbereichen frustriert. Also *denken* sie viel zu viel über Dinge nach, die sie *tun* sollten, um zu erreichen, was sie wollen, schaffen es dann aber nie, ihre Überlegungen auch umzusetzen. Wir wissen schließlich meistens genau, was wir tun müssten … aber wir handeln nicht konsequent nach diesem Wissen.

Als Hal zum zweiten Mal in seinem Leben ganz unten ankam, weil sein Unternehmen im Börsencrash von 2008 pleiteging, fühlte er sich verloren und deprimiert. Er probierte allerhand Methoden aus, von denen er eigentlich schon wusste, dass sie nicht funktionierten. Nichts, was er versuchte, verbesserte seine Situation. Also begann er, selbst nach den schnellsten, effektivsten Strategien zu suchen, mit denen er seinen Erfolg auf die nächste Stufe heben konnte. Er machte sich auf die Suche nach den besten Methoden zur Selbstverbesserung, die von den erfolgreichsten Menschen der Welt benutzt werden.

Diese Suche führte Hal zu einer Liste von sechs bewährten, nachgewiesenen Methoden der Persönlichkeitsentwicklung, die über alle Zeiten Gültigkeit haben. Zunächst versuchte er herauszufinden, ob darunter eine oder zwei waren, die ihm schneller Erfolg verschaffen konnten als die anderen. Der wahre Durchbruch kam allerdings erst, als er sich eine einfache Frage stellte: „*Was passiert eigentlich, wenn ich alle sechs Methoden anwende?*"

Also tat er genau das. Und nur zwei Monate, nachdem er angefangen hatte, alle sechs Methoden so gut wie jeden Tag anzuwenden, erlebte Hal Ergebnisse, die man mit Fug und Recht als wundervoll bezeichnen kann. Er schaffte es, sein Einkommen mehr als zu verdoppeln und verwandelte sich von jemandem, der nie weiter als eine Meile gelaufen war, zu einem Sportler, der für einen 52-Meilen-Ultramarathon trainierte – obwohl er eigentlich gar kein Läufer war und es sogar richtiggehend hasste.

Er dachte einfach: *Wie kann ich meine körperliche, geistige, emotionale und spirituelle Kapazität besser auf ein neues Niveau heben?* Ich kenne Hal gut und habe schon bei einigen Unternehmerevents Zeit mit ihm verbracht, also habe ich persönlich erlebt, wie wirkungsvoll es ist, dass er die Methoden, die er passenderweise als Life S.A.V.E.R.S. bezeichnet, konsequent umsetzt und meistert. Außerdem konnte ich beobachten, wie zahllose andere Menschen die S.A.V.E.R.S. für sich entdeckten und sich ebenfalls verwandelten. Das musste ich einfach selbst ausprobieren!

Egal, ob du schon erfolgreich bist, wie der Multimillionär und Unternehmer Robert Kiyosaki (der fast jeden Tag einen *Miracle Morning* und die Life S.A.V.E.R.S. anwendet), oder ob du das Gefühl hast, dass das Leben, das du dir wünschst, und die Person, die du sein könntest, knapp außerhalb deiner Reichweite liegen: Die Life S.A.V.E.R.S. können dich so gut wie garantiert davor retten, das außergewöhnliche Leben, das du wirklich willst, zu verpassen.

Warum die Life S.A.V.E.R.S. funktionieren

Bei den S.A.V.E.R.S. handelt es sich um einfache, aber zutiefst wirksame, tägliche Morgenrituale, die dir helfen, mehr zu werden, damit du dein volles Potenzial erfüllen kannst. Darüber hinaus verleihen sie dir Raum, um mehr Klarheit zu erlangen, damit du dein Leben so planen und gestalten kannst, wie du es dir wünschst. Sie sind so gestaltet, dass du jeden Morgen den Höhepunkt deines körperlichen, geistigen, emotionalen und spirituellen Befindens erreichen, dieses Befinden konstant verbessern und **jederzeit** Höchstleistungen erbringen kannst.

Ich weiß, ich weiß. Du hast keine Zeit. Bevor ich mit dem *Miracle Morning* begann, wachte ich auch jeden Tag im größten Chaos auf und hatte kaum Zeit, mich anzuziehen, bevor ich zur Arbeit musste. Du denkst wahrscheinlich, dass du es jetzt schon kaum schaffst, alles unterzubringen, was du tun musst, geschweige denn, was du tun willst.

Ich hatte vor dem *Miracle Morning* auch „keine Zeit“. Und dennoch bin ich jetzt hier, mit mehr Zeit, mehr Wohlstand und mehr Frieden in meinem Leben, als ich es je zuvor hatte.

Mach dir klar, dass dir der *Miracle Morning* mehr Zeit schenken wird. Die Life S.A.V.E.R.S. sind das Werkzeug, das dir hilft, mit dem Kern deines Wesens Kontakt aufzunehmen und mit einem Ziel vor Augen aufzuwachen, nicht mit einer Menge Pflichten. Diese Methoden helfen dir, Energie aufzubauen, Prioritäten klarer zu sehen und einen produktiven Ablauf für dein Leben zu finden.

Mit anderen Worten: Die Life S.A.V.E.R.S. rauben dir keine Zeit aus deinem Tag, sondern schenken dir letzten Endes sogar mehr davon.

Jeder Buchstabe in S.A.V.E.R.S. steht für eine Methode, wie sie die erfolgreichsten Menschen der Welt anwenden. Von berühmten Filmstars über Weltklassesportler bis hin zu CEOs und Unternehmern wirst du kaum einen Höchstleistungsträger finden, der nicht auf mindestens einen der S.A.V.E.R.S. schwört.

Auf der anderen Seite dürfte es dir allerdings auch schwer fallen, einen Höchstleistungsträger zu finden, der auch nur die Hälfte der Life S.A.V.E.R.S. anwendet, ganz zu schweigen von allen (naja, ich schätze, das verändert sich gerade, wo Hal jetzt der Welt den *Miracle Morning* vorgestellt hat).

Deshalb ist der *Miracle Morning* so wirksam: Du machst dir die bahnbrechenden Vorteile von nicht nur einer, sondern von allen sechs der besten Methoden zunutze, die die Menschheit im Lauf von Jahrhunderten bewusster Entwicklung gefunden hat, kombiniert zu einem kurzen und komplett auf deine Bedürfnisse anpassbaren Morgenritual.

Das sind die Life S.A.V.E.R.S.:

- **S**ilence – Stille
- **A**ffirmations – Affirmationen
- **V**isualization – Visualisierung
- **E**xercise – Bewegung
- **R**eading – Lesen
- **S**cribing – Schreiben

Diese Methoden werden dir helfen, deine Persönlichkeitsentwicklung durch den neu entdeckten *Miracle Morning* massiv zu beschleunigen.

Du kannst sie an dich, dein Unternehmen und deine Ziele anpassen. Und du kannst gleich morgen früh damit anfangen.

Schauen wir uns die sechs Methoden zunächst einmal im Detail an:

S wie Silence – Stille

Stille, die erste der Life S.A.V.E.R.S.-Methoden, ist eine wichtige Gewohnheit für Unternehmer. Wenn du in der schier endlosen Flut aus E-Mails, Telefonaten, SMS, Meetings, Präsentationen, Statistiken und Produktvorstellungen ertrinkst, die das Leben eines Unternehmers ausmachen, ist das deine Gelegenheit, jeden Tag damit zu beginnen, dass du dich in friedlicher, zielgerichteter Stille auf dich selbst besinnst.

Die meisten Unternehmer starten in den Tag, indem sie auf ihrem Smartphone nach E-Mails, Nachrichten und dem Tagesgeschäft schauen. Gleichzeitig haben die meisten Unternehmer Schwierigkeiten damit, ihr Geschäft aufzubauen. Das ist kein Zufall. Wenn du stattdessen jeden Tag mit einer Zeit der Stille beginnst, baust du dadurch Stress ab und kannst den Tag mit der Ruhe und der Klarheit beginnen, die du brauchst, um dich auf das Wesentliche zu konzentrieren.

Viele der erfolgreichsten Unternehmer und Höchstleistungsträger aus allen Branchen umgeben sich jeden Tag mit Stille. Es überrascht dich wahrscheinlich nicht, dass Fernsehstar Oprah Winfrey regelmäßig meditiert – und dass sie außerdem fast alle der anderen Life S.A.V.E.R.S. anwendet. Die Musikerin Katy Perry praktiziert Transzendentale Meditation, ebenso wie Sheryl Crow und Sir Paul McCartney. Film- und Fernsehstars wie Jennifer Aniston, Ellen DeGeneres, Jerry Seinfeld, Howard Stern, Cameron Diaz, Clint Eastwood und Hugh Jackman haben alle schon in Interviews von ihren Meditationsmethoden erzählt. Der Hip-Hop-Mogul Russell Simmons meditiert jeden Morgen 20 Minuten lang mit seinen beiden Töchtern. Sogar die berühmten Milliardäre Ray Dalio und Rupert Murdoch führen ihren finanziellen Erfolg darauf zurück, dass sie sich täglich mit Stille umgeben. Du bist also in guter (und stiller) Gesellschaft, wenn du es auch versuchst.

Wenn es jetzt so klingt, als würde ich dich bitten, einfach nur nichts zu tun, muss ich wohl noch ein bisschen mehr ins Detail gehen. Du hast eine Menge Möglichkeiten zur Auswahl, wie du deine stille Zeit am besten nutzt. Hier sind ein paar Vorschläge für den Anfang:

- Meditation
- Gebet
- Reflexion
- Tiefenatmung
- Dankbarkeit

Was auch immer du für dich auswählst, stell sicher, dass du dabei nicht im Bett bleibst. Am besten verlässt du dein Schlafzimmer dafür komplett.

In einem Interview mit der Zeitschrift *Shape* sagte die Schauspielerin Kristen Bell: „Mach jeden Morgen 10 Minuten lang meditatives Yoga. Wenn du ein Problem hast – mit dem Straßenverkehr, mit deinem Kerl oder bei der Arbeit – kann sich dank Meditation alles so entwickeln, wie es soll."

Fürchte dich nicht davor, deinen Horizont zu erweitern. Meditation hat viele Gesichter. Angelina Jolie erzählte im *Stylist*-Magazin einmal: „Ich finde meine Meditation, wenn ich eine Stunde lang mit den Kindern auf dem Boden sitze und male, oder auf dem Trampolin. Tu etwas, das du liebst und das dich glücklich macht – das ist deine Meditation."

Wie oft sind wir als Unternehmer im Stress? Wie oft müssen wir uns mit dringenden Dingen auseinandersetzen, die uns von unserer Vision oder unserem Plan ablenken? Nein, das sind keine Fangfragen – die Antwort ist für uns beide gleich: jeden Tag. Stress ist einer der häufigsten Gründe, warum Unternehmer den Fokus verlieren und das Geschäft leidet. Ich muss mich täglich der allgegenwärtigen Ablenkung durch andere Menschen stellen, die ebenso in meinen Zeitplan eingreifen wie die unvermeidlichen Notfälle, um die ich mich kümmern muss. Meinen Geist zu beruhigen, erlaubt es mir, diese Dinge wegzuschieben und mich darauf zu konzentrieren, an meinem Unternehmen zu arbeiten, statt immer nur Brandherde zu löschen.

Stille wirkt sich allerdings nicht nur auf deine Produktivität aus. Übermäßiger Stress hat verheerende Auswirkungen auf unsere Gesundheit. Er löst bei uns den Instinkt aus, zu kämpfen oder zu fliehen, der wiederum eine ganze Bandbreite von giftigen Hormonen durch unseren Körper jagt, die sich dort tagelang festsetzen können. Das ist kein Problem, wenn du dich dieser Art von Stress nur ab und zu aussetzt, aber wenn die Reizüberflutung des Unternehmerdaseins deinen Adrenalin- und Cortisolspiegel dauerhaft in die Höhe treibt, wirst du bald merken, dass das nicht gesund sein kann.

Christopher Bergland, ein Weltklasse-Triathlet, Coach und Autor, schreibt: „Das Stresshormon Cortisol ist die größte Gefahr für die öffentliche Gesundheit. Wissenschaftler wissen schon seit Jahren, dass ein erhöhter Cortisolspiegel unsere Lernfähigkeit und unser Gedächtnis beeinträchtigt, unser Immunsystem und unsere Knochendichte verschlechtert, Gewichtszunahme, Blutdruck, den Cholesterinspiegel und die Anfälligkeit für Herzkrankheiten begünstigt … Die Liste nimmt kein Ende. Chronischer Stress und ein erhöhter Cortisolspiegel steigern außerdem das Depressionsrisiko und verkürzen unsere Lebenserwartung."

Stille in Form von Meditation kann Stress abbauen und damit die Gesundheit verbessern. Eine wichtige Studie, die von verschiedenen Gruppen durchgeführt wurde, darunter auch die *National Institutes of Health*, die *American Medical Association*, die *Mayo Clinic* und Wissenschaftler von den Universitäten Harvard und Stanford, hat gezeigt, dass Meditation Stress abbaut und gegen hohen Blutdruck hilft. Eine Studie von Dr. Norman Rosenthal, einem weltbekannten Psychiater, der eng mit der David-Lynch-Stiftung zusammenarbeitet, hat erst kürzlich sogar gezeigt, dass das Herzkrankheitsrisiko von Menschen, die meditieren, um 30 % sinkt.

Eine andere Harvard-Studie hat herausgefunden, dass nur acht Wochen Meditation ausreichen, um „die Dichte des Hirnoberflächengewebes im Hippocampus zu erhöhen, der direkt mit Lernfähigkeit und Erinnerungsvermögen zusammenhängt. Des Weiteren waren Hirnareale betroffen, die mit Selbsterfahrung, Mitgefühl und Introspektion in Verbindung gebracht werden."

Meditation hilft dir, einen Gang zurückzuschalten und dich auf dich selbst zu konzentrieren, selbst wenn es nur kurz ist. Fang an zu meditieren und verabschiede dich davon, zerstreut und ziellos durch den Tag zu wandern!

„Ich habe angefangen zu meditieren, weil ich das Gefühl hatte, dass mir mein Leben davonlief", sagt die Sängerin Sheryl Crow. „Meditation hat mir geholfen, meinen Tag langsamer laufen zu lassen." Sie widmet noch heute jeden Tag 20 Minuten morgens und 20 Minuten abends der Meditation.

Wenn du still bist, eröffnest du damit Raum für dich selbst, bevor dir jemand anders begegnet. Die Vorzüge dieser Methode sind riesig und können dir dringend benötigte Klarheit und Seelenruhe bringen, sodass du danach alle Interaktionen so gut wie möglich angehen kannst. Mit anderen Worten: Wenn du Stille praktizierst, baust du Stress ab, verbesserst deine kognitive Leistung und gewinnst gleichzeitig Selbstvertrauen.

Geführte Meditationen und Meditation mit Apps

Mit dem Meditieren verhält es sich wie mit den meisten anderen Dingen: Wenn man es noch nie ausprobiert hat, kann es sich am Anfang schwierig oder peinlich anfühlen. Wenn du noch nie meditiert hast, würde ich dir empfehlen, mit einer geführten Meditation anzufangen.

Hier sind ein paar meiner Lieblings-Meditations-Apps, die sowohl für iPhone und iPad als auch für Android-Geräte verfügbar sind:

- Headspace
- Calm
- Omvana
- Simply Being
- Insight Timer

Zwischen diesen Meditations-Apps gibt es kleine, aber wichtige Unterschiede, darunter auch die Stimme des Sprechers bzw. der

Sprecherin. Probiere am besten ein paar davon aus und wähle dann die, die dir am besten gefällt.

Wenn du kein Gerät hast, auf das du Apps herunterladen kannst, such doch einfach bei YouTube oder Google nach dem Stichwort „geführte Meditation". Du kannst auch nach einer bestimmten Dauer suchen (z. B. nach „geführte Meditation 5 Minuten"), oder nach einem Thema (z. B. „geführte Meditation für mehr Selbstvertrauen").

Ein cooles Online-Tool, das ich seit einiger Zeit nutze, nennt sich Holosync und nutzt Soundtechnologie, um Meditationen noch zu verbessern. Der Unterschied, den das sofort für die Tiefe meiner Meditation hatte, als ich anfing, es zu benutzen, hat mich umgehauen. Du kannst es kostenlos auf www.holosync.com testen.

Pat Flynn, der Unternehmer und Moderator des Podcasts *Smart Passive Income* schwört auf *Muse*, ein Stirnband, das seine Hirnströme misst und ihm entsprechende Geräusche vorspielt, um seine Meditation anzureichern. Es ist auf www.choosemuse.com erhältlich.

Die (individuelle) Miracle-Morning-Meditation

Wenn du dich dafür bereit fühlst, ohne Anleitung zu meditieren, kannst du für deinen *Miracle Morning* diese Schritt-für-Schritt-Meditation nutzen, auch wenn du es noch nie zuvor ausprobiert hast.

- Bevor du anfängst, ist es wichtig, dass du dich mental darauf einstellst und deine Erwartungen festlegst. Nutze diese Zeit, um deine Gedanken zu beruhigen und den ewigen Drang, ständig über etwas nachzudenken, loszulassen. Hör auf, über Vergangenes nachzugrübeln oder dir Sorgen um die Zukunft zu machen, aber dabei nie ganz im Hier und Jetzt zu sein. In dieser Zeit darfst du deine Stressfaktoren vergessen, dir eine Pause davon gönnen, permanent auf deinen Problemen herumzukauen, und dich ganz auf den aktuellen Moment konzentrieren. Es ist eine Zeit, in der du ganz bei dir selbst und deinem innersten Kern bist und tiefer in dich eintauchst, als nur zu sehen, was du besitzt, was du tust oder in welche Schubladen du schon so lange gesteckt wirst, dass du selbst angefangen hast, sie zu verinnerlichen. Wenn dir das seltsam und esoterisch vorkommt, ist das okay. So ging es mir auch. Das liegt wahrscheinlich daran, dass du es noch nie ausprobiert hast. Zum Glück kannst du jetzt damit loslegen.

- Such dir einen Ort, an dem du bequem sitzen kannst: auf der Couch, auf einem Stuhl, auf dem Boden oder auf einem Kissen.
- Setz dich aufrecht im Schneidersitz hin. Du kannst die Augen schließen oder einen Punkt auf dem Boden, ungefähr einen halben Meter vor dir, anschauen.
- Konzentriere dich zunächst auf deine Atmung. Atme tief und langsam ein und aus. Atme dabei durch die Nase ein und durch den Mund wieder aus. Wenn du richtig atmest, spürst du es im Bauch, nicht in der Brust.
- Fang jetzt an, möglichst gleichmäßig zu atmen: Atme drei Sekunden lang ein und zähl im Kopf mit („einundzwanzig, zweiundzwanzig, dreiundzwanzig"), halte drei Sekunden lang die Luft an und atme dann langsam über drei Sekunden aus. Spüre dabei, wie sich deine Gedanken und Gefühle beruhigen, während du dich auf deine Atmung konzentrierst. Es kann sein, dass ab und zu ein Gedanke vorbeikommt, während du deinen Geist zur Ruhe bringst. Nimm ihn kurz wahr, lass ihn wieder ziehen und konzentriere dich weiter auf deine Atmung.
- Lass zu, dass du völlig im Augenblick existierst. Konzentriere dich darauf, einfach nur zu *sein*. Nichts zu denken, nichts zu tun, nur zu sein. Achte weiterhin auf deinen Atem und stell dir vor, dass du positive, liebevolle und friedliche Energie einatmest, während du gleichzeitig alle Sorgen und allen Stress ausatmest. Genieß die Stille. Genieß den Augenblick. Atme. Sei.
- Wenn du merkst, dass dennoch weiter Gedanken auf dich einprasseln, kann es hilfreich sein, wenn du dich auf ein ein-

ziges Wort, einen Satz oder ein Mantra konzentrierst, das du innerlich wiederholst, während du ruhig weiteratmest. Du könntest zum Beispiel so etwas ausprobieren: (beim Einatmen) „Ich atme Selbstbewusstsein ein ..." (beim Ausatmen) „... Ich atme Furcht aus." Natürlich kannst du die Wörter „Selbstbewusstsein" und „Furcht" durch andere ersetzen. „Selbstbewusstsein" kann auch alles andere sein, von dem du dir mehr in deinem Leben wünschst (Liebe, Kraft, Energie usw.), statt „Furcht" kannst du auch etwas anderes nehmen, das du loslassen musst (Stress, Sorgen, Unzufriedenheit usw.).

Meditation ist ein Geschenk, das du dir selbst jeden Tag machst. Für mich ist die Zeit, die ich mit Meditation verbringe, einer meiner Lieblingsteile der Routine. Ich fühle mich friedlich, dankbar und befreit von allem, was mir täglich Stress und Sorgen bereitet.

Du kannst dir deine tägliche Meditation wie eine Auszeit von deinen Problemen vorstellen. Die sind zwar immer noch da, wenn du fertig meditiert hast, aber du wirst merken, dass du mehr bei dir selbst bist und sie deshalb auch besser lösen kannst.

A wie Affirmations – Affirmationen

Hast du dich schon einmal gefragt, wie manche der Top-Unternehmer es schaffen, anhaltend auf einem so hohen Level zu arbeiten, dass du dir kaum vorstellen kannst, irgendwann auch dort anzukommen? Und warum andere in der gleichen Branche kaum genug zusammenkratzen können, um durchzukommen? Es hat sich immer wieder gezeigt, dass die Geisteshaltung eines Unternehmers der entscheidende Faktor für die erbrachte Leistung und die erzielten Resultate ist.

Als Geisteshaltung bezeichnen wir alle angesammelten Glaubensgrundsätze, Haltungen und die emotionale Intelligenz eines Menschen. In ihrem Bestseller *Selbstbild: Wie unser Denken Erfolge oder Niederlagen bewirkt* erklärt Dr. Carol Dweck: „Meine Forschung zeigt seit zwanzig Jahren, dass das Selbstbild, das man hat, tiefschürfend beeinflusst, was für ein Leben man führt.“ Zeig mir einen großartigen Unternehmer und ich zeige dir einen Menschen mit großartiger Geisteshaltung.

Die Menschen, die dich umgeben – von zukünftigen Kunden bis zu Kollegen – können deine Geisteshaltung spüren. Sie zeigt sich in deiner Sprache, deinem (eventuell mangelnden) Selbstvertrauen und deinem Verhalten. Also beeinflusst deine Geisteshaltung direkt, wie du dein Business aufbaust: was du dir erträumst, was du tust, wie gut du dein Personal führst, wie erfolgreich du dein Unternehmen weiterentwickelst und vieles mehr.

Ich weiß allerdings aus Erfahrung, dass es für Unternehmer schwierig sein kann, sich das Selbstvertrauen und die Begeisterung – ganz zu schweigen von der Motivation – zu erhalten, wenn sie sich der Achterbahnfahrt aussetzen, die zu einem besseren Unternehmen führt. Das liegt zu einem nicht unwesentlichen Teil daran, dass wir unsere Geisteshaltung oft akzeptieren, ohne bewusst darüber nachzudenken. Unbewusst werden wir alle darauf programmiert, auf eine bestimmte Art zu denken, zu glauben, zu handeln und über uns selbst zu reden. Wenn das Leben schwierig wird, fallen wir in unser gewohntes, programmiertes Denken zurück.

Diese Programmierung stammt aus vielen Quellen, zum Beispiel aus der Art, wie andere mit uns umgehen, daraus, was wir uns selbst einreden, und aus all unseren guten und schlechten Erfahrungen im Leben. Sie zeigt sich in jedem Bereich unseres Lebens, auch in unserem Unternehmen. Das heißt, dass du deine geistige Programmierung verbessern musst, wenn du dein Business weiter aufbauen willst.

Affirmationen sind die Methode, mit der du genau das erreichen kannst. Sie versetzen dich in die Lage, deine Ziele bewusster zu verfolgen, und verleihen dir gleichzeitig die Bestärkung und die positive Geisteshaltung, die du brauchst, um sie zu erreichen.

Es ist wissenschaftlich belegt, dass Affirmationen – wenn man sie richtig einsetzt – eine der wirksamsten Methoden sind, das eigene Unterbewusstsein neu zu programmieren und zu der Person zu werden, die man werden muss, um alles zu erreichen, was man sich im Leben wünscht – für sich selbst, für das Unternehmen und für Beziehungen zu anderen. Trotzdem werden Affirmationen oft als etwas Negatives angesehen. Viele von uns haben sie ausprobiert und waren dann enttäuscht. In diesem Buch lernst du, wie man sie so einsetzt, dass sie garantiert Ergebnisse bringen. Ich zeige dir, was du dafür tun musst.

Wenn du dir immer wieder sagst, was du erreichen willst, warum es dir wichtig ist, was du dafür tun wirst und – am allerwichtigsten – wann genau du es tun wirst, veränderst du damit deine unterbewussten Überzeugungen und dein Verhalten. Wenn du auf neue Arten denkst und handelst, werden sich deine Affirmationen ganz automatisch schon bald in der Wirklichkeit zeigen. Aber lass mich erst etwas erklären:

Warum Affirmationen nach der alten Methode nicht wirken

Unzählige sogenannte Experten und Gurus für Persönlichkeitsentwicklung lehren schon seit Jahrzehnten Affirmationen, die erwiesenermaßen nicht funktionieren und stattdessen dafür sorgen, dass viele Menschen daran scheitern.

Hier sind zwei der häufigsten Probleme mit Affirmationen:

Problem Nr. 1: Sich selbst zu belügen funktioniert nicht

„Ich bin Millionär." Wirklich?
„Ich habe 7 Prozent Körperfett." Im Ernst?
„Ich habe dieses Jahr alle meine Ziele erreicht." Stimmt das?

Affirmationen auf der Basis zu entwickeln, dass du bereits etwas erreicht hast oder geworden bist, ist wahrscheinlich der Hauptgrund dafür, warum sie bei vielen Menschen nicht funktionieren.

Bei dieser Technik lehnt dein Unterbewusstsein jedes Mal die Affirmation ab, die nicht in der Wahrheit begründet liegt. Als intelligenter, nicht von Wahnvorstellungen besessener Mensch kannst du ja gar nicht davon profitieren, dir immer wieder selbst in die Tasche zu lügen. Die Wahrheit wird sich stets durchsetzen.

Problem Nr. 2: Passive Sprache bringt keine Ergebnisse

Viele Affirmationen sind so formuliert, dass sie dir ein leeres Versprechen von etwas liefern, das du dir wünschst. Denk zum Beispiel mal an diese sehr beliebte Geld-Affirmation, die von vielen gelehrt wird:

Ich bin ein Geldmagnet. Geld fließt mir einfach und reichlich zu.

Diese Art von Affirmation sorgt vielleicht dafür, dass du dich für den Moment gut fühlst, weil du deine Geldsorgen vorübergehend verdrängen kannst, aber sie verschafft dir kein Einkommen. Menschen, die sich untätig hinsetzen und darauf warten, dass das Geld wunderbarerweise von selbst zu ihnen kommt, besitzen meist nicht allzu viel.

Um die Art von Reichtum zu erlangen, die du dir wünschst (oder irgendein anderes Ergebnis, was das betrifft), musst du tatsächlich etwas tun. Dein Handeln muss auf das erwünschte Ergebnis ausgerichtet sein und deine Affirmationen müssen beides – das Ergebnis und dein Handeln – ansprechen und bestätigen.

In vier Schritten zur Miracle-Morning-Affirmation (die tatsächlich wirkt)

Hier sind vier einfache Schritte, die dir helfen, zielorientierte *Miracle-Morning*-Affirmationen zu entwickeln und anzuwenden, die deine bewussten und unbewussten Gedanken umprogrammieren. Damit richtest du dein Denken darauf aus, dein Handeln zu verbessern, sodass du Ergebnisse erzielen und deinen unternehmerischen Erfolg in Höhen heben kannst, die du noch nie zuvor gekannt hast.

Erster Schritt: Das ideale Ergebnis, dem du dich verschrieben hast, und warum es dir wichtig ist

Es ist dir sicher aufgefallen, dass ich nicht frage, was du willst. Jeder will irgendetwas, aber wir bekommen nicht das, was wir wollen, sondern das, dem wir uns voll und ganz verschrieben haben. Du willst ein großartiger Unternehmer sein? Du möchtest Millionär werden? Willkommen im nicht besonders exklusiven Club. Aber wenn du dich diesem Ziel zu 100 Prozent verschreibst, indem du solange alles tust, was nötig ist, bis du zu es erreicht hast? Dann könnte etwas daraus werden.

Übung:
Schreib zuerst ein spezifisches, außergewöhnliches Ergebnis auf – eines, das dich herausfordert, das dein Leben signifikant verbessern würde, und dem du dich vollkommen verschreiben würdest –, auch, wenn du noch gar nicht weißt, wie du es erreichen kannst. Dann verstärkst du deinen Entschluss, indem du einen zwingenden Grund hinzufügst, der dich bei der Stange hält.

Beispiele:
Mein Einkommen wird sich in den nächsten Monaten von _____€ auf _____€ verdoppeln, damit ich meiner Familie mehr finanzielle Sicherheit bieten kann.

Oder:

Ich verspreche mir selbst hundertprozentig, dass ich bis zum ______ (Datum) ___ Kilo abnehmen und ___ Kilo wiegen werde, damit ich mehr Energie habe, um das zu tun, was nötig ist, um mein Unternehmen vorwärts zu bringen.

Zweiter Schritt: Was du tun wirst und wann du es tun wirst

Eine Affirmation aufzuschreiben, die nur bestätigt, was du willst, ohne gleichzeitig zu beschreiben, was du dafür zu tun bereit bist, ist fast völlig nutzlos. Es kann sogar kontraproduktiv sein, weil es dein Unterbewusstsein dazu verleiten kann, zu glauben, das Ergebnis würde automatisch eintreten, ohne dass du etwas dafür tun musst.

Übung:
Benenne spezifische Handlungen, Aktivitäten oder Gewohnheiten, die du brauchst, um dein Wunschziel zu erreichen, und leg dabei ganz deutlich fest, wann und wie oft du die notwendigen Handlungen durchführen wirst.

Beispiele:
Um sicherzustellen, dass ich mein Einkommen verdopple, nehme ich mir fest vor, die Akquiseanrufe, die ich täglich mache, von 20 auf 40 zu verdoppeln, an fünf Tagen die Woche zwischen 8 und 9 Uhr – EGAL, WAS PASSIERT.

Oder:

Um zu garantieren, dass ich ___ Kilo abnehme, verspreche ich mir hoch und heilig, dass ich ab sofort an fünf Tagen die Woche ins Fitnessstudio gehe und täglich zwischen 6 und 7 Uhr mindestens 20 Minuten auf dem Laufband laufe.

Je präziser du deine Handlungen beschreibst, desto klarer ist deine Programmierung und desto leichter wird es dir fallen, konsequent das zu tun, was dich deinen Zielen näher bringt. Achte darauf, dass du auf jeden Fall aufschreibst, wann, wie häufig und wie lange du die Handlungen durchführen wirst.

Dritter Schritt: Sprich deine Affirmationen jeden Morgen mit Gefühl laut aus

Denk daran, dass deine *Miracle-Morning*-Affirmationen nicht nur dazu dienen, dass du dich besser fühlst. Diese aufgeschriebenen Absichtserklärungen sollen strategisch eingesetzt werden, um dein Unterbewusstsein mit Überzeugungen und einer Geisteshaltung neu zu programmieren, die du brauchst, um deine Wunschziele zu erlangen, und gleichzeitig dein bewusstes Denken zu steuern, damit du dich auf deine obersten Prioritäten konzentrierst und die Schritte unternimmst, die dich zum Ziel bringen.

Damit deine Affirmationen ihre ganze Wirkung entfalten, ist es allerdings wichtig, dass du mit deinen Emotionen in Berührung bist, wenn du sie aufsagst. Eine Affirmation gedankenlos herunterzubeten, ohne dabei bewusst zu spüren, wie wahr sie ist, wird dich nicht viel weiterbringen. Du bist selbst dafür zuständig, authentische Emotionen in dir zu finden, zum Beispiel Vorfreude und Entschlossenheit, und diese Emotionen jedes Mal in deine Affirmationen einfließen zu lassen, wenn du sie laut aussprichst.

Bestätige dir selbst, wer du werden musst, um die Dinge tun zu können, die du tun musst, um deine Wunschziele zu erreichen. Ich sage es nochmal: Das ist keine Hexerei. Diese Strategie funktioniert, wenn es dir gelingt, mit der Person in Kontakt zu treten, zu der du auf dem Weg zu deinem Ziel werden musst. Wer du bist, beeinflusst das Ergebnis viel mehr als alles andere.

Übung:

Nimm dir jeden Tag Zeit, während des *Miracle Morning* deine Affirmationen zu lesen, um dein Unterbewusstsein zu programmieren und dein bewusstes Denken darauf zu fokussieren, was dir am wichtigsten ist und was du bereit bist, dafür zu unternehmen. Du hast richtig gelesen: jeden Tag. Affirmationen nur hin und wieder zu lesen ist so effektiv wie nur ab und zu Sport zu treiben. Resultate siehst du nur, wenn du es zum Teil deiner täglichen Routine machst.

Ein hervorragender Ort, um dir deine Affirmationen vorzunehmen, ist unter der Dusche. Wenn du sie laminierst und dort liegen lässt, hast du sie jeden Tag gleich zur Hand. Bewahre sie dort auf, wo du dich an sie erinnerst: auf einer Karteikarte unter der Sonnenblende deines Autos, auf einem Post-it am Badezimmerspiegel. Du kannst sie sogar mit Whiteboardmarker direkt auf den Spiegel schreiben. Je öfter sie dir begegnen, desto leichter fällt es deinem Unterbewusstsein, sie zu verinnerlichen und dein Denken und Handeln zu ändern.

Vierter Schritt: Pass deine Affirmationen ständig an

Während du wächst und dich dabei verbesserst und entwickelst, sollte das Gleiche auch für deine Affirmationen gelten. Wenn dir ein neues Ziel, ein neuer Traum oder ein anderes außergewöhnliches Ergebnis einfällt, das du im Leben erreichen willst, füge es einfach zur Liste deiner Affirmationen hinzu.

Ich persönlich habe Affirmationen für jeden wichtigen Bereich meines Lebens (Finanzen, Gesundheit, Glück, Beziehungen, Kinder usw.) und passe sie jedes Mal an, wenn ich etwas Neues lerne. Ich bin immer auf der Suche nach Zitaten, Strategien und Philosophien, die ich hinzufügen kann, um meine Geisteshaltung weiter zu verbessern. Denk einfach jedes Mal, wenn dir ein inspirierendes Zitat oder ein philosophischer Ansatz begegnet, der dich anspricht: „Wow, in diesem Bereich könnte ich mich noch mächtig verbessern", und erweitere deine Affirmationen entsprechend.

Denk dabei daran, dass deine Affirmationen auf dich und die Dinge, denen du dich verschrieben hast, zugeschnitten sein müssen. Sie müssen spezifisch sein, damit sie eine Auswirkung auf dein Unterbewusstsein haben.

Deine Programmierung kann ab sofort jederzeit verändert und verbessert werden. Du kannst alles, von dem du glaubst, dass es dich einschränkt, wegprogrammieren und durch neue Grundsätze und Verhaltensweisen ersetzen, die dir helfen, in jedem Lebensbereich erfolgreicher zu werden.

Kurz gesagt: Deine neuen Selbstbestätigungen drücken die großen Ziele aus, denen du dich verschrieben hast, und warum sie dir so wichtig sind. Von noch größerer Bedeutung ist allerdings, dass du darin formulierst, was du dir vornimmst, dafür zu tun, und wann du es tun wirst. Nur so kannst du sicherstellen, dass du das hohe Maß an Erfolg erreichst, das du im Leben willst (und verdienst).

Affirmationen, die dich zum besseren Unternehmer machen

Zusätzlich zu der oben aufgeführten Formel, mit der du deine eigenen Affirmationen erschaffen kannst, gebe ich dir eine Liste von Beispielen an die Hand, die regelmäßig von Top-Unternehmern genutzt werden, um größer und produktiver zu werden und um sich in verschiedenen Businessbereichen zu verbessern. Falls dich eine oder mehrere davon ansprechen, kannst du sie gern zu einem Teil deiner eigenen Affirmationen machen.

- Ich bin es wert, mein Traumziel zu erreichen, ich habe es verdient und ich kann es schaffen – und heute werde ich das durch alles, was ich tue, beweisen.

- Wo ich jetzt bin, hängt von der Person ab, die ich war, aber wohin ich gehe, liegt allein an der Person, die ich ab heute bin.

- Wenn ich mit jemandem rede, geht es dieser Person hinterher besser als vorher, weil es mich wirklich interessiert, was in ihrem Leben vorgeht und ich keine Angst davor habe, ein ehrlich gemeintes Kompliment zu machen. Egal, ob sie mit mir zusammenarbeiten will oder nicht – sie wird froh sein, mit mir gesprochen zu haben.

- Es geht nicht um mich und darum, was ich will, wenn ich mein Unternehmen aufbaue. Es geht darum, eine Verbindung zu meinen Kunden, meinen potenziellen Neukunden und meinem Team zu erschaffen, herauszufinden, was ihnen wichtig ist, und das Produkt oder die Stellenbeschreibung möglichst genau auf ihre Bedürfnisse anzupassen.

- Menschen werden von Gefühlen beeinflusst, wenn sie Dinge kaufen oder Stellen annehmen, also ist meine Aufgabe nicht, einem Kunden einzureden, dass *er ohne mein Produkt nicht leben kann*, oder einen Bewerber zu überzeugen, dass er *heute* noch in meiner Firma anfangen soll. Stattdessen ist es meine Absicht, (mit Worten und Geschichten) ein fesselndes Bild zu malen, das sie auf einer emotionalen Ebene anspricht und sie erfahren lässt, wie es ist, mein Produkt zu besitzen oder in meinem Team zu arbeiten. Ich werde dafür sorgen, dass es sich für sie gut und spannend anfühlt, „Ja" zu sagen.

- Eines der wahren Geheimnisse für unternehmerischen Erfolg ist es, *sich voll und ganz dem Prozess zu widmen, ohne emotional an dem zu hängen, was dabei herauskommt.* Meine täglichen Resultate kann ich nicht immer kontrollieren, aber solange ich mich an meinen Prozess halte, sorgt das Gesetz des Durchschnitts schon dafür, dass *immer* wieder etwas Vernünftiges dabei entsteht.

- Ich verspreche mir selbst, dass ich von Montag bis Freitag zwischen _____ Uhr und _____ Uhr mindestens _____ (Anzahl) von _____ (Handlung) mache, egal, was kommt.

- Ich betrachte mein Team, meine Kunden, Bewerber und potenzielle Neukunden als hochgeschätzte Freunde. Indem ich mich selbstlos darauf konzentriere, ihrem Leben mehr Wert zu verleihen, steigt damit auch der Wert, den ich für sie habe.

- Ich konzentriere mich jeden Tag darauf, neue Dinge zu lernen und meine Fähigkeiten zu verbessern, deshalb nehme ich mir vor, jeden Monat mindestens ein oder zwei neue Bücher zu lesen.

- Ich bilde mich kontinuierlich fort, was meine Dienstleistung betrifft, und lese jede Woche Branchennews, um mich von der Konkurrenz abzuheben.

- Ich vergrößere mein Gruppenvolumen jeden Monat, weil ich mich konstanter und unendlicher Verbesserung ebenso verschrieben habe wie dem, was ich tun muss, um für kontinuierliches Wachstum zu sorgen.

- Ich nehme mir jede Woche Zeit, um die Beziehung zu meinen Kunden und Teammitgliedern zu pflegen, deshalb habe ich so viele Bestandskunden.

- Ich verspreche, dass ich meinem Team das Wissen und die Fähigkeiten weitergebe, die ich mir selbst aneigne, damit sie selbstständig so erfolgreich werden können, wie sie wollen.

Das sind nur ein paar Beispiele für Affirmationen. Du kannst sie gerne verwenden oder dir nach der oben beschriebenen Formel deine eigenen erschaffen. Alles, was du dir regelmäßig mit Gefühl selbst sagst, wird in dein Unterbewusstsein einprogrammiert, hilft dir, neue Überzeugungen zu finden und zeigt sich in dem, was du tust.

V für Visualization – Visualisierung

Visualisierung ist schon seit langem eine beliebte Methode für Spitzensportler, die ihre Leistungen noch verbessern möchten. Olympiateilnehmer und Überflieger in vielen Sportarten nutzen die Kraft der Visualisierung als Teil ihres täglichen Trainings. Weniger bekannt ist die Tatsache, dass auch erfolgreiche Unternehmer diese Methode häufig anwenden.

Visualisierung ist eine Technik, bei der man seine Fantasie dafür nutzt, sich ein überzeugendes Bild der Zukunft zu erschaffen, um dadurch mehr Klarheit und Motivation zu erlangen, die dabei helfen, diese Vision wahr werden zu lassen.

Um zu verstehen, *warum* Visualisierung funktioniert, muss man sich mit Spiegelneuronen vertraut machen. Neuronen sind Zellen, die das Gehirn mit anderen Körperteilen verbinden, und Spiegelneuronen sind eine Unterart davon, die immer dann aktiv wird, wenn wir etwas tun oder jemand anderen dabei beobachten, wie er etwas tut. Dieser Forschungsbereich der Neurologie ist noch relativ jung, aber es scheint so, als könnten uns diese Zellen helfen, unsere eigenen Fähigkeiten zu verbessern, indem wir anderen Menschen dabei zusehen, wie sie etwas machen, oder indem wir uns vorstellen, es selbst zu tun. Manche Studien deuten darauf hin, dass erfahrene Gewichtheber ihre Muskelmasse allein dadurch vergrößern können, dass sie es sich vorstellen. Das ist die Kraft von Spiegelneuronen. In bestimmten Hinsichten kann unser Gehirn nicht zwischen einer lebhaften Visualisierung und einer tatsächlichen Erfahrung unterscheiden.

Ich war bisher immer ein wenig skeptisch, was Visualisierungen angeht, weil es mir ein bisschen zu esoterisch klang. Dann habe ich aber angefangen, mich mehr mit Spiegelneuronen auseinanderzusetzen, und musste umdenken.

Was visualisierst du?

Die meisten Unternehmer schränken sich selbst ein, indem sie sich ihre Resultate aus der Vergangenheit vorstellen. Vor ihrem inneren Auge tauchen immer wieder Gelegenheiten auf, bei denen sie gescheitert sind oder ihnen das Herz gebrochen ist. Kreative Visualisierung hingegen ermöglicht dir, eine neue Vision zu entwerfen, die deinen Geist beschäftigt und sicherstellt, dass die Zukunft dein größter Einfluss ist – eine überzeugende, spannende und grenzenlose Zukunft.

Vielen Menschen gefällt der Gedanke nicht, sich Erfolg vorzustellen; manche haben sogar Angst davor, zu erfolgreich zu werden. Dadurch spüren sie einen inneren Widerstand gegen diese Methode. Einige von ihnen fühlen sich sogar schuldig, weil sie Kollegen, Freunde und Familienmitglieder hinter sich lassen, wenn sie Erfolg haben.

Dieses berühmte Zitat von Marianne Williamson hilft allen, die mentalen oder emotionalen Widerstand verspüren, wenn sie versuchen zu visualisieren:

Unsere tiefste Angst ist nicht, nicht genug zu sein. Unsere tiefsitzendste Angst ist es, grenzenlose Macht zu haben. Unser Licht jagt uns mehr Furcht ein als unsere Finsternis. Wir fragen uns: „Wer bin ich, dass ich brillant, wunderschön, talentiert, großartig sein sollte?" Ich frage zurück: Wer bist du, dass du es nicht bist? Du bist ein Kind Gottes. Du hilfst der Welt nicht, indem du dich klein machst. Zu schrumpfen, um andere nicht zu verunsichern, hat nichts mit Erleuchtung zu tun. Wir sind dafür gemacht zu strahlen, so wie alle Kinder. Wir sind dazu geboren, Gottes Glanz, der in uns schlummert, in die Welt zu tragen. Und das betrifft nicht nur manche von uns, der Glanz steckt in jedem. Wenn wir unser eigenes Licht scheinen lassen, geben wir damit unbewusst den Menschen in unserer Umgebung die Erlaubnis, das Gleiche zu tun. Wenn wir unsere eigene Furcht abstreifen, befreien wir damit automatisch andere.

Betrachte das als das größte Geschenk, das du deinen Liebsten und deinen Angestellten machen kannst: dass du dein ganzes Potenzial im Leben ausschöpfst. Wie sieht das für dich aus?

Nachdem ich während meines *Miracle Morning* meine Affirmationen gelesen habe, setze ich mich aufrecht hin, schließe die Augen und atme ein paar Mal langsam, tief durch. Dann visualisiere ich fünf bis zehn Minuten lang die konkreten Maßnahmen, die notwendig sind, um meine kurz- bis langfristigen Ziele zu verwirklichen.

Hast du gemerkt, dass ich nicht gesagt habe, ich würde die Ergebnisse visualisieren? Viele Menschen werden in dieser Frage anderer Meinung sein, aber es gibt einige Studien, die zeigen, dass die Visualisierung eines Resultats (des Autos, des Hauses, des Schritts über die Ziellinie, des Applauses, den du auf der Bühne entgegennimmst usw.) deinen Antrieb sogar verringern kann, weil dein Gehirn die Belohnung auf einer gewissen Ebene bereits erlebt hat.

Stattdessen würde ich dir empfehlen, dich bei deiner Visualisierung auf die nötigen Schritte zum Ziel zu konzentrieren. Stell dir vor, wie du Dinge tust – insbesondere solche, die du für gewöhnlich nicht gerne tust und häufig aufschiebst –, und zwar auf eine Weise, die dir ein überzeugendes geistiges und emotionales Bild dieser Tätigkeit erschafft.

Hal zum Beispiel hasste Laufen, aber er nahm sich trotzdem vor, einen 52-Meilen-Ultramarathon zu laufen (und sprach auch in der Öffentlichkeit darüber). Während seiner fünf Trainingsmonate nutzte er die *Miracle-Morning*-Visualisierungen dafür, sich vorzustellen, wie er sich die Laufschuhe zuband und loslief – mit schwungvollen Schritt und einem Lächeln im Gesicht –, also hatte er die Erfahrung bereits zu etwas Positivem und Angenehmen umprogrammiert, als es Zeit war, mit dem Training loszulegen.

Als Unternehmer könntest du dir zum Beispiel vorstellen, wie viel Spaß es dir macht, dich mit einem neuen Geschäftspartner am Telefon zu unterhalten. Nimm dir genug Zeit, dir das Gespräch in allen Einzelheiten auszumalen.

Wie sieht es aus? Wie fühlt es sich an, eine großartige Beziehung aufzubauen? Stell dir vor, wie du auf Fragen und Einwände reagierst.

Visualisierungen helfen dir mit allen wichtigen Handlungsschritten und Fähigkeiten, bei denen du noch Verbesserungspotenzial siehst. Dir Erfolg vorzustellen bereitet dich auf einen erfolgreichen Tag vor, das ist so gut wie garantiert.

Drei einfache Schritte für die Miracle-Morning-Visualisierung

Unmittelbar nach dem Leser deiner Affirmationen ist der perfekte Zeitpunkt, dir vorzustellen, wie du ideal im Einklang mit ihnen lebst.

Erster Schritt: Vorbereitung

Manche Menschen lassen bei der Visualisierung gerne Instrumentalmusik im Hintergrund laufen, zum Beispiel klassische oder Barockmusik (Johann Sebastian Bach ist sehr beliebt). Wenn du mit Musik experimentieren willst, ist es wichtig, dass du sie nicht zu laut drehst. Mich persönlich lenkt alles zu sehr ab, was einen Text hat.

Setz dich jetzt bequem hin, auf einen Stuhl, aufs Sofa oder mit einem Kissen auf den Boden. Atme tief durch. Schließ die Augen, schieb deine Gedanken beiseite und lass alle selbstauferlegten Einschränkungen los, während du dich darauf vorbereitest, die Vorteile von Visualisierungen zu genießen.

Zweiter Schritt: Visualisiere, was du wirklich willst

Was willst du wirklich? Vergiss Logik, Einschränkungen und praktische Überlegungen. Wenn du alles erreichen könntest, beruflich und privat, wie sähe das dann aus? Setze alle deine Sinne ein, um deine Visualisierung noch wirksamer zu gestalten. Sieh, fühle, höre, berühre und schmecke jede Einzelheit deiner Vision. Je lebendiger sie dir vor Augen steht, desto größer wird dein Antrieb, die nötigen Schritte zu unternehmen, um sie wahr werden zu lassen.

Dritter Schritt: Visualisiere, wie du dein Ziel problemlos erreichst

Sobald du dir ein klares Bild davon erschaffen hast, was du willst, führe dir vor Augen, was du genau tun musst, um deine Vision mit dem größten Selbstvertrauen und Vergnügen wahr werden zu lassen.

Stell dir vor, wie du die notwendigen Schritte ausführst (wie du dich bewegst, schreibst, verkaufst, präsentierst, Reden hältst, telefonierst, E-Mails schreibst usw.). Stell dir vor, dass man dir das enorme Selbstvertrauen ansieht, das du spürst, während du bei zukünftigen Investoren eine Präsentation hältst, um Kapital für deine Firma zu sichern. Sieh und spüre, wie du auf dem Laufband lächelst, weil du so stolz darauf bist, dass du die Selbstdisziplin aufgebracht hast, bei der Stange zu bleiben. Mit anderen Worten: Visualisiere dich selbst, wie du ohne Probleme tust, was zu tun ist. Spüre deine Entschlossenheit, während du hartnäckig an dem Projekt arbeitest, das du schon viel zu lange aufschiebst, und endlich Fortschritte machst. Stell dir vor, wie deine Kunden und Kollegen, dein Partner oder deine Partnerin, deine Familie und deine Freunde auf deine positive Haltung und deinen Optimismus reagieren.

Abschließende Gedanken zur Visualisierung

Visualisierung kann ein mächtiges Werkzeug sein, wenn es darum geht, selbsteinschränkende Überzeugungen und Gewohnheiten (zum Beispiel die Angewohnheit, alles auf die lange Bank zu schieben) zu überwinden und konsequent das zu tun, was nötig ist, um außergewöhnliche Ergebnisse für dein Unternehmen zu erzielen.

Wenn du sie jeden Morgen mit deinen Affirmationen kombinierst, kurbelst du damit die Umprogrammierung deines Unterbewusstseins so richtig an, damit du schon bald durch Höchstleistungen zum Erfolg kommst. Deine Gedanken und Gefühle richten sich nach deiner Vision aus, sodass es dir leichter fällt, die wichtigen Dinge zu tun und all deine Ziele und Träume zu erreichen.

E wie Exercise – Bewegung

Bewegung sollte einen festen Bestandteil deines *Miracle Morning* darstellen. Schon ein paar Minuten körperlicher Ertüchtigung pro Tag verbessern deine Gesundheit, dein Selbstvertrauen und deine emotionale Balance entscheidend und helfen dir dabei, klarer zu denken und dich länger zu konzentrieren. Du wirst außerdem feststellen, wie viel mehr Energie du hast, wenn du dich täglich bewegst, und das merken auch die Menschen um dich herum.

Eben Pagan und Tony Robins, beide Experten für Persönlichkeitsentwicklung und Unternehmer (Tony Robins ist darüber hinaus auch noch Bestsellerautor), die sich ihr Vermögen von mehreren Millionen selbst aufgebaut haben, sind sich einig, dass der Schlüssel zum Erfolg darin liegt, jeden Morgen mit einem Erfolgsritual zu beginnen. Beide schwören in ihren jeweiligen Ritualen auf irgendeine Art von Bewegung. Eben betont, wie wichtig ihm der Frühsport ist: „Du musst jeden Morgen dafür sorgen, dass dein Puls und dein Kreislauf in Schwung kommen, und dass sich deine Lungen mit Sauerstoff füllen." Er fährt fort: „Beweg dich nicht nur abends oder im Lauf des Tages. Selbst wenn du lieber zu diesen Zeiten Sport treibst, solltest du morgens zumindest 10 bis 20 Minuten lang Hampelmänner oder eine andere Art von Aerobic-Übung machen."

Hey, wenn das für Eben und Tony funktioniert, dann passt das für mich auch.

Wenn du jetzt denkst, du müsstest gleich anfangen, für einen Triathlon oder einen Marathon zu trainieren, kann ich dich beruhigen. Wenn du bereits Sport treibst, muss die neue Bewegung am Morgen auch nicht das ersetzen, was du nachmittags oder abends machst. Du kannst immer noch zur gewohnten Zeit ins Fitnessstudio gehen.

Die Vorzüge, wenn du dich auch nur fünf Minuten zusätzlich am Morgen bewegst, sind jedoch nicht zu übersehen: Dein Blutdruck und dein Blutzuckerspiegel werden sich verbessern und gleichzeitig sinkt das Risiko, an einigen besonders fiesen Dingen wie Herzkrankheiten, Osteoporose, Krebs und Diabetes zu erkranken. Am wichtigsten ist allerdings wahrscheinlich, dass du nach einer Runde Bewegung am Morgen mehr Energie für den Rest des Tages hast.

Wie wäre es zum Beispiel mit einem Spaziergang oder einer Runde Laufen, einer Einheit im Fitnessstudio, einem P90X- oder

Insanity-Programm auf DVD oder einem Yogavideo auf YouTube? Du kannst dir auch einen Life S.A.V.E.R.S.-Partner suchen, mit dem du früh am Morgen Squash spielen gehst. Oder vielleicht probierst du mal die hervorragende App „7-Minute-Workout" aus, die dir in nur 7 Minuten ein umfassendes Ganzkörpertraining verschafft. Diese kurzen Trainingseinheiten mache ich am liebsten, wenn ich unterwegs auf Vortragsreise bin, weil sie sogar in so einen chaotischen Zeitplan passen. Es gibt keine Entschuldigung, sich zu drücken. Du hast die Wahl; such dir eine Sportart aus und leg einfach los!

Als Unternehmer ist man die ganze Zeit unter Druck. Deshalb brauchst du einen unerschöpflichen Energievorrat, um dir keine der großartigen Gelegenheiten entgehen zu lassen, die dir jeden Tag begegnen – und ein tägliches Frühsportritual verleiht dir genau das.

Frühsport fürs Gehirn

Falls dir deine körperliche Fitness völlig egal sein sollte, solltest du bedenken, dass Bewegung dich außerdem klüger macht, was deine Fähigkeit, Probleme zu lösen, nur verbessern kann. Dr. Steven Masley, ein Arzt und Ernährungsexperte aus Florida, der sich in seiner Praxis auf Manager spezialisiert hat, erklärt den direkten Zusammenhang zwischen Bewegung und geistigen Fähigkeiten:

„Wenn wir über Hirnleistung sprechen, stellen wir schnell fest, dass die aerobe Kapazität die beste Methode ist, zu messen, wie schnell das Gehirn funktioniert. Wie schnell man einen Hügel hinauf laufen kann, steht in direktem Zusammenhang dazu, wie schnell das Gehirn funktioniert und auf neue Eindrücke und Herausforderungen reagiert."

Masley hat ein Wellnessprogramm für Unternehmen entwickelt, das auf der Arbeit mit über 1.000 Patienten basiert. „Im Durchschnitt verbessert sich die Hirngeschwindigkeit der Teilnehmer an diesem Programm um 25 bis 30 Prozent."

Hal hat sich für seinen Frühsport für Yoga entschieden und damit kurz nach der Erfindung des *Miracle Morning* angefangen. Seither praktiziert er es regelmäßig und mit wachsender Begeisterung. Mein Bewegungsritual sieht etwas anders aus.

Ich laufe normalerweise in meinem Wohngebiet und höre dabei tolle Podcasts oder Hörbücher, dann mache ich eine „7-Minute-Workout"-Einheit. Aktuell trainiere ich für meinen ersten Marathon. Ich liebe das Gefühl von Frieden, das mich durchströmt, wenn ich mir beim Laufen eine Auszeit von meiner Arbeit nehme.

Durch das Laufen erreiche ich gleichzeitig mehrere Dinge: Es hilft mir beim Aufwachen und ist ein toller Start in meinen *Miracle Morning*, ich versorge meinen Körper und meinen Geist mit einer ordentlichen Dosis Vitamin D, dabei bekomme ich eine tolle Kombination aus Cardio- und Muskeltraining und das, was ich dazu höre, inspiriert mich noch zusätzlich.

Meine Frau hat Bewegung ebenfalls zu einem Teil ihrer *Miracle-Morning*-Routine gemacht. Dass sie auch aktiv ist, motiviert mich noch mehr. Ich finde es toll, dass wir beide etwas für unsere Gesundheit tun. Also such dir etwas aus, das zu dir und deinem Leben passt und mach es zum Teil deines *Miracle Morning!*

Abschließende Gedanken zur Bewegung

Du weißt wahrscheinlich schon, dass du dich regelmäßig bewegen musst, wenn du gesund bleiben und mehr Energie bekommen willst. Das ist schließlich allgemein bekannt. Was aber nicht so bekannt ist, ist, wie einfach es ist, Ausreden zu finden. Die zwei häufigsten sind: „Ich habe keine Zeit" und „Ich bin zu müde", aber die Liste ist natürlich noch viel länger. Du kannst dir praktisch unendlich viele verschiedene Ausreden ausdenken. Und je kreativer du bist, desto mehr fallen dir ein.

Das ist das Schöne daran, Bewegung zu einem Teil deines *Miracle Morning* zu machen: Du kümmerst dich darum, bevor du von deinem Tag erschöpft bist und einen ganzen Tag lang Zeit hattest, dir Ausreden auszudenken. Weil der *Miracle Morning* jeden Tag als Erstes kommt, ist er eine todsichere Methode, deinen inneren

Schweinehund zu überwinden und Frühsport zu einer täglichen Angewohnheit zu machen.

Haftungsausschluss: Es sollte sich von selbst verstehen, aber wir weisen dich vorsichtshalber darauf hin, dass du mit deinem Hausarzt sprechen solltest, bevor du anfängst, Sport zu treiben, insbesondere dann, wenn du Schmerzen, Beschwerden oder Behinderungen usw. hast. Es ist möglich, dass du deine sportlichen Betätigungen deinen persönlichen Bedürfnissen anpassen oder sogar ganz darauf verzichten musst.

R wie Reading – Lesen

Als Unternehmer wissen wir, dass wir uns erfolgreiche Vorbilder suchen müssen, wenn wir so schnell wie möglich alles erreichen wollen, was wir uns wünschen. Welches Ziel du dir auch immer gesteckt hast, es ist sehr wahrscheinlich, dass es irgendwo einen Experten gibt, der das gleiche oder ein ähnliches Ziel bereits erreicht hat. Tony Robbins drückt es so aus: „Erfolg hinterlässt Spuren."

Glücklicherweise teilen einige der Allerbesten ihre Geschichten in schriftlicher Form. Das bedeutet, dass all diese Baupläne für Erfolg nur darauf warten, von jemandem angewandt zu werden, der sich die Zeit nimmt, sie zu studieren. Bücher sind eine schier unerschöpfliche Quelle für Hilfe und praktische Anleitungen, die du jederzeit zu Rate ziehen kannst.

Als Unternehmer haben wir häufig das Problem, dass wir fast süchtig danach sind, Resultate zu erzielen. Das ist unser Segen und gleichzeitig unser Fluch. Einerseits hebt es uns aus der Masse der Menschen hervor, die sich damit zufriedengeben, morgens ein- und abends auszustempeln und für einen Lohn der Mittelklasse möglichst wenig zu arbeiten. Es treibt uns an, zu erschaffen, Wert zu schöpfen und Einfluss auf die Welt zu nehmen.

Andererseits ist diese Sucht nach Resultaten aber auch ein Fluch, weil sie uns oft davon abhält, uns die Zeit zu nehmen, uns selbst und unser Unternehmen zu verbessern. Nachdem Lesen keine Resultate produziert (zumindest keine kurzfristigen), zieht uns unser natürliches Unternehmergen – wenn es so etwas überhaupt gibt – zu anderen Aufgaben hin, deren Früchte offensichtlicher sind. Das Problem ist, dass diese Früchte oft von niedrigschwelligen Aufgaben herkommen, zum Beispiel vom Lesen von E-Mails.

Manchmal höre ich einen Unternehmer sagen: „Ich bin so beschäftigt, zum Lesen habe ich einfach keine Zeit." Das kann ich verstehen. So etwas habe ich auch einmal geglaubt. Aber jetzt rufe ich mir ins Gedächtnis, was mein Mentor mir beigebracht hat: „Die größten Denker der Menschheitsgeschichte haben Jahre damit verbracht, das Beste, was sie wissen, auf ein paar Buchseiten einzudampfen, die man für ein paar Dollar kaufen und in ein paar Stunden lesen kann, und damit verkürzt man seine Lernkurve um Jahrzehnte. Aber ich verstehe schon: Du hast keine Zeit." Autsch.

Du willst im Handumdrehen von null auf hundert Millionen kommen? Du willst lernen, wie man denken muss, um reich zu werden? Du möchtest deinen inneren Riesen erwecken? Grundlos glücklich sein? Nur noch vier Stunden pro Woche arbeiten? Deinen Umsatz und Gewinn in drei Jahren oder weniger verdoppeln? Dann hast du Glück – ich habe gehört, dass mehrere Autoren Bücher über genau diese Themen geschrieben haben.

Hier sind einige meiner Lieblingsbücher zum Thema Unternehmertum:

- *Scale: Seven Proven Principles to Grow Your Business and Get Your Life Back* von Jeff Hoffman und David Finkel
- *Getting Everything You Can Out of All You've Got: 21 Ways You Can Out-Think, Out-Perform, and Out-Earn the Competition* von Jay Abraham
- *Zero to One: Wie Innovation unsere Gesellschaft rettet* von Peter Thiel
- *Lean Startup: Schnell, risikolos und erfolgreich Unternehmen gründen* von Eric Ries

- *Ask: The Counterintuitive Online Method to Discover Exactly What Your Customers Want to Buy ... Create a Mass of Raving Fans ... and Take Any Business to the Next Level* von Ryan Levesque
- *The One Thing: Die überraschend einfache Wahrheit über außergewöhnlichen Erfolg* von Gary Keller und Jay Papasan
- *Dein Ego ist dein Feind: So besiegst du deinen größten Gegner* von Ryan Holiday
- *Die Psychologie des Überzeugens: Wie Sie sich selbst und Ihren Mitmenschen auf die Schliche kommen* von Robert Cialdini

Hier sind außerdem ein paar Titel zur Persönlichkeitsentwicklung:

- *The Art of Exceptional Living* von Jim Rohn
- *Denke nach und werde reich* von Napoleon Hill
- *The Power of Consistency: Prosperity Mindset Training for Sales and Business Professionals* von Weldon Long
- *Die 7 Wege zur Effektivität: Prinzipien für persönlichen und beruflichen Erfolg* von Stephen R. Covey
- *Perfekt! Der überlegene Weg zum Erfolg* von Robert Greene
- *Die 4-Stunden-Woche: Mehr Zeit, mehr Geld, mehr Leben* von Timothy Ferriss
- *Das Lebensspiel und seine Regeln* von Florence Scovel Shinn
- *The Compound Effect* von Darren Hardy
- *Taking Life Head On: How to Love the Life You Have While You Create the Life of Your Dreams* von Hal Elrod
- *Vision to Reality: How Short Term Massive Action Equals Long Term Maximum Results* von Honorée Corder
- *In meinem Element. Wie wir von erfolgreichen Menschen lernen können, unser Potenzial zu entdecken* von Sir Ken Robinson und Lou Aronica

Bücher sind nicht nur Werkzeuge, die dich zu unternehmerischem Erfolg führen. Sie können dir auch helfen, deine Beziehungen zu verändern, dein Selbstwertgefühl zu steigern und deine Kommunikationsfähigkeit zu verbessern. Du kannst daraus lernen, wie man gesund lebt und jeden anderen Lebensbereich verbessert, den du dir vorstellen kannst.

Eine vollständige Liste von Hals Lieblingsbüchern zum Thema Persönlichkeitsentwicklung – darunter auch die, die den größten Einfluss auf seinen Erfolg, seine Gesundheit und sein Glück hatten – findest du auf der Liste mit Leseempfehlungen auf www.TMMBook.com.

Wie viel sollte ich lesen?

Ich würde empfehlen, dass du dir mindestens zehn Seiten am Tag vornimmst (es ist aber auch okay, mit fünf Seiten am Tag anzufangen, wenn du langsam liest oder noch nicht so viel Spaß daran hast).

Zehn Seiten sieht nach nicht besonders viel aus, aber rechnen wir es doch mal durch. Wenn du jeden Tag zehn Seiten liest, kommst du im Jahr auf 3.650 Seiten – also ungefähr achtzehn Bücher mit je 200 Seiten, die dir Flügel verleihen und dir helfen, deine Business-Erfolge ebenfalls auf die nächste Stufe zu heben. Und das alles in nur zehn bis fünfzehn Minuten am Tag, oder vielleicht fünfzehn bis dreißig Minuten, wenn du nicht so schnell liest.

Glaubst du, dass du deine Geisteshaltung verbessern, selbstbewusster werden und neue Erfolgsstrategien lernen kannst, wenn du in den nächsten zwölf Monaten achtzehn Businessratgeber und Bücher über Persönlichkeitsentwicklung liest? Dass du zu einer besseren, fähigeren Version der Person werden kannst, die du heute bist? Dass sich das auch in deinem Unternehmen zeigen wird? Dann liegst du genau richtig! Jeden Tag zehn Seiten zu lesen, ist nur wenig Aufwand, aber die Früchte, die es trägt, sind enorm.

Abschließende Gedanken zum Lesen

- Denk am besten bereits an das Ergebnis, wenn du loslegst. Was erhoffst du dir von einem bestimmten Buch? Nimm dir jetzt einen Moment Zeit und stell dir diese Frage zu diesem Buch.

- Du musst dich nicht zwingen, ein Buch von Anfang bis Ende durchzulesen; du musst es nicht einmal ganz zu Ende lesen. Denk daran, dass deine Lesezeit ganz dir selbst gehört. Schau ins Inhaltsverzeichnis, um keine Teile zu übersehen, die dich interessieren, und zögere nicht, ein Buch wegzulegen und ein anderes zur Hand zu nehmen, wenn es dir nicht zusagt. Es gibt so unendlich viele interessante Informationen, da brauchst du keine Zeit auf mittelmäßige Bücher zu verschwenden. Darf ich dir vorschlagen, dass du mein erstes Buch *Double Double* liest und dabei alle Kapitel überspringst, von denen du das Gefühl hast, dass sie dich nicht betreffen?
- Wenn du das Buch nicht gerade aus einer Bibliothek oder von einem Freund geliehen hast, nimm dir die Freiheit, Passagen, Sätze und einzelne wichtige Wörter zu unterstreichen, einzukreisen und zu markieren, dem Buch Eselsohren zuzufügen und Randnotizen zu machen. Wenn du das Buch beim Lesen so markierst, kannst du jederzeit zu ihm zurückkehren und gezielt die wichtigsten Ideen, Lehrsätze und Inspirationen finden, ohne es noch einmal komplett lesen zu müssen. Auf einem E-Book-Reader wie dem Kindle oder Nook, oder über die iBooks-App, kannst du solche Hervorhebungen ganz leicht sortieren, sodass du sie jedes Mal siehst, wenn du das Buch durchblätterst. Du kannst sogar direkt in die Liste deiner Notizen und Markierungen gehen.
- Halte die wichtigsten Ideen, Einsichten und denkwürdigen Passagen in deinem Journal fest. So baust du dir deine eigene Zusammenfassung deiner Lieblingsbücher auf, in der du in nur ein paar Minuten die Schlüsselinhalte nachschlagen kannst.
- Gute Bücher über Persönlichkeitsentwicklung mehrmals zu lesen ist eine sehr wirksame Strategie, die leider oft unterschätzt wird. Dabei kommt es nur sehr selten vor, dass man den gesamten Wert eines Buchs schon beim ersten Lesen vollständig erfasst. Um Meister einer Disziplin zu werden, muss man üben. Ich habe Bücher wie *Denke nach und werde reich*

schon dreimal gelesen und schlage mehrmals im Jahr etwas darin nach. Versuch es doch gleich einmal mit diesem Buch! Nimm dir vor, es gleich noch einmal anzufangen, wenn du damit fertig bist, um mehr zu lernen und dir selbst mehr Zeit zu schenken, die Methoden zu lernen.

- Hörbücher sind auch Bücher! Du bekommst die gleichen Informationen, aber du kannst nebenher noch etwas anderes machen, dich zum Beispiel bewegen oder zur Arbeit fahren. Wenn du ein Buch besonders eingehend studieren willst, hör dir das Hörbuch an, während du gleichzeitig den Text liest. Wie oben schon erwähnt, höre ich gern Hörbücher, während ich laufe. Dadurch schlage ich zwei Fliegen mit einer Klappe, und darüber hinaus beeinflusst meine Freude über das inspirierende Material, das ich höre, wie ich mich in Bezug auf mein Training fühle und andersherum.
- Am wichtigsten ist, dass du sofort umsetzt, was du liest. Plane Zeit ein, um die Schritte, die dich beim Lesen ansprechen, in die Tat umzusetzen. Am besten legst du deinen Kalender vorher bereit und trägst gleich ein, wann du das Gelernte anwenden wirst. Werde nicht zum Persönlichkeitsentwicklungsjunkie, der alles liest, aber nichts davon umsetzt. Ich kenne viele Menschen, die sehr stolz darauf sind, wie viele Bücher sie gelesen haben, als wäre das schon ein Wert an sich. Mir persönlich ist es lieber, ein gutes Buch zu lesen und anzuwenden, als zehn Bücher zu lesen und dann nichts anderes zu tun, als das elfte Buch anzufangen. Lesen ist zwar eine großartige Methode, sich Wissen, Einsichten und Strategien anzueignen, aber was dich im Leben und im Unternehmen wirklich voranbringt, ist es, diese neuen Strategien auch in der Praxis umzusetzen. Bist du entschlossen genug, das, was du in diesem Buch lernst, anzuwenden, indem du die 30-Tage-Herausforderung am Ende annimmst?

Das ist schön zu hören! Dann kommen wir jetzt zum zweiten „S“ in Life S.A.V.E.R.S.

S wie Scribing – Schreiben

Die meisten Anwender des *Miracle Morning* schreiben jeden Tag während des Rituals fünf bis zehn Minuten Tagebuch. Indem du deine Gedanken aus dem Kopf bekommst und sie schriftlich festhältst, verschaffst du dir sofort höhere Aufmerksamkeit, mehr Klarheit und wertvolle Erkenntnisse, die dir sonst entgangen wären. Der Schreibteil deines *Miracle Morning* erlaubt dir, zu notieren, wofür du dankbar bist und deine Gedanken, Ideen, Inspirationen, Feststellungen, Erfolge und gelernten Lektionen ebenso wie neue Bereiche für Potenzial, persönliche Entwicklung und Verbesserung festzuhalten.

Wenn es dir genauso geht wie Hal früher, hast du wahrscheinlich zumindest ein paar angefangene und dann nie wieder angefasste Notiz- und Tagebücher. Für ihn wurde das Schreiben erst zu einer seiner liebsten täglichen Gewohnheiten, als er anfing, den *Miracle Morning* anzuwenden.

Tägliches Schreiben ermöglicht dir, deine Gedanken bewusst zu ordnen. Was aber noch wichtiger ist, sind die Einsichten, zu denen du gelangst, wenn du deine Journale noch einmal von Anfang bis Ende durchgehst – insbesondere, wenn das Jahr sich dem Ende zuneigt. Wie Tony Robbins häufig sagt: „Ein lebenswertes Leben ist es auch wert, festgehalten zu werden."

Es ist nicht leicht in Worte zu fassen, wie unglaublich konstruktiv es ist, seine alten Tagebücher noch einmal durchzulesen. Michael Maher, der Co-Autor von *The Miracle Morning for Real Estate Agents*, ist ein glühender Anhänger der Life S.A.V.E.R.S. Ein Teil seiner Morgenroutine besteht darin, dass er das, was er zu schätzen weiß sowie seine Affirmationen in einem Journal festhält, das er sein „Segensbuch" nennt. Er hat die besten Worte dafür gefunden:

„Was wir zu schätzen wissen … weiß auch uns zu schätzen. Es ist an der Zeit, dass wir unseren unstillbaren Hunger nach dem, was wir wollen, durch unendliche Dankbarkeit für und Lust auf das ersetzen, was wir schon haben. Schreib auf, wofür du dankbar bist, bleib dankbar und anerkennend, dann bekommst du auch mehr von dem, was du brauchst: bessere Beziehungen, größeren materiellen Wohlstand und mehr Glück."

Eine großartige Methode, die du zum Teil deiner Routine machen kannst, ist, täglich aufzuschreiben, was du an deinem Business zu schätzen weißt. Wenn wir zum Beispiel niederschreiben, was wir an unserem Team und seiner Leistung schätzen – sogar dann (oder gerade dann), wenn wir damit nicht unbedingt zufrieden sind – können wir uns leichter auf das konzentrieren, was gut läuft, und Kapital daraus schlagen. Dinge aufzuschreiben, für die du dankbar bist, hilft dir, dich auf positive Aspekte zu konzentrieren und macht dich flexibler und lösungsorientierter, auch wenn gerade nicht alles glatt läuft.

Täglich Tagebuch zu schreiben bringt viele wertvolle Vorteile mit sich. Hier sind einige meiner liebsten. Wenn du regelmäßig schreibst, erhältst du:

- **Mehr Klarheit** – Tagebuch zu führen, wird dir helfen, deine Vergangenheit und deine aktuellen Lebensumstände klar zu sehen und zu verstehen, damit du dich kommenden Herausforderungen leichter stellen kannst. Gleichzeitig kannst du dabei Ideen sammeln, Prioritäten festlegen und deine Handlungen für jeden Tag planen, damit du deine Zukunft besser gestalten kannst.
- **Überblick über deine Ideen** – Indem du deine Ideen aufschreibst, hältst du sie fest und kannst sie besser ordnen und ausbauen. Außerdem verhindert es, dass du die wichtigen Ideen vergisst, die du dir für einen passenden Moment in der Zukunft aufhebst.
- **Lernen durch Wiederholung** – Ein Tagebuch ist perfekt dafür geeignet, das festzuhalten, zu reflektieren und zu wiederholen, was du aus deinen Erfolgen und Misserfolgen gelernt hast.

- **Aufzeichnen von Fortschritten** – Deine alten Tagebucheinträge aus dem letzten Jahr oder auch nur der letzten Woche noch einmal herauszuholen und zu lesen, ist wundervoll, denn es zeigt dir deutlich, wie viele Fortschritte du in der Zwischenzeit gemacht hast. Es passiert uns häufig, dass wir etwas erreichen, unsere eigene Leistung aber nicht würdigen, sondern gleich mit der nächsten Sache weitermachen. Zu sehen, welche Fortschritte man wirklich gemacht hat, ist eine der angenehmsten, aufschlussreichsten und bestärkendsten Erfahrungen, die man machen kann. Sie ist durch nichts anderes zu ersetzen.
- **Verbesserung des Gedächtnisses** – Man glaubt ja oft, dass man sich an alles erinnern wird, aber wenn du schon mal ohne Einkaufszettel im Supermarkt warst, weißt du, dass das einfach nicht stimmt. Wenn wir etwas aufschreiben, erhöhen wir damit die Wahrscheinlichkeit, dass wir uns daran erinnern. Und wenn wir dann doch etwas vergessen sollten, können wir einfach noch mal zurückblättern und es erneut nachlesen.

Lückenbewusstsein – gut oder schlecht?

Die Lücke im menschlichen Potenzial variiert von Mensch zu Mensch. Vielleicht hast du das Gefühl, dass du ganz knapp davor bist, dein volles Potenzial auszuschöpfen, und nur noch ein paar kleine Veränderungen vornehmen musst. Vielleicht geht es dir aber auch ganz anders – du fühlst dich so weit von deinem Potenzial entfernt, dass du nicht mal weißt, wo du ansetzen sollst. Egal, wie der Fall bei dir liegt, du solltest wissen, dass es durchaus möglich und erreichbar für dich ist, dein Leben auf der richtigen Seite der Potenziallücke zu leben und die Person zu werden, die du werden kannst.

Es ist Zeit, deinen Fokus zu verändern – unabhängig davon, ob du aktuell auf der falschen Seite einer Lücke von der Breite des Grand Canyon sitzt und nicht glaubst, dass du es jemals auf die andere Seite schaffen kannst, oder ob du schon den halben Weg über die Schlucht geschafft hast, aber aus irgendeinem Grund nicht mehr weiterkommst.

Alle Menschen tendieren dazu, sich gewohnheitsmäßig auf die Lücke zu konzentrieren. Normalerweise sehen wir die Lücke zwischen dem, wo wir sind und dem, wo wir sein wollen, sehr deutlich; zwischen unseren Errungenschaften und dem, was wir erreichen sollten, könnten oder wollen. Wir konzentrieren uns auf die Lücke zwischen der Person, die wir sind, und unserer idealisierten, perfekten Vision von der Person, von der wir glauben, wir sollten sie sein.

Das Problem daran ist, dass es unserem Selbstvertrauen und unserem Selbstbild nicht gut tun kann, wenn wir uns ständig auf die Lücke konzentrieren, weil wir uns dadurch fühlen, als hätten wir nicht genug Besitz, als hätten wir nicht genug erreicht, als wären wir einfach nicht gut genug oder zumindest nicht so gut, wie wir sein sollten. Und als könnten wir das auch niemals werden.

Typischerweise sind es die erfolgreichsten Unternehmer, die sich am meisten damit herumschlagen, dass sie übersehen oder kleinreden, was sie erreicht haben, dass sie an jedem Fehler und jedem noch so kleinen Makel herumgrübeln, dass sie am Ende jeden Tages wissen, dass sie mehr hätten tun können und dass sie niemals das Gefühl haben, genug erreicht zu haben.

Die Ironie daran ist, dass genau dieses Lückenbewusstsein der Grund dafür ist, dass Höchstleistungsträger so viel erreichen. Ihr unstillbares Verlangen, die Lücke zu schließen, treibt sie auf ihrer Jagd nach Perfektion an und spornt sie immer wieder zu Höchstleistungen an. Lückenbewusstsein kann auch gesund und produktiv sein, wenn es einer positiven, proaktiven Perspektive entstammt, statt einem Gefühl des Versagens: „Mein Potenzial zu erfüllen ist mein höchstes Ziel und motiviert mich immer wieder.“ Leider ist das aber sehr selten. Der Durchschnittsmensch, sogar der durchschnittliche Höchstleistungsträger, tendiert dazu, sich im negativen Sinne auf die Lücke zu konzentrieren.

Die erfolgreichsten Menschen – diejenigen unter uns, die im Gleichgewicht sind und sich darauf konzentrieren, sich in fast allen

Lebensbereichen auf die höchste Stufe zu heben – sind außerordentlich dankbar für das, was sie haben, machen sich regelmäßig bewusst, was sie erreichen und sind immer im Reinen damit, wo sie aktuell im Leben stehen. Das Geheimnis liegt darin, gleichzeitig zu wissen, dass ich im Moment das Beste gebe, und dass ich mehr geben kann und werde. Diese ausgewogene Selbsteinschätzung sorgt dafür, dass wir keinen Mangel spüren – nicht genug zu sein, zu haben oder zu tun –, erlaubt uns aber gleichzeitig, weiter darauf hin zu arbeiten, die Potenziallücke in jedem Lebensbereich zu schließen.

Am Ende eines Tages, einer Woche, eines Monats oder eines Jahres konzentrieren wir uns normalerweise besonders stark auf die Lücke, sodass es uns fast unmöglich ist, korrekt einzuschätzen, wer wir selbst sind und was wir erreicht haben. Wenn du zum Beispiel zehn Dinge auf deiner To-do-Liste für den Tag hattest, sorgt dein Lückenbewusstsein dafür, dass du das Gefühl hast, du hättest nicht alles geschafft, was du dir vorgenommen hast – sogar dann, wenn du sechs davon geschafft hast.

Die meisten Menschen machen jeden Tag Dutzende, wenn nicht Hunderte von Dingen richtig und nur ein paar wenige Fehler. Aber jetzt rate mal, an welche Dinge wir uns erinnern, welche wir immer wieder vor unserem inneren Auge ablaufen lassen. Wäre es nicht sinnvoller, uns auf die 100 Dinge zu konzentrieren, die wir richtig gemacht haben? Es wäre auf jeden Fall angenehmer!

Aber was hat das nun mit dem Schreiben zu tun? Zu schreiben, und ganz speziell täglich in einem strukturierten, strategischen Prozess (mehr dazu gleich) Tagebuch zu führen, ermöglicht es dir, dein Augenmerk auf das zu lenken, was du erreicht hast, wofür du dankbar bist und was du heute besser machen wirst. Diese Methode erlaubt dir, deine Reise durch jeden Tag mehr zu genießen, deine Fortschritte wohlwollend zu betrachten und mit gesteigerter Klarheit schneller mehr Ergebnisse zu erzielen.

Tägliches Schreiben ermöglicht es dir, deine Gedanken konstruktiv zu ordnen, aber was noch wichtiger ist, sind die Einsichten, zu denen du gelangst, wenn du deine Journale hinterher noch einmal durchgehst und liest. Es ist schwer in Worte zu fassen, wie unglaublich konstruktiv diese Erfahrung sein kann.

Wirksames Tagebuchschreiben

Diese drei einfachen Schritte helfen dir dabei, mit dem Tagebuchschreiben anzufangen oder deinen aktuellen Schreibprozess zu verbessern.

1. Schritt: Wähle ein Format, physisch oder digital. Du solltest dich vorab entscheiden, ob du lieber ein traditionelles Papiertagebuch führen möchtest oder ob du besser mit einem digitalen Journal zurechtkommst (auf dem Computer oder als App auf dem Handy oder Tablet). Wenn du dich nicht entscheiden kannst, probiere beides einmal aus und leg dich dann fest.

2. Schritt: Besorg dir ein Tagebuch. Es ist nicht so, als würde alles andere nicht funktionieren, aber wenn es um ein „echtes" Tagebuch aus Papier geht, spricht einiges für ein hübsches, langlebiges Buch, das du gern anschaust und in die Hand nimmst. Idealerweise wirst du es schließlich für den Rest deines Lebens behalten.

Ich kaufe gern schöne, ledergebundene Bücher mit linierten Seiten, aber es ist dein Tagebuch, also such dir eines aus, das dir gefällt. Manche Menschen haben lieber leere Seiten, damit sie kleine Zeichnungen einfügen oder Mindmaps erschaffen können. Andere mögen Kalender mit einer Seite pro Tag, weil es ihnen hilft, bei der Stange zu bleiben.

Hier sind ein paar der beliebtesten Papiertagebücher der TMM-Facebookgruppe:

- *The Five Minute Journal* ist unter Leistungsträgern sehr beliebt. Es enthält Denkanstöße für jeden Tag, zum Beispiel „Ich bin dankbar für …" oder „Wodurch könnte dieser Tag besonders gut werden?". Es lässt sich in fünf Minuten oder weniger ausfüllen und enthält ein Feld für den Abend, in dem man den Tag noch einmal Revue passieren lassen kann. www.FiveMinuteJournal.com

- *The Freedom Journal* enthält einen strukturierten, täglichen Prozess, der darauf ausgerichtet ist, dir bei genau einer Sache zu helfen: in 100 Tagen dein wichtigstes Ziel zu erreichen. Erschaffen wurde es von John Lee Dumas von *Entrepreneurs On Fire*, speziell als Werkzeug dafür, sich ein bestimmtes Ziel nach dem anderen zu setzen und zu erreichen. www.TheFreedomJournal.com
- *The Bullet Journal* ist sowohl ein Tagebuch, das du kaufen kannst, als auch ein System, das du in jedes beliebige Tagebuch integrieren kannst. Dabei kann es sich um deine To-do-Liste handeln, oder ein Skizzenbuch, ein Notizbuch, einen Kalender oder – am wahrscheinlichsten – alles gleichzeitig. Unsere Co-Autorin Honorée schwört auf ihr Bullet Journal und benutzt es täglich als Organisationssystem. www.BulletJournal.com
- *The Miracle Morning Journal* ist so formatiert, dass es dich beim *Miracle Morning* unterstützt und dir hilft, organisiert zu bleiben, regelmäßig Bilanz zu ziehen und deine S.A.V.E.R.S. täglich aufzuzeichnen. Du kannst dir auf www.TMMbook.com sofort eine Leseprobe des *Miracle Morning Journals* herunterladen und ausprobieren, ob es für dich geeignet ist. www.MiracleMorningJournal.com

Wenn dir ein digitales Journal lieber ist, hast du ebenfalls eine Menge Auswahl. Hier sind ein paar meiner Favoriten:

- *The Five-Minute Journal* gibt es auch als App für iPhones, die das gleiche Format hat wie die Papierversion, in die du aber außerdem Fotos deiner täglichen Einträge hochladen kannst. Darüber hinaus schickt dir die App morgens und abends hilfreiche Erinnerungen daran, dass du Einträge machen sollst. www.FiveMinuteJournal.com

- *Day One* ist eine sehr beliebte Tagebuchapp und eignet sich optimal für dich, wenn du keine vorgegebene Struktur magst und Wert darauf legst, so viel schreiben zu können, wie du willst. In *Day One* findest du leere Seiten für deine täglichen Einträge. Wenn du also gern längere Tagebucheinträge schreibst, ist diese App genau richtig für dich. www.DayOneApp.com
- *Penzu* ist ein Online-Journal, auf das du direkt vom Computer aus zugreifen kannst. Du brauchst also kein iPhone, iPad oder Android-Gerät. www.Penzu.com

Am wichtigsten bei der Auswahl ist natürlich, was du dir von einem Tagebuch wünschst und welche Funktionen du erwartest. Wenn dir keine dieser digitalen Versionen zusagt, google einfach nach „Online-Journal“ oder such in deinem App Store nach dem Stichwort „Tagebuch“. So bekommst du eine breite Auswahl an anderen Möglichkeiten.

3. Schritt: Schreib täglich. Es gibt unendlich viel, über das du schreiben kannst – Notizen zu dem Buch, das du gerade liest, eine Liste der Dinge, für die du dankbar bist, oder deine obersten drei bis fünf Prioritäten für den Tag sind ein guter Anfang. Schreib alles auf, was dafür sorgt, dass du dich gut fühlst und dass dein Tag optimal verläuft. Mach dir dabei keine Gedanken um Grammatik, Rechtschreibung oder Zeichensetzung. Dein Tagebuch ist ein Raum für ungebremste Fantasie. Also leg deinem inneren Kritiker einen Maulkorb an und überarbeite nichts – schreib einfach drauflos!

Pass die S.A.V.E.R.S. auf deine Bedürfnisse an!

Ich weiß, an manchen Tagen wirst du es nicht schaffen, einen ganzen *Miracle Morning* auf einmal zu machen. Teil die Life S.A.V.E.R.S. also ruhig so auf, wie es dir am besten passt. Ich möchte ein paar Ideen mit dir teilen, die dir helfen, die Life S.A.V.E.R.S. genau auf deinen Zeitplan und deine Bedürfnisse abzustimmen. Deine aktuelle Morgenroutine erlaubt dir vielleicht nur eine sechs, zwanzig oder dreißig Minuten lange Variante des *Miracle Morning*, aber du kannst dir auch vornehmen, am Wochenende eine längere Version davon zu machen.

Der sechzig Minuten lange *Miracle Morning* mit den Life S.A.V.E.R.S. hat für viele Menschen diese oder eine ähnliche Struktur:

Stille: 10 Minuten
Affirmationen: 10 Minuten
Visualisierung: 5 Minuten
Bewegung: 10 Minuten
Lesen: 20 Minuten
Schreiben: 5 Minuten

Du kannst die Reihenfolge natürlich ändern, wenn du willst. Ich zum Beispiel bewege mich am liebsten zuerst, damit mein Kreislauf in Schwung kommt und ich wacher werde. Dir ist es aber vielleicht lieber, die Bewegung ganz ans Ende der Life S.A.V.E.R.S. zu stellen, damit du während des *Miracle Morning* nicht verschwitzt bist. Hal fängt seinen Tag am liebsten mit einer Weile friedlicher, zielgerichteter Stille an, damit er langsam aufwachen, seine Gedanken sammeln und seine Energie konzentrieren kann. Denk daran: Der *Miracle Morning* gehört ganz dir allein. Probiere also ruhig verschiedene Abfolgen an, um die zu finden, die am besten zu dir passt.

Ego-Depletion und dein Miracle Morning

Hast du dich schon mal gefragt, warum du einer kleinen Süßigkeit am Morgen relativ leicht widerstehen kannst, warum es aber gegen Nachmittag und Abend immer schwerer wird? Woher kommt es, dass unsere Willenskraft manchmal so unerschütterlich ist und uns dann wieder völlig im Stich lässt? Das liegt daran, dass unsere Willenskraft wie ein Muskel ist, der müde wird, wenn man ihn benutzt. Deshalb ist es am Ende des Tages schwieriger, sich selbst davon zu überzeugen, Dinge zu tun, die gut für uns sind und solche zu vermeiden, die uns schaden.

Die gute Nachricht ist, dass wir diesen Mechanismus verstanden haben und unseren Tag so planen können, dass uns mit Sicherheit alles gelingt. Und die wirklich großartige Nachricht? Der *Miracle Morning* ist ein wesentlicher Teil des Plans. Um zu sehen, wie das funktioniert, müssen wir uns aber erst mal über Ego-Depletion unterhalten.

In ihrem Buch *Die Macht der Disziplin: Wie wir unseren Willen trainieren können* beschreiben die Autoren Roy F. Baumeister und John Tierney *Ego-Depletion* als „die verminderte Fähigkeit einer Person, ihre Gedanken, Gefühle und Handlungen zu regulieren." Ego-Depletion wird gegen Ende des Tages und immer dann, wenn wir Hunger haben, müde sind oder unsere Willenskraft zu oft oder zu lange unter Beweis stellen müssen, schlimmer.

Wenn du mit den wichtigen Dingen, die dir Energie verleihen und dir helfen, die Person und der Unternehmer zu werden, die du sein willst, bis zum Abend wartest, wirst du feststellen, dass deine Ausreden sich viel einleuchtender anhören und deine Motivation komplett flöten gegangen ist. Aber wenn du aufwachst und gleich als Erstes deinen *Miracle Morning* durchführst, bekommst du dein erhöhtes Energieniveau und die Achtsamkeit, die die Life S.A.V.E.R.S. dir bringen, bevor die Ego-Depletion dir in die Quere kommen kann.

Wenn du die Life S.A.V.E.R.S. gewohnheitsmäßig jeden Tag durchführst, lernst du dadurch außerdem, wie man sich eine Gewohnheit zulegt, während man die meiste Willenskraft besitzt. Dieses Wissen und die Energie, die du am Morgen gewinnst, kannst du dann dazu nutzen, dir auch zu anderen Tageszeiten kleine, machbare Gewohnheiten anzueignen.

Abschließende Gedanken zu den Life S.A.V.E.R.S.

Alles ist so lange schwer, bis es einfach wird. Jede neue Erfahrung ist so lange unbequem, bis wir uns daran gewöhnen. Je länger du die Life S.A.V.E.R.S. anwendest, desto natürlicher und normaler werden sie sich anfühlen. Als Hal zum ersten Mal versuchte zu meditieren, hätte er beinahe gleich wieder das Handtuch geworfen, weil seine Gedanken rasten wie ein Rennwagen und völlig unkontrolliert von einem Thema zum nächsten sprangen wie die Kugel in einem Flipper. Heute liebt er Meditation, und auch wenn er immer noch kein Meister darin ist, sagt er, er sei nicht schlecht.

So ähnlich ging es mir mit den Affirmationen, als ich zum ersten Mal den *Miracle Morning* ausprobierte. Ich hatte einfach keine Ahnung, was ich mir bestätigen wollte, also benutzte ich ein paar aus *Miracle Morning – Die Stunde, die alles verändert* und dachte mir dazu selbst ein paar aus. Das war okay, aber es bedeutete mir zunächst nicht besonders viel. Mit der Zeit begegneten mir aber immer mehr Dinge, die mich ansprachen und mir wichtig vorkamen, also fügte ich sie meinen Affirmationen hinzu und passte die ursprünglichen entsprechend an. Inzwischen bedeuten mir meine Affirmationen eine Menge, und sie täglich anzuwenden, ist mir viel wichtiger geworden.

Ich würde dir empfehlen, sofort mit den Life S.A.V.E.R.S. anzufangen, damit du sie so schnell wie möglich als bekannt und bequem empfindest. Damit hast du schon einen Vorsprung, wenn du die 30-Tage-*Miracle-Morning*-Herausforderung in Kapitel 10 beginnst.

Der 6-Minuten-Miracle-Morning

Wenn es dein größtes Problem ist, genug Zeit für einen *Miracle Morning* zu finden, kann ich dir helfen. Du kannst nämlich in nur sechs Minuten einen ganzen *Miracle Morning* schaffen und von allen Vorzügen der Life S.A.V.E.R.S. profitieren. Ich würde dir zwar nicht empfehlen, den *Miracle Morning* jeden Tag in sechs Minuten zu absolvieren, aber für Tage, an denen man rein gar keine Zeit hat, ist es eine tolle Abkürzung, jeden der S.A.V.E.R.S. eine Minute lang zu machen.

- **Minute eins (S)**: Schließ die Augen und gönn dir einen Moment friedlicher, zielgerichteter Stille, um den Kopf klar zu bekommen und deine Mitte für den Tag zu finden.
- **Minute zwei (A)**: Lies dir deine wichtigste Affirmation laut vor, um zu verstärken, was du erreichen willst, warum es dir wichtig ist, was du tun musst, um es zu erreichen und – vor allem – wann du die entsprechenden Handlungen vornehmen wirst.
- **Minute drei (V)**: Visualisiere, wie du die wichtigste Herausforderung des kommenden Tages problemlos meisterst.
- **Minute vier (E):** Steh auf und mach 50 bis 60 energische Hampelmänner oder leg dich hin und mach Liegestützen und Rumpfbeugen, um deinen Puls anzuregen und deinen Körper in Schwung zu bringen.
- **Minute fünf (R)**: Schnapp dir das Buch, das du gerade liest, und lies einen Absatz oder eine Seite.
- **Minute sechs (S):** Nimm dein Journal zur Hand und notiere eine Sache, für die du dankbar bist und ein wichtiges Ziel für den kommenden Tag.

Jetzt siehst du sicher schon, wie die S.A.V.E.R.S. dich in nur sechs Minuten auf den Tag vorbereiten können – und falls du später noch einmal die Gelegenheit dazu hast, dich um einen oder mehrere der S.A.V.E.R.S. zu kümmern, kannst du sie ja immer noch nachholen. Die Sechs-Minuten-Übung ist auf jeden Fall eine tolle Methode, eine Art Mini-Gewohnheit aufzubauen, die dir auch an einem stressigen Morgen Selbstsicherheit, bessere Laune und einen höheren Energiepegel verleiht.

Eine andere Mini-Gewohnheit, die du dir zu eigen machen kannst, ist, vorerst nur mit einem der Life S.A.V.E.R.S. anzufangen und die anderen fünf nach und nach hinzuzufügen. Denk daran, dass das Ziel ist, dir mehr Zeit zu verschaffen, um an deinen persönlichen Zielen und deiner Geisteshaltung zu arbeiten. Wenn du dich überfordert fühlst, kann das Ganze nicht funktionieren.

Mein persönlicher *Miracle Morning* ist inzwischen zu einem täglichen Erneuerungs- und Inspirationsritual geworden, das ich liebe. In den kommenden Kapiteln werde ich auf die Vorzüge der Life S.A.V.E.R.S. aufbauen und dir eine Menge Informationen an die Hand geben, die dich zu einem wirklich selbstbewussten Unternehmer machen können. Ich kann es kaum erwarten, sie mir dir zu teilen!

Unternehmerprofil

YANIK SILVER

Yanik Silvers Unternehmen heißt *EvolvedEnterprise.com.*

Größte Businesserfolge

- Yaniks erste Eine-Million-Dollar-Idee kam ihm morgens, um 3 Uhr früh, um genau zu sein.

- Er brachte sieben Produkte und Dienstleistungen auf den Markt und verdiente damit eine siebenstellige Summe, ohne einen Kredit aufzunehmen oder auch nur einen echten Businessplan auszuarbeiten.

- Er glaubt daran, dass man etwas zurückgeben soll, deshalb haben seine Firmen mehr als 3,5 Millionen Dollar an unternehmerische Wohltätigkeitszwecke und Non-Profit-Partner gespendet.

- Yanik hat bereits mit Legenden wie Sir Richard Branson, Tony Hawk, Chris Blackwell, John Paul DeJoria, Tony Hsieh, Russell Simmons und Tim Ferriss gemeinsam Programme geleitet.

- Er wurde gebeten, sich dem Aufsichtsrat von Richard Bransons Non-Profit-Unternehmen *Virgin Unite* anzuschließen.

Morgenroutine

- Yaniks Morgen beginnt ungefähr um 8:30 Uhr.

- Zuerst trinkt er einen Viertelliter Wasser mit frisch gepresstem Zitronensaft.

- Dann macht er eine halbe Stunde lang Yoga auf der Terrasse.

- Danach meditiert er 20 Minuten lang.

- Yanik schreibt jeden Morgen 10 bis 15 Minuten lang Tagebuch, hauptsächlich über Dankbarkeit und Dinge, die ihm während der Meditation in den Sinn gekommen sind.

- Beim Frühstück hört er gern Musik.

- Er isst gern lokalen Honig und nimmt neben anderen Nahrungsergänzungsmitteln Bienenpollen zu sich.

- Dann liest er 15 bis 30 Minuten lang, für gewöhnlich entweder etwas Inspirierendes oder etwas über das „große Ganze“ aus dem Bereich Kosmologie.

- Schließlich liest er seine E-Mails und schreibt dann, erschafft Inhalte oder hält Meetings ab.

TEIL II:

DIE ÜBERFLIEGERFÄHIGKEITEN VON UNTERNEHMERN

4. ÜBERFLIEGERFÄHIGKEIT NR. 1:

SELBSTFÜHRUNG

Das Niveau deiner Persönlichkeitsentwicklung wird so gut wie immer höher sein als dein Erfolgspegel. Erfolg ist nämlich etwas, das du anziehst, indem du ein anderer Mensch wirst.

JIM ROHN

Man hat uns angelogen. Richtig gehört. Die Gesellschaft hat uns alle darauf konditioniert, dass wir glauben, wir müssten immer mehr geben, wenn wir mehr haben wollen.

Du willst mehr Geld? Dann arbeite *mehr* und mach noch *mehr* Überstunden.

Du willst mehr Sex? Dann hebe *mehr* Gewichte und geh *mehr* Schritte mit deinem Schrittzähler.

Du willst mehr Liebe? Dann tu *mehr* für deinen Partner oder deine Partnerin, als sie für dich tun.

Aber was wäre, wenn das wahre Geheimnis dahinter, mehr im Leben zu bekommen, nicht darin läge, mehr zu *tun*, sondern darin, mehr zu *werden*?

Das ist die Philosophie, die zum *Miracle Morning* geführt hat und bis heute seine Grundlage bildet: Unser Erfolgspegel in *jedem*

Bereich unseres Lebens hängt unmittelbar mit dem Niveau unserer *Persönlichkeitsentwicklung* (also unseren Überzeugungen, unserem Wissen, unserer emotionalen Intelligenz, unseren Fähigkeiten, unserem Glauben und so weiter) ab. Wenn wir also mehr erreichen wollen, müssen wir zuerst mehr werden.

Betrachte es doch einmal so: Wenn du deinen Erfolg in den verschiedenen Bereichen deines Lebens auf einer Skala von 1 bis 10 messen könntest, hättest du doch bestimmt gern überall eine 10, oder? Ich habe noch nie jemanden getroffen, der gesagt hätte: „Ach, ich will gar nicht allzu glücklich, gesund oder wohlhabend sein. Mir reicht es, mein Potenzial nicht voll auszuschöpfen und mich mit einem Leben auf Stufe 5 zufriedenzugeben."

Also ist die Frage, was du jeden Tag tust, um sicherzustellen, dass du eine 10er-Person wirst, damit du so gut wie garantiert 10er-Erfolg erreichen kannst.

Inzwischen hast du hoffentlich schon mit dem *Miracle Morning* angefangen und startest jeden Morgen mit den Life S.A.V.E.R.S. (oder zumindest ein paar davon) in den Tag. Das Wichtigste daran: Wer du wirst, ist viel wichtiger, als was du tust, aber die Ironie an der Sache ist, dass das, was du jeden Tag tust, bestimmt, wer du werden kannst.

Als Unternehmerkollege ist mir bewusst, dass du weißt, wie schwer (beziehungsweise unmöglich) es ist, anderen etwas zu verkaufen, von dem du selbst nicht überzeugt bist.

Deine Rolle als Unternehmer ist es, Menschen zu finden, die deine Produkte und Dienstleistungen gebrauchen können. Wenn du nicht glaubst, dass deine Firma oder deine Produkte deinem Kunden nützen, wirst du ihn auch nicht dazu bewegen können, bei dir einzukaufen. Darüber hinaus musst du ein Team von Mitarbeitern aufbauen, die ebenfalls daran glauben, was du anbietest, damit dein Business weiter wächst.

Am besten bringst du einen potenziellen Kunden dazu, das zu kaufen, was am besten für ihn ist, indem du ihn durch all seine Wahlmöglichkeiten führst. Und ebenso, wie es unmöglich ist, etwas zu verkaufen, an das man nicht glaubt, so unmöglich ist es, andere zu führen, wenn man sich selbst nicht effektiv führen kann.

Andrew Bryant, der Gründer von *Self-Leadership International,* fasst es so zusammen: „Selbstführung ist eine Methode, dein Denken, deine Gefühle und dein Verhalten zielgerichtet darauf auszurichten, dass du dein(e) Ziel(e) erreichst … Es bedeutet, dass du einen Sinn dafür entwickelst, wer du bist, was du kannst und wohin du gehst, verbunden mit der Fähigkeit, deine Kommunikation, deine Emotionen und dein Verhalten so zu beeinflussen, dass du es auch erreichst."

Bevor ich auf die Schlüsselprinzipien der Selbstführung eingehe, möchte ich etwas mit dir teilen, was ich über den grundlegenden Einfluss der Geisteshaltung auf effektive Selbstführung gelernt habe. Deine Überzeugungen, dein Selbstbild und deine Fähigkeit, dich in wichtigen Momenten auf andere zu verlassen und mit ihnen zusammenzuarbeiten, die du in der Vergangenheit besessen hast, sind ein wichtiger Faktor, wenn es darum geht, dich selbst so gut wie möglich zu führen.

Mach dir deine selbstauferlegten Einschränkungen bewusst und betrachte sie skeptisch

Vielleicht hältst du immer noch an falschen, einschränkenden Überzeugungen fest, die dich unbewusst daran hindern, deine Businessziele zu erreichen.

Zum Beispiel könntest du zu den Menschen gehören, die sich immer wieder sagen: „Ich wünschte, ich hätte mehr Motivation" oder „Ich wäre so gern in der Lage, bessere Mitarbeiter zu finden."

In Wirklichkeit kannst du aber sehr wohl mehr Motivation erschaffen und deinen Kalender mit Vorstellungsgesprächen füllen. Wenn du aber glaubst, du könntest es nicht, setzt du bereits voraus, dass du scheitern wirst, und nimmst dir dadurch selbst die

Möglichkeit, erfolgreich zu werden. Im Leben hat man schon genug Hindernisse, also hör auf, dir noch mehr davon zu erschaffen!

Personen, die sich effektiv selbst führen, untersuchen ihre Überzeugungen kritisch, entscheiden, welche davon ihnen nützen und löschen die, die es nicht tun.

Wenn du ab sofort merkst, dass du etwas denkst oder sagst, das nach einer einschränkenden Überzeugung klingt, von „Ich habe nicht genug Zeit“ bis hin zu „Das könnte ich nie“, nimm dir einen Moment Zeit, und verwandle diese selbsteinschränkende Aussage in eine Frage, die dir hilft, dich selbst zu ermächtigen: *Wie kann ich mehr Zeit in meinem Zeitplan schaffen? Wie könnte ich das auch schaffen?*

Dadurch zapfst du deine angeborene Kreativität an und findest einen Weg, alles möglich zu machen. Wenn du dich einer Sache verschrieben hast, findest du nämlich immer einen Weg.

Sieh dich selbst als besser denn je

Wie Hal in *Miracle Morning – Die Stunde, die alles verändert* schreibt, leiden wir alle am Rückspiegelsyndrom. Das bedeutet, dass wir unsere aktuellen und zukünftigen Ergebnisse dadurch einschränken, wer wir in der Vergangenheit waren. Denk daran, *wer du jetzt bist, ist zwar das Ergebnis davon, wer du in der Vergangenheit warst, aber wohin du gehst, hängt allein von der Person ab, die zu sein du dich jetzt entscheidest.* Das ist für uns Unternehmer besonders wichtig. Wir machen alle Fehler. Aber lass dich durch dein schlechtes Gewissen nicht davon abhalten, nach vorne zu schauen. Lerne aus deinen Fehlern und mach es beim nächsten Mal besser.

Alle erfolgreichen Unternehmer – insbesondere das oberste Prozent davon – haben sich irgendwann entschieden, sich selbst als besser zu betrachten, als sie es je zuvor getan hatten. Sie hörten auf, einschränkende Überzeugungen aufrechtzuerhalten, die sie in der Vergangenheit aufgebaut hatten, und ersetzten sie durch Überzeugungen, die im Glauben an ihr eigenes unbegrenztes Potenzial gründeten.

Eine der besten Methoden, das zu schaffen, ist es, der vierstufigen *Miracle-Morning*-Affirmationsformel zu folgen und erfolgsorientierte Affirmationen zu erschaffen, wie im letzten Kapitel beschrieben. Achte darauf, dass deine Affirmationen bestätigen, was dir möglich ist. Beschreibe dein ideales Ergebnis, warum es für dich wichtig ist, was du bereit bist, dafür zu tun und wann genau du es tun wirst.

Suche aktiv nach Unterstützung

Ich habe Hunderte von Unternehmern dazu beraten, wie sie ihre Firmen vergrößern, ihre angeborenen Talente und Fähigkeiten (ebenso wie ihre Schwächen und Probleme) in den Griff bekommen und sich die Unterstützung suchen können, die sie brauchen. Diejenigen von ihnen, die im Stillen litten, hatten es damit am schwersten. Sie nahmen an, alle anderen wären einfach besser, und sie weigerten sich geradezu, um Hilfe zu bitten.

Wenn das auch auf dich zutrifft, hilft dir das hier vielleicht: Alle Unternehmer, den ich je kennengelernt habe, hatten ein Team, das sie unterstützte. Sie wussten, was sie gut können und wo ihre Schwächen liegen. Und sie haben es nicht nur geschafft, diese Lücke zu erkennen und Lösungen dafür zu finden, sie sind im Reinen damit, dass sie auch nur Menschen sind.

Unternehmer, die sich selbst führen können, wissen, dass sie ein Team brauchen, das sie unterstützt, damit sie alles erreichen können. Vielleicht brauchst du zum Beispiel jemanden, der dir mit dem Tagesgeschäft hilft, damit du dich besser darauf konzentrieren kannst, das zu tun, was du am besten kannst: deine Firma vergrößern! Oder du brauchst jemanden, dem du Rechenschaft ablegen kannst, damit du aufhörst, alles auf die lange Bank zu schieben. Wir brauchen alle Hilfe in verschiedenen Lebensbereichen – das verstehen die Menschen, die sich am besten selbst führen, und sie nutzen es zu ihrem Vorteil.

Die *Miracle-Morning-Community* auf Facebook ist ein perfekter Ausgangspunkt auf der Suche nach Unterstützung. Ihre Mitglieder sind positiv und reaktionsfreudig. Darüber hinaus könntest du dich aber auch einer Gruppe bei dir vor Ort anschließen, in der sich Unternehmer zusammentun, die ähnliche geschäftliche Ziele und Interessen haben. Ich kann dir nur empfehlen, dir einen Rechenschaftspartner und, wenn möglich, einen Life oder Business Coach zu suchen, der dir hilft.

Die fünf grundlegenden Prinzipien der Selbstführung

Selbstführung ist eine Fähigkeit und gründet wie alle Fähigkeiten auf einer Basis aus Prinzipien. Um zu wachsen und den Erfolg deiner Träume zu erreichen, musst du zunächst lernen, wie du dich am besten selbst führst. Meine Lieblingsmethode, die Lernkurve zu verkürzen und schneller im obersten Prozent anzukommen, ist es, die Prinzipien, Wesenszüge und Verhaltensweisen von denen nachzuahmen, die bereits erreicht haben, was ich mir wünsche. In den fünfundzwanzig Jahren, in denen ich schon Unternehmer coache, habe ich viele Führungspersönlichkeiten und unzählige effektive Strategien kennengelernt. Diese fünf Prinzipien haben meines Erachtens den größten Einfluss auf die Fähigkeit zur Selbstführung:

1. Übernimm die Verantwortung zu 100 Prozent
2. Priorisiere Fitness und achte darauf, dass Bewegung Spaß macht
3. Setze dir zum Ziel, finanziell unabhängig zu werden
4. Systematisiere deine Welt
5. Verschreib dich ganz dem Prozess, der Resultate produziert

Prinzip Nr. 1: Übernimm die Verantwortung zu 100 Prozent

Es ist nicht besonders schön, aber es ist wahr: Wenn du im Leben und im Business nicht dort stehst, wo du sein möchtest, ist das allein deine Schuld.

Je schneller du dich dieser Wahrheit stellst, desto schneller kannst du beginnen, weiter voranzukommen. Das ist nicht böse gemeint. Erfolgreiche Menschen sind nur selten Opfer. Im Gegenteil, einer der Gründe für ihren Erfolg liegt darin, dass sie absolut, komplett und total die Verantwortung für jeden Bereich ihres Lebens übernehmen – und zwar sowohl im Geschäft als auch im Privatleben, für das Gute wie das Schlechte und für ihre eigenen Aufgaben ebenso wie für die von anderen.

Opfer neigen dazu, Zeit und Energie darauf zu verschwenden, die Schuld bei anderen zu suchen und sich zu beschweren. Erfolgreiche Menschen nutzen ihre Zeit lieber dafür, die Ergebnisse und Lebensumstände zu erschaffen, die sie sich wünschen. Mittelmäßige Unternehmer jammern, dass ihre Kunden aus dem einen oder anderen Grund nicht bei ihnen kaufen oder schimpfen auf ihr Team, das nicht genug Leistung erbringt, während erfolgreiche Unternehmer sich zu 100 Prozent selbst dafür verantwortlich fühlen, die richtigen Neukunden zu finden und – noch wichtiger – sich die Fähigkeiten anzueignen, die sie brauchen, um den Umsatz zu steigern und die richtigen Leute einzustellen. Sie sind so beschäftigt mit ihrer Arbeit, dass sie keine Zeit zum Jammern haben.

Ich habe Hal einmal in einer seiner Reden eine wichtige Unterscheidung machen gehört: „Der Moment, in dem du 100 Prozent der Verantwortung für alles in deinem Leben übernimmst, ist der Moment, indem du die Macht erhältst, alles an deinem Leben zu verändern. Dabei ist es allerdings wichtig, festzuhalten, dass Verantwortung nicht das gleiche ist wie Schuld. Bei Schuld geht es darum, herauszufinden, wer eine bestimmte Situation verursacht hat, bei Verantwortung liegt der Fokus darauf, herauszufinden, wer die Situation verbessern wird. Wer schuld an einer Sache ist, spielt nur sehr selten eine Rolle. Alles, was zählt, ist, was du zu tun bereit bist, um deine Situation zu verbessern."

Er hat recht. Und es gibt dir jede Menge Kraft, so zu denken und zu handeln. Plötzlich hast du die Kontrolle über dein eigenes Leben und deine Ergebnisse.

Wenn du dein Leben wahrhaftig in Besitz nimmst, bleibt dir keine Zeit, darüber zu diskutieren, wer an irgendetwas schuld ist oder etwas verbockt hat. Die Schuld bei anderen zu suchen, ist immer einfach, aber dafür gibt es jetzt keinen Platz mehr in deiner Welt. Andere Leute mögen Ausflüchte suchen, warum sie ihre Ziele nicht erreicht haben, du nicht. Dir gehören deine Resultate selbst – die guten und die schlechten. Die guten kannst du feiern, von den sogenannten schlechten kannst du lernen. So oder so hast du immer eine Wahl, wie du auf eine bestimmte Situation reagierst und was du daraus machst.

Einer der Gründe, warum diese Geisteshaltung so wichtig ist, liegt darin, dass du ein Vorbild für andere bist. Wenn du immer auf der Suche nach einem Schuldigen bist, merkt dein Team das und respektiert es vermutlich nicht besonders. Es ist wie bei Eltern, die das Beste aus ihren Kindern herausholen wollen: Deine Untergebenen beobachten dich ständig, deshalb ist es so wichtig, dass du die Werte lebst, die du ihnen mitgeben willst.

Ich rate dir, ab sofort bewusst diese Veränderung in deiner Geisteshaltung herbeizuführen: Nimm all deine Entscheidungen, Handlungen und Resultate in Besitz. Ersetze die unnötige Suche nach Schuld durch unerschütterliche Verantwortung. Wenn jemand anders einen Fehler macht, frag dich selbst, was du dagegen hättest unternehmen können. Du kannst zwar nicht ändern, was bereits passiert ist, aber die gute Nachricht ist, dass du alles andere selbst in der Hand hast.

Ab sofort gibt es keinen Zweifel mehr, wer das Steuer in der Hand hat und für all deine Ergebnisse verantwortlich ist. Du triffst die Entscheidungen, du tust, was nötig ist, du bestimmst die Resultate, die du willst, und du erreichst sie. Deine Ergebnisse sind zu 100 Prozent deine eigene Verantwortung. Alles klar?

Denk daran, dass du in einer Machtposition bist. Du hast die Kontrolle; du kannst alles erreichen, was du willst.

Wo ist deine Selbstdisziplin?

Selbstdisziplin ist die Fähigkeit, dich dazu zu bewegen, Dinge zu tun, von denen du weißt, dass sie in deinem Interesse sind. In vielen Fällen geht es dabei nur darum, kurzfristigen Versuchungen zu widerstehen. Wenn du sie weise und mit gesundem Menschenverstand einsetzt, ist Selbstdisziplin eines deiner wichtigsten Werkzeuge, um dich selbst zu entwickeln und unternehmerischen Erfolg zu finden.

Außerdem ist Selbstdisziplin hilfreich, wenn es um Suchtverhalten oder andere schlechte Angewohnheiten geht. Sie verbessert deine Beziehungen zu anderen, hilft dir, Geduld und Toleranz zu entwickeln, und ist grundlegend für Erfolg und Glück. Stell dir vor, du hättest die Selbstdisziplin, alles in den Griff zu bekommen, was dir begegnet.

Wie hilft dir Selbstdisziplin? Lass es mich aufzählen …

- Sie hält schädliches, suchtbedingtes und zwanghaftes Verhalten in Schach.
- Sie verleiht dir das Gefühl, dass du dein Leben im Griff und im Gleichgewicht hast.
- Sie hilft dir dabei, unangemessene emotionale Reaktionen zu unterdrücken.
- Sie sorgt dafür, dass du dich nicht mehr hilflos und anderen ausgeliefert fühlst.
- Sie distanziert dich geistig und emotional von bestimmten Dingen (das ist für Unternehmer ausgesprochen wichtig) und verleiht dir größeren Seelenfrieden.
- Sie erlaubt dir, deine Stimmung besser zu kontrollieren und negative Gefühle und Gedanken abzustreifen.
- Sie stärkt dein Selbstvertrauen, dein Selbstwertgefühl, deine innere Kraft, deine Selbstbeherrschung und deine Willenskraft.
- Sie versetzt dich in die Lage, dein Leben selbst in die Hand zu nehmen.
- Sie macht dich zu einem emotional stabilen Menschen.

So baut man Selbstdisziplin auf

1. Zuerst musst du die Bereiche deines Lebens finden, in denen du mehr Selbstdisziplin benötigst. Wo hapert es bei dir?
Mögliche Bereiche wären zum Beispiel:

- Ernährung
- Umgang mit Geld
- Alkohol
- Arbeit
- Glücksspiel
- Rauchen
- Zwanghaftes Verhalten
- Aufschieben von Wichtigem
- Liebe (ja, auch für die Liebe braucht man langfristig Disziplin)

2. Versuche, die Gefühle zu identifizieren, die dir zeigen, dass dir die Kontrolle fehlt, zum Beispiel Wut, Unzufriedenheit, Traurigkeit, Ressentiments, Freude oder Angst.

3. Finde heraus, welche Gedanken und Überzeugungen dich dazu treiben, dich unkontrolliert zu verhalten.

4. Wiederhole eine der folgenden Affirmationen mehrmals am Tag ein oder zwei Minuten lang, insbesondere dann, wenn du Selbstdisziplin aufbringen musst, oder denk dir eine eigene entsprechende aus:

- Ich habe mich voll unter Kontrolle.
- Ich kann mir meine Gefühle, meine Gedanken und mein Handeln selbst aussuchen.
- Selbstdisziplin verschafft mir innere Kraft und führt mich zum Erfolg.
- Ich habe mein Handeln im Griff.
- Ich bin der Herr über mein Leben.
- Selbstdisziplin macht Spaß und tut gut.

5. Nutze das „V" der Life S.A.V.E.R.S. um zu visualisieren, wie du selbstdiszipliniert handelst. Denk an eine Situation, in der du normalerweise nicht diszipliniert genug handelst und visualisiere, wie du ruhig und kontrolliert damit umgehst.

Wie steht es um dein Selbstwertgefühl?

Selbstwertgefühl zu besitzen bedeutet, sich selbst zu respektieren. Ein gesundes, positives Selbstwertgefühl hilft dir dabei, den Kopf hoch zu tragen und auf dich und dein Handeln stolz zu sein – sogar dann, wenn es gerade nicht so gut läuft. Es verleiht dir den Mut, Neues auszuprobieren, und die Kraft, an dich selbst zu glauben. Mein Selbstwertgefühl ist zu großen Teilen die Quelle meines Erfolgs. Deshalb weiß ich, dass die Tatsache, ob man genug Selbstwertgefühl hat, darüber entscheiden kann, ob man erfolgreich ist oder nicht. Wenn dein Unternehmen nicht so schnell wächst, wie du es dir wünschst, kann das daran liegen, dass dein Selbstwertgefühl zu gering ist. Maxwell Maltz, der Autor von *Erfolg kommt nicht von ungefähr*, beschreibt es so: „Ein geringes Selbstwertgefühl zu haben, ist, wie mit angezogener Handbremse durchs Leben zu fahren."

Es ist enorm wichtig, dass du dir erlaubst, stolz auf dich selbst zu sein. Lass mich dir ein kleines Geheimnis über mich verraten, das auf viele ein bisschen eitel wirken könnte: Wenn ich etwas mache, auf das ich stolz bin, schaue ich es mir oft mehrmals an. Sagen wir, ich habe eine wichtige E-Mail an mein Team oder einen potenziellen Kunden geschrieben, die ich richtig gut finde. Diese Mail lese ich mir mehrmals durch und speichere sie vielleicht sogar für die Zukunft ab. Wenn ich eine Präsentation halte oder ein Video aufnehme, das mir besonders gut gefällt, schaue ich sie mir nicht nur an, um daraus zu lernen, sondern auch, um die Teile, die ich besonders gelungen finde, ein bisschen zu genießen. Für mich erfüllt das eine ähnliche Funktion wie meine Affirmationen. Ich erinnere mich daran, was ich an mir mag, und das ist es, worum es beim Selbstwertgefühl eigentlich geht. Wir müssen zwar realistisch bleiben, was unsere Schwächen betrifft, und ständig versuchen, uns zu verbessern, aber zögere auch nicht, stolz auf deine Stärken zu sein und deine Siege ein wenig zu genießen.

Während du dieses Buch liest (idealerweise mehrmals), solltest du dir systematisch die Bereiche vornehmen, von denen du weißt, dass du sie verbessern und erweitern musst. Wenn dein Selbstwertgefühl ein bisschen mehr Auftrieb gebrauchen könnte, schlage ich vor, die nötigen Schritte einzuleiten, es zu verbessern. Überlege dir Affirmationen, die es mit der Zeit steigern und weiterentwickeln. Visualisiere, wie du selbstbewusster handelst, deine persönlichen Standards erhöhst und dich selbst mehr liebst. Dadurch steigt dein Selbstwertgefühl, bis es deiner Vision entspricht.

Ein unaufhaltsames Selbstwertgefühl ist ein mächtiges Werkzeug. Du weißt wahrscheinlich schon, dass dich eine negative Einstellung nicht weiterbringt – und das ganz schön schnell. Selbstverständlich ist man als Unternehmer häufiger mit ausweichendem und ablehnendem Verhalten konfrontiert als der Durchschnittsmensch. Wenn du daran arbeitest, dein Unternehmen richtig zu vergrößern, wird dir so etwas die ganze Zeit passieren.

Ohne die richtige Geisteshaltung kann das auf Dauer zur Belastung werden. Ständig sagt jemand „nein" zu dir oder geht einfach nicht mehr ans Telefon, wenn du anrufst. Um dich diesen Dingen täglich aussetzen zu können, brauchst du ein kugelsicheres Selbstwertgefühl.

Prinzip Nr. 2: Mach Fitness zu einer Priorität und genieße Bewegung

Wo würdest du dein Fitnessniveau und deine Gesundheit auf einer Skala von 1 bis 10 einschätzen? Bis du fit? Stark? Geht es dir öfter gut als schlecht?

Wie steht es um deinen Energiepegel im Lauf des Tages? Hast du mehr Energie als du brauchst? Kannst du aufwachen, bevor der Wecker klingelt, alles schaffen, was der Tag dir bringt, und dich um die unvermeidlichen Notfälle kümmern, ohne jemals aus der Puste oder ans Ende deiner Kräfte zu kommen?

Wir haben bereits über Bewegung, das „E" in S.A.V.E.R.S., gesprochen, aber ich will es jetzt trotzdem noch einmal tun. Es ist eine Tatsache, dass dein Gesundheitszustand und deine Fitness ein riesiger Faktor sind, wenn es um deinen Energiepegel und deinen Erfolg geht – besonders als Unternehmer. Anders als ein normaler Arbeitnehmer wirst du nämlich nicht für die Zeit bezahlt, die du im Büro verbringst. Deine Bezahlung errechnet sich daraus, welche Ergebnisse du während der Arbeitszeit erbringst. Das Leben als Unternehmer ist eine Art Sport, der ständig an deiner Energie zehrt. Und wie für jeden Sport brauchst du deshalb besonders viel Energie und Durchhaltevermögen.

Es überrascht daher nicht besonders, dass die drei obersten Prioritäten der Top-Unternehmer damit zu tun haben, was sie essen, wie sie schlafen und wie viel sie sich bewegen. Das musst du dir auch unbedingt aneignen!

Im nächsten Kapitel, wenn wir über Energiemanagement reden, betrachten wir diese drei Bereiche noch einmal genauer. Aber fangen wir doch gleich schon mal damit an, sicherzustellen, dass du dich jeden Tag ausreichend bewegst. Und der Schlüssel dazu ist es, eine Sportart zu finden, die dir wirklich Spaß macht.

Sorge dafür, dass du Freude an der Bewegung hast. Der Zusammenhang zwischen körperlicher Fitness, Glück und Erfolg ist unbestreitbar. Es ist kein Zufall, dass du selten einen erfolgreichen Unternehmer treffen wirst, der körperlich nicht in Form ist. Die meisten von ihnen planen täglich 30 bis 60 Minuten ein, die sie dafür investieren, im Fitnessstudio zu trainieren oder laufen zu gehen, weil sie wissen, wie wichtig tägliche Bewegung für ihren Erfolg ist.

Das „E" in S.A.V.E.R.S. sorgt schon mal dafür, dass du jeden Tag mit 5 bis 10 Minuten Bewegung beginnst, aber ich empfehle dir, dir vorzunehmen, mindestens drei- bis fünfmal pro Woche zusätzlich 30 bis 60 Minuten lang zu trainieren. Dadurch steigt dein

Fitnesslevel und verleiht dir die Energie und das Selbstbewusstsein, das du brauchst, um richtig erfolgreich zu werden.

Noch besser ist es, wenn du eine Sportart für dich findest, die dir von Grund auf Spaß macht. Das kann eine Wanderung in der Natur sein, oder ein wenig Ultimate Frisbee, oder ein Ergometer, den du vor dem Fernseher aufstellst, damit du beim Sport eine Folge „Breaking Bad“ schauen und ganz vergessen kannst, dass du gerade trainierst. Du kannst es auch machen wie Hal. Er liebt Wakeboarding und Basketball – zwei großartige Sportarten –, also macht er an jedem Werktag eins von beidem. Weiter hinten in diesem Buch zeigen wir dir Hals grundlegenden Zeitplan, in dem du sehen kannst, wie er diese Aktivitäten mit dem Rest seiner Prioritäten unter einen Hut bringt.

Welche körperlichen Betätigungen machen dir so viel Spaß, dass du sie als Teil deiner täglichen Fitnessroutine in deinen Kalender aufnehmen kannst?

Prinzip Nr. 3: Ziel der finanziellen Freiheit

Wo bist du auf dem Weg zur finanziellen Unabhängigkeit? Ist dein Unternehmen äußerst profitabel? Verdienst du jeden Monat deutlich mehr Geld, als du zum Überleben brauchst? Kannst du regelmäßig einen beträchtlichen Teil deines Einkommens sparen, investieren und spenden? Bist du schuldenfrei und hast ordentliche Rücklagen, die du nutzen kannst, wenn sich eine gute Gelegenheit bietet, oder um eine finanziell ungünstige Phase durchzustehen? Läuft dein Weg zur finanziellen Freiheit dahin, dass dein passives Einkommen regelmäßig deine monatlichen Fixkosten übersteigt? Wenn ja, herzlichen Glückwunsch! Dann gehörst du zu den sehr wenigen Unternehmern, deren Finanzen wirklich in Ordnung sind.

Wenn nicht, bist du damit aber wenigstens nicht alleine. Die meisten Menschen besitzen nicht mehr als 10.000 Dollar und haben im Durchschnitt 16.000 Dollar ungedeckte Schulden. Wenn deine

Finanzen nicht ganz dem entsprechen, was du dir wünschst, schaue ich dich also nicht schief an. Stattdessen möchte ich dich zurück auf das nicht ganz offensichtliche Unternehmerprinzip Nr. 1 verweisen und dir raten, 100 Prozent der Verantwortung für deine finanzielle Situation zu übernehmen.

Ich habe schon alle möglichen Gründe und Ausreden gesehen und gehört, warum man Schulden macht, nichts spart und keine Rücklagen bildet. Darum geht es jetzt aber überhaupt nicht. Natürlich wäre die beste Zeit, einen Teil deines Einkommens anzusparen, vor fünf, zehn oder sogar zwanzig Jahren gewesen. Aber der zweitbeste Zeitpunkt dafür ist genau jetzt. Egal, ob du 20, 40, 60 oder 80 Jahre alt bist, es ist nie zu spät, die Kontrolle über deine persönlichen Finanzen zu übernehmen. Du wirst merken, dass es dir geradezu Flügel verleiht, wenn du das Steuer in die Hand nimmst. Dein angespartes Vermögen wirst du nutzen können, um noch mehr Wohlstand zu erschaffen, weil du dann tatsächlich die Mittel hast, in gute Gelegenheiten zu investieren. Klingt doch gut, oder?

Es ist ziemlich wahrscheinlich, dass du dich zumindest zum Teil dafür entschieden hast, Unternehmer zu werden, weil du finanziell unabhängig werden wolltest, aber es gehört noch mehr dazu. Ich habe schon viele Unternehmer gesehen, die Millionen Dollar verdient haben, aber am Ende aufgrund von schlechten Geschäftsentscheidungen wieder ohne einen Cent in der Tasche dastanden. Tatsächlich ist es nur die halbe Miete, Geld zu verdienen. Zu lernen, wie man es behält, indem man spart und klug investiert, ist die zweite Hälfte, und herauszufinden, wie man sich mehrere Einkommensquellen erschließt, damit man nie wieder von nur einer abhängig ist, ist die nächste Stufe, über die wir auf den nächsten Seiten reden werden.

Finanzielle Freiheit ist nichts, was man von einem auf den anderen Tag erschaffen kann. Sie ist das Ergebnis davon, sich die Geisteshaltung und die Gewohnheiten zuzulegen, die dich auf den richtigen Weg zur finanziellen Unabhängigkeit bringen.

Hier sind vier praktische Schritte, mit denen du heute schon anfangen kannst, um auf diesem Weg zu starten.

1. Lege 10 Prozent deines Einkommens auf die Seite, um sie zu sparen und zu investieren

Daran führt kein Weg vorbei. Ich rate dir, jetzt gleich zehn Prozent des Geldes, das du aktuell auf der Bank hast, zu nehmen und auf ein separates Sparkonto zu überweisen. Ich warte so lange hier. Pass deinen Lebensstil so an, dass es dir möglich ist, von 90 Prozent dessen zu leben, was du gerade verdienst. Ein wenig Disziplin und ein paar kleine Opfer machen dabei einen riesigen Unterschied. Wenn du siehst, wie diese zehn Prozent sich im Lauf der Zeit aufaddieren, wird es spannend, weil du dann anfängst zu spüren, welche Möglichkeiten du in Zukunft haben wirst.

2. Nimm noch mal 10 Prozent und verschenke sie

Die meisten wohlhabenden Menschen spenden einen Teil ihres Einkommens an gute Zwecke, an die sie glauben. Warren Buffet hat erst kürzlich 2,8 Milliarden Dollar an Wohltätigkeitsorganisationen gespendet. „Geld zu verdienen ist keine Schande. Die einzige Schande ist es, wenn man es nicht nutzt, um anderen zu helfen", sagt Jeff Hoffman, der Mitgründer von Priceline.com, der zu großen Teilen verantwortlich dafür ist, dass das Unternehmen das schnellste wurde, das Umsätze von 10 Milliarden Dollar machte.

Du musst allerdings nicht warten, bis du reich bist, um damit anzufangen. Tony Robbins sagt: „Wenn du nicht im Stande bist, 1 Dollar von 10 abzugeben, dann wirst du auch niemals eine Million von 10 Millionen spenden." Schaffst du es nicht, 10 Prozent deines Einkommens abzugeben, weil du dann die Miete nicht bezahlen kannst? Dann fang mit fünf, zwei oder einem Prozent an. Dabei kommt es nicht auf die Höhe deiner Spende an, sondern darauf, dass du die Geisteshaltung entwickelst und dir eine Gewohnheit zulegst, die deine finanzielle Zukunft verändern und dir für den ganzen Rest deines Lebens dienlich sein wird. Du musst deinem Unterbewusstsein beibringen, dass du ein mehr als ausreichendes Einkommen schaffen kannst, und dass immer mehr hinzukommen wird.

3. Mach dir deine Haltung zum Geld bewusst und arbeite daran

Als Unternehmer ist Geld eines der wichtigsten Themenfelder, die du meistern musst. Fang am besten gleich damit an, indem du dir die folgenden Bücher auf deine Leseliste setzt, die verschiedene Aspekte des Wegs zur finanziellen Freiheit behandeln:

- *Profit First: Ein einfaches System, jedwedes Unternehmen von einem kapitalfressenden Monster in eine Geldmaschine zu verwandeln* von Mike Michalowicz
- *So denken Millionäre: Die Beziehung zwischen Ihrem Kopf und Ihrem Kontostand* von T. Harv Eker
- *The Total Money Makeover: A Proven Plan for Financial Fitness* von Dave Ramsey
- *The Millionaire Fastlane: Crack the Code to Wealth and Live Rich for a Lifetime* von M.J. DeMarco
- *Money: Die 7 einfachen Schritte zur finanziellen Freiheit* von Tony Robbins
- *Denke nach und werde reich. Die Erfolgsgesetze* von Napoleon Hill
- *Rich Dad Poor Dad: Was die Reichen ihren Kindern über Geld beibringen* von Robert Kiyosaki

4. Finde und schaffe neue Einnahmequellen

Egal, ob du ein Unternehmen nach dem anderen gründest, Geschäftsführer oder unabhängiger Subunternehmer bist oder ob du immer noch jeden Tag von 9 bis 17 Uhr im Büro sitzt und von mehr träumst: Du liebst deine aktuelle finanzielle Sicherheit und wünschst dir, so bald wie möglich finanziell unabhängig zu werden.

Mehr als eine Einnahmequelle zu finden, ist also keine Luxusidee mehr. Heutzutage ist die wirtschaftliche Lage so schwer vorhersehbar, dass es einfach sein muss.

Neue Einnahmequellen zu erschließen oder dir neue Einkommensströme zu sichern, ist eine der besten Entscheidungen, die du treffen kannst. Es schützt dich nicht nur vor den unvermeidlichen Schwankungen wirtschaftlicher Kreisläufe, es hilft dir außerdem, dir lebenslange finanzielle Unabhängigkeit zu sichern. Weil es finanziell sehr riskant ist, sich auf nur eine Einnahmequelle wie einen Job oder sogar ein ganzes Unternehmen zu verlassen, rate ich dir, dich unbedingt darauf zu konzentrieren, mindestens eine zusätzliche Quelle zu erschließen, damit dir das Geld nie ausgeht.

Als Hal 25 Jahre alt war, begann er zu planen, wie er seine lukrative, ausgezeichnete Vertriebskarriere hinter sich lassen und sich den Traum erfüllen könnte, Vollzeitunternehmer zu werden. Noch während er weiter in Vertrieb arbeitete und sich damit ein regelmäßiges Einkommen sicherte, gründete er seine erste Firma und damit auch seine erste zusätzliche Einnahmequelle. Er coachte andere Verkäufer und Teams in Sachen Vertrieb. Als 2008 die Wirtschaftskrise zuschlug, hing Hals Einkommen fast ausschließlich von seinem Coachingbusiness ab. Plötzlich konnte ihn mehr als die Hälfte seiner Kunden nicht mehr für seine Dienste bezahlen und er verlor die Hälfte seines Einkommens. Damals schwor er sich, dass er sich nie wieder nur auf eine Einnahmequelle verlassen würde.

Also machte er sich an die Arbeit und erschuf sich Jahr für Jahr nach der unten beschriebenen Formel neue Einkommensströme – inzwischen ist er bei neun, darunter Coaching für Einzelpersonen und Gruppen, Bücher, Vorträge, die Organisation von Mastermind-Treffen, Podcasts, Lizenzvergabe seiner Bücher ins Ausland, Selbstverlag und Franchising der Bücher in der *Miracle-Morning*-Serie, Einkommen durch sogenannte Affiliates und die Organisation von Live-Events.

Deine zusätzlichen Einnahmequellen können aktiv, passiv oder eine Kombination aus beidem sein. Durch manche kannst du vielleicht dafür bezahlt werden, das zu tun, was du liebst (aktiv), andere verschaffen dir ein Einkommen, für das du gar nicht viel tun musst (passiv). Du kannst dein Einkommen in verschiedenen Branchen suchen, sodass du davor geschützt bist, viel zu verlieren, wenn ein Markt gerade eine schwache Phase hat, und gleichzeitig von stärkerer Nachfrage in einem anderen Markt profitieren.

Auch wenn Hals Herangehensweise daran, sich mehrere Einkommensströme zu sichern, nur eine Möglichkeit von zahllosen ist, die du ausprobieren kannst (du könntest dir zum Beispiel Immobilien kaufen, an der Börse spekulieren, einen stationären Laden eröffnen und so weiter), werden dir die folgenden Schritte (4.1-4.8) einen praxisorientierten, einfachen Prozess an die Hand geben, der dir hilft, sofort mit dem Brainstormen und der Umsetzung anzufangen.

Das Wichtigste dabei ist, dass du es zu einer Priorität machst, dir neue Einnahmequellen zu erschließen. Schreib dir dafür Zeitblöcke in den Kalender – jeden Tag eine Stunde, einen Tag pro Woche oder ein paar Stunden jeden Samstag – damit du dir schnell neue Einkommensströme zulegst, die dir jeden Monat Geld einbringen. So schaffst du dir finanzielle Sicherheit für heute und finanzielle Freiheit für morgen. Hier sind die acht Schritte, die Hal immer wieder ausgeführt hat. Wende sie direkt an oder pass sie auf deine eigene Situation an.

4.1 Schaff dir finanzielle Sicherheit

Dieser Schritt ist zwar nicht besonders sexy, aber er ist absolut notwendig. Betrachte ihn wie eine Art Sicherheitsnetz. Konzentriere deine Zeit und Energie auf keinen Fall darauf, eine zweite Einnahmequelle zu erschließen, solange deine erste nicht gesichert ist. Egal, ob du angestellt bist oder ein eigenes Unternehmen hast, achte zuerst darauf, dass deine monatlichen Haupteinnahmen gesichert sind, damit du deine Ausgaben stemmen kannst, bevor du dich an die weiteren Schritte machst. Anders ausgedrückt: Verbrenne nicht deine Schiffe wie Hernán Cortés, bis du nicht zumindest ein Ruderboot hast, das dich über Wasser hält, während du an deiner Yacht baust.

4.2 Finde deinen einzigartigen Wert

Jeder Mensch auf diesem Planeten hat besondere Talente, Fähigkeiten, Erfahrungen und einen Wert, den er so anbieten kann, dass er dadurch Wert für andere schafft und sich dafür gut bezahlen lassen kann. Finde heraus, welches Wissen, welche Erfahrungen, welche Fähigkeiten oder welche Lösungen du hast oder schaffen kannst, in denen andere einen Wert sehen, für den sie dich gern bezahlen. Denk daran: Bloß, weil du etwas weißt, heißt das noch lange nicht, dass alle anderen es auch tun. Hier sind ein paar Methoden, mit denen du deinen eigenen Marktwert herausarbeiten kannst:

1. Wer du bist und deine einzigartige Persönlichkeit unterscheiden deinen Wert immer von dem jeder anderen Person auf der Welt. Viele Menschen werden dein Angebot besser bewerten als ähnliche Angebote, weil sie mit deiner Persönlichkeit besser klarkommen.

2. Wissen ist etwas, das du in relativ kurzer Zeit massiv vergrößern kannst. In *Money: Die 7 einfachen Schritte zur finanziellen Freiheit* schreibt Tony Robbins: „Ein Grund, aus dem Menschen erfolgreich werden, ist, dass sie mehr über etwas wissen als andere. Einen Arzt oder Anwalt zum Beispiel bezahlt man für Wissen, das man selbst nicht hat."

Dich in einem bestimmten Bereich weiterzubilden ist eine sehr effektive Methode, den Wert zu steigern, für den dich andere bezahlen – entweder dafür, dass du ihnen beibringst, was du weißt, oder dafür, dass du dein Wissen in ihrem Sinn einsetzt.

3. Wie du dich präsentierst hat direkten Einfluss darauf, wie groß dein Marktwert ist. Als Hal das Buch *Miracle Morning – Die Stunde, die alles verändert* schrieb, musste er die Unsicherheit überwinden, dass er das Frühaufstehen an sich nicht unbedingt selbst erfunden hatte. Er fragte sich, ob er ein solches Buch überhaupt verkaufen könnte. Aber wie seither Hundertausende von Lesern berichten, war die Art, wie er die Informationen verpackte der Grund dafür, dass das Buch so viel Eindruck hinterließ. Es war einfach und gab den Lesern eine Schritt-für-Schritt-Anleitung, die ihnen half, all ihre Lebensbereiche grundlegend zu verbessern, indem sie änderten, wie sie ihren Tag begannen. Wie kannst du dein Angebot so verpacken, dass es bei den Menschen ankommt, die du als Kunden gewinnen willst?

4.3 Finde deine Zielgruppe

Wem kannst du am besten dienen? Hal hatte als Verkäufer Rekorde gebrochen und Auszeichnungen gesammelt, also beschloss er, dass er am besten dafür qualifiziert war, anderen Verkäufern zu helfen. Das führte zu seinem ersten Coachingprogramm. Inzwischen dient er mit der *Miracle-Morning*-Buchserie und den *Best-Year-Ever-Blueprint*-Live-Events einem viel größeren Publikum aus aller Welt. Außerdem coacht er Autoren und solche, die es werden und damit siebenstellige Beträge verdienen wollen.

Denk über den Wert nach, den du für andere darstellen kannst, oder über die Probleme, für die du Lösungen finden kannst. Wer wird dich dafür bezahlen, das zu tun oder ihm zu helfen, bestimmte Ergebnisse zu erreichen?

4.4 Bau dir eine selbsterhaltende Community auf

Ein Wendepunkt in Hals finanziellem Leben kam, als er hörte, wie der Multimillionär Dan Kennedy erklärte, dass einer der wertvollsten Aktivposten im Leben eines Unternehmers seine E-Mail-Liste sei. Man solle sich also stets darauf konzentrieren, sie zu erweitern und zu pflegen. Damals standen auf Hals E-Mail-Liste nur seine Familie und seine Freunde, aber er machte sie sofort zu einer Priorität.

Heute, zehn Jahre später, hat er sich Dans Ratschlag nicht nur zu Herzen genommen und eine E-Mail-Liste von weit über 100.000 treuen Abonnenten aufgebaut, er ist sogar einen Schritt weiter gegangen und hat eine der aktivsten Onlinecommunitys der Welt gegründet und aufgebaut. Die *Miracle-Morning-Community* auf Facebook ist ein Musterbeispiel geworden. Aktuell hat sie über 55.000 Mitglieder aus mehr als 70 Ländern, und sie wächst jeden Tag exponentiell. Es ist schon lange nicht mehr realistisch für Hal, sich allein um eine so große Gruppe zu kümmern, aber er verlässt sich dafür auch nicht auf sein Team. Stattdessen hat er es durch viele Versuche und Fehler geschafft, dafür zu sorgen, dass die Gruppe nicht nur automatisch wächst – um über 3.000 neue Mitglieder pro Monat –, sondern dass die Interaktionen zwischen den Mitgliedern ebenfalls automatisch funktionieren, sodass die Community sich also selbst erhält.

Hier sind ein paar seiner Tipps, wie man sich eine selbsterhaltende Community aufbaut:

1. Wähle deine Plattform. Es ist zwar sehr wichtig, deine E-Mail-Liste aufzubauen und darüber mit den einzelnen Mitgliedern deiner Community zu kommunizieren, aber es ist auch unumgänglich, eine Plattform zu schaffen, durch die du nicht nur ständig Werte für andere erschaffst, sondern den Mitgliedern deiner Community auch erlaubst, sich untereinander auszutauschen und damit gegenseitig Werte füreinander zu erschaffen. Das kann durch eine Gruppenplattform wie Kajabi (www.kajabi.com) oder CMNTY (www.cmnty.com) geschehen, aber Hal hat festgestellt, dass eine Facebookgruppe aus vielen wichtigen Gründen am besten ist:

- Die meisten Menschen loggen sich sowieso jeden Tag bei Facebook ein.
- Die eingebauten Funktionen einer Facebookgruppe helfen der Community, sich selbst zu erhalten.
- Andere Facebooknutzer können zufällig über deine Community stolpern.
- Deine Fans können deine Inhalte und die von anderen Mitgliedern schnell und einfach teilen.

2. Lade Menschen in deine Community ein. Du hast vielleicht die Einladung von Hal auf den ersten Seiten dieses Buchs gesehen, die in jedem der *Miracle-Morning*-Bücher abgedruckt ist. Das ist seine wichtigste Methode, ständig Menschen einzuladen, sich der Facebookgruppe anzuschließen. Für dich bietet sich vielleicht ein „P.S." am Ende deiner E-Mails an, oder ein Button auf deiner Website, den man anklicken kann. Wenn du auf www.MiracleMorning.com gehst, lacht dich dort übrigens auch ein „Join the Community"-Button an, der dich auf die Facebookgruppe führt. Welche Methode du dir auch immer aussuchst, stell sicher, dass deine Kunden, zukünftigen Kunden und alle anderen, die du gern in deiner Community hättest, sie auch sehen können.

3. Rege deine Community dazu an, sich auszutauschen. Am besten gibst du allen Neumitgliedern einfache Anweisungen, die sie dazu bringen werden, mit anderen Mitgliedern zu interagieren und Werte für sie zu schaffen. In der *Best Month Ever Challenge*-Facebookgruppe gibt es zum Beispiel vier einfache Anweisungen: 1) Schreib einen neuen Post, in dem du einen Lebensbereich oder ein Ziel teilst, das du diesen Monat auf jeden Fall verbessern wirst. 2) Hinterlasse einen positiven, hilfreichen oder ermutigenden Kommentar unter einem anderen Post. 3) Schau dir die BMEC-Videos an [mit Links zu den Videos]. 4) Poste jeden Tag etwas in die Gruppe [mit spezifischen Anregungen, was man posten kann].

Hal empfiehlt allerdings, diese Anweisungen so einfach wie möglich zu gestalten, zum Beispiel das Posten-und-Kommentieren-Modell zu nutzen. Bitte einfach deine Neumitglieder, etwas zu posten, was ihnen wichtig ist, und einen anderen Post zu kommentieren. Durch dieses Format erschaffst du einen konstanten Fluss neuer Beiträge und Interaktionen unter jedem Post.

Eine andere, ebenfalls sehr engagierte Onlinecommunity ist Jayson Gaignards *Mastermind-Talks-Alumni*-Facebookgruppe, die ausschließlich Menschen vorbehalten ist, die eines seiner *Mastermind-Talks*-Events besucht haben (wo Hal und ich uns kennengelernt haben). Jayson sorgt durch ein einfaches Geben-und-Nehmen-Modell für Interaktionen zwischen den Mitgliedern. Entweder bittet man um etwas (Rat, Feedback, eine Kontaktanbahnung und so weiter) oder man bietet etwas an (Expertise, Ressourcen, Tickets für eine Konferenz, etc.). Durch dieses Format hat er eine sehr engagierte, selbsterhaltende Community geschaffen, in der sich die Mitglieder dauerhaft gegenseitig unterstützen.

4. Schaffe stetig Werte. Nur weil deine Community und ihr Engagement sich selbst erhalten, heißt das noch lange nicht, dass du dich daraus zurückziehen solltest. Im Gegenteil, je mehr du dich einbringst, desto besser. Du könntest zum Beispiel einfach wertvolle Ressourcen oder deine eigenen Inhalte mit deiner Community teilen. Hal postet jeden Mittwoch eine Folge seines Podcasts in die Gruppe und teilt alle wertvollen Quellen, die ihm über den Weg laufen. Du kannst die Pflege deiner Community auch delegieren, wenn nötig. Hal zum Beispiel kann auf keinen Fall bei jedem Post „Gefällt mir" klicken oder einen Kommentar hinterlassen, also ist sein Team ebenfalls in der Gruppe aktiv. Darüber hinaus hat er „Communitybotschafter" in verschiedenen Ländern ernannt, die sich um die Mitglieder aus eben diesen Ländern kümmern.

4.5 Frage deine Community nach ihren Problemen und Wünschen

Du kannst versuchen, zu erraten, was Menschen wollen, wertvolle Zeit investieren, um es zu erschaffen und dann hoffen, dass du richtig liegst. Aber denk daran, Hoffen und Bangen ist selten die beste Strategie.

Stattdessen könntest du auch einfach allen Mitgliedern deiner Community eine E-Mail schreiben oder in deiner Gruppe einen Link zu einer Umfrage (bei einem kostenlosen Service wie *SurveyMonkey* oder *Google Forms*) posten. Frag die Mitglieder, was sie wollen oder wobei sie in deinem Expertenbereich Hilfe benötigen. Stell offene Fragen, um so viele unterschiedliche Antworten wie möglich zu bekommen, oder biete eine Multiple-Choice-Auswahl an, wenn du dir schon Gedanken gemacht hast, was du anbieten willst.

Die umfassendste Anleitung, wie man Umfragen nutzt, um herauszufinden, was die Zielgruppe will und wie man ihnen am besten dient, findest du in meinem Buchtipp zum Thema: *Ask:*

The Counterintuitive Online Formula to Discover Exactly What Your Customers Want to Buy… Create a Mass of Raving Fans… and Take Any Business to the Next Level von Ryan Levesque.

4.6 Erschaffe eine Lösung

Nachdem dir deine Community-Mitglieder erklärt haben, was sie brauchen, ist das eine einzigartige Chance für dich, es zu erschaffen. Dabei kann es sich um ein echtes oder digitales Produkt handeln (ein Buch, ein Podcast, ein Video, ein Trainingsprogramm, Software, etc.) oder um eine Dienstleistung (zum Beispiel als Hundefrisör, Babysitter, Coach, Consultant, Redner oder Lehrer).

4.7 Plane die Produkteinführung

Denk mal daran, wie Apple seine neuen Produkte präsentiert. Sie schmeißen sie nicht einfach in die Regale oder auf ihre Website. Nein, sie machen daraus ein Event. Apple schürt die Vorfreude schon Monate im Voraus, sodass die Fans bereit sind, wochenlang vor den Läden zu kampieren, um ganz vorne in der Schlange zu stehen. Wie man so etwas zustande bringt, kannst du im definitiven Ratgeber zum Thema nachlesen: *Launch. Die Ultimative Anleitung für das E-Mail-Marketing* von Jeff Walker.

4.8 Finde einen Mentor

Je nachdem, wie erfahren du schon bist, solltest du diesen Schritt vielleicht ganz an den Anfang setzen. Du weißt ja schon, dass es eine der effektivsten Methoden ist, deine Lernkurve zu verkürzen und so schnell wie möglich zum gewünschten Resultat zu kommen, dir jemanden zu suchen, der dieses Ziel bereits erreicht hat, und seine Strategie nachzuahmen. Statt alles allein herausfinden zu müssen, kannst du auch einfach jemanden finden, der schon hat, was du willst, herausfinden, wie diese Person es zum Ziel geschafft hat, ungefähr das Gleiche machen und es an deine Bedürfnisse anpassen.

Dafür kannst du natürlich einen Mentor finden, mit dem du dich von Angesicht zu Angesicht oder virtuell unterhalten kannst, du kannst dich aber auch einer Mastermind-Gruppe anschließen oder mit einem Coach arbeiten. Sogar ein Buch wie dieses hier zu lesen bedeutet in gewisser Weise, dass du dir die Weisheit eines Mentors zunutze machst.

Abschließende Gedanken … Egal, ob du diesen Schritten folgst, ein neues Unternehmen gründest oder anfängst, in Immobilien zu investieren, achte darauf, dass du genug Zeit einplanst, um eine weitere Einkommensquelle zu finden und entwickeln, dann genießt du schon innerhalb von wenigen Monaten die Vorzüge, die finanzielle Sicherheit, die Seelenruhe und die Freiheit, die mehrere Einkommensströme mit sich bringen.

In zwei Jahren wirst du dir wünschen, du hättest schon heute damit angefangen. Worauf wartest du also? Leg los!

Prinzip Nr. 4: Systematisiere deine Welt

In Kapitel 7-10 werde ich die Strategien und Systeme, von denen ich glaube, dass sie dir als Unternehmer besonders viel nützen, noch einmal im Detail betrachten.

Allerdings möchte ich nicht davon ausgehen, dass du schon alles weißt, also fangen wir erst mal mit ein paar grundlegenden Dingen an. Menschen, die sich effektiv selbst führen, haben Systeme für so gut wie alles: von geschäftlichen Dingen wie Zeitplanung, Nachfassen, Auftragserfassung und sogar dafür, wann und wie sie Kunden und Teammitgliedern ihre Wertschätzung zeigen, bis hin zu persönlichen Aktivitäten wie Schlafen, Essen, Finanzplanung, Reisen und Familienangelegenheiten.

Systeme machen dir das Leben leichter, sorgen dafür, dass du jederzeit zu Höchstleistungen bereit bist, und machen es einfacher, Aufgaben an einen Assistenten oder ein anderes Teammitglied zu delegieren.

Hier sind ein paar Methoden, die du sofort umsetzen kannst, um deine Welt zu systematisieren:

1. Grundlegende Zeitplanung

Zweifelsohne besteht einer der attraktivsten Aspekte des Unternehmertums darin, dass man die Chance hat, frei zu sein. Das ist einer der Hauptgründe, aus denen Menschen zu Unternehmern werden: die Freiheit, zu tun, was man will, wann man will, und dabei auch noch ein außergewöhnlich hohes Einkommen zu erzielen. Eine Folge dieser Freiheit und der vielfältigen Arbeitsformen, die uns heutzutage zur Verfügung stehen, ist allerdings, dass nicht alle Unternehmer wissen, wie sie damit umgehen sollen. Deshalb leiden ihre Konzentration, ihre Produktivität und ihr Einkommen unter dem Lebensstil, den sie sich wünschen. Sie verbringen zu viele Tage damit, von einer Aufgabe zur nächsten zu springen und fragen sich am Abend zu oft, wohin die Zeit verschwunden ist und welche wichtigen Fortschritte sie heute gemacht haben – oder ob ihnen überhaupt etwas gelungen ist. Geht es dir auch manchmal so?

Ich teile jetzt etwas mit dir, das deine Fähigkeit, dauerhaft spektakuläre Geschäftserfolge zu erbringen, radikal verändern wird. Du brauchst einen grundlegenden Zeitplan, der deine Tage und Wochen zielgerichtet strukturiert. Ein grundlegender Zeitplan in unserem Sinne ist ein festgelegter, wiederkehrender Plan aus Zeitblöcken, in denen du dich auf deine wichtigsten Tätigkeiten konzentrierst.

Ich weiß, ich weiß. Du bist Unternehmer geworden, um dich von festen Strukturen lösen zu können. Glaub mir, das verstehe ich gut. Aber je effizienter du deinen grundlegenden Zeitplan und seine Zeitblöcke nutzt, die ausschließlich den Projekten und Aufgaben gewidmet sind, die dein Unternehmen voranbringen, desto mehr Freiheit wirst du letzten Endes erhalten.

Das soll natürlich nicht heißen, dass du deinen Zeitplan völlig starr einhalten musst. Im Gegenteil, ich würde dir dringend raten,

Zeit für Flexibilität einzuplanen. Vergiss auch nicht, genug Zeit für die Familie, Hobbys, Freizeitaktivitäten und Erholung in deinen Kalender zu schreiben. Du könntest sogar so weit gehen, einen „wonach mir gerade ist"-Zeitblock aufzuschreiben, in dem du genau das machst: wonach dir in diesem Moment ist. Wenn nötig kannst du die Zeitblöcke auch verschieben und austauschen.

Wichtig daran ist, dass du mit möglichst viel Klarheit durch deine Tage und Wochen gehst und dabei jede Stunde deines Tages bewusst und zielgerichtet nutzt, sogar dann, wenn du sie nutzt, um einfach nur zu machen, was du willst. Wenigstens hast du es dann so geplant. Einen grundlegenden Zeitplan einzuhalten ist eine großartige Methode, deine Produktivität zu verbessern, sodass du dich in Zukunft abends nur noch sehr selten fragen müssen wirst, wohin deine Zeit verschwunden ist. Sie kann nämlich nicht mehr einfach so vergehen, ohne dass du eine bewusste Entscheidung dazu getroffen hast, weil du jede einzelne Minute zielgerichtet verbracht hast.

Ich habe Hal gebeten, seinen grundlegenden Wochenplan mit uns zu teilen, damit du dir ein mögliches Beispiel für einen solchen Plan anschauen kannst. Hal genießt zwar den Luxus unternehmerischer Freiheit und muss sich an keinen von außen auferlegten Zeitplan halten, aber wenn du ihn fragst, wird er dir sagen, dass dieser grundlegende Plan eine der Schlüsselstrategien ist, mit denen er sicherstellt, dass er aus jedem Tag das Beste herausholt. Wenn dein Leben eine von anderen bestimmte Struktur hat, zum Beispiel einen regelmäßigen Job, den du machst, während du dein Unternehmen aufbaust, kannst du deine Freizeit und wahrscheinlich auch einen Teil deiner Arbeitszeit strukturieren. Eine Sache, die dir an Hals Kalender sofort auffallen wird, ist, dass wirklich jede Stunde verplant ist, sowohl seine Freizeit als auch seine Arbeitszeit.

Hals grundlegender Zeitplan

Uhrzeit	Montag	Dienstag
4:00 Uhr	S.A.V.E.R.S.	S.A.V.E.R.S.
5:00 Uhr	Schreiben	Schreiben
6:00 Uhr	E-Mails	E-Mails
7:00 Uhr	Kinder zur Schule bringen	Kinder zur Schule bringen
8:00 Uhr	Belegschaftsmeeting	1. Priorität
9:00 Uhr	1. Priorität	Wakeboard
↓	↓	↓
11:00 Uhr	Mittagessen	Mittagessen
12:00 Uhr	Basketball	Prioritäten
13:00 Uhr	Prioritäten	Interview
14:00 Uhr	Prioritäten	Interview
15:00 Uhr	Prioritäten	Interview
16:00 Uhr	Prioritäten	Prioritäten
17:00 Uhr	FAMILIE	FAMILIE
↓	↓	↓
22:00 Uhr	Ins Bett	Ins Bett

(Hinweis: Jede Stunde ist geplant.)

Mittwoch	Donnerstag	Freitag	Sa/Sonntag
S.A.V.E.R.S.	S.A.V.E.R.S.	S.A.V.E.R.S.	S.A.V.E.R.S.
Schreiben	Schreiben	Schreiben	Schreiben
E-Mails	E-Mails	E-Mails	↓
Kinder zur Schule bringen	Kinder zur Schule bringen	Kinder zur Schule bringen	Familienzeit
1. Priorität	1. Priorität	1. Priorität	↓
↓	Wakeboard	↓	↓
↓	↓	↓	↓
Mittagessen	Mittagessen	Mittagessen	↓
Basketball	Prioritäten	Basketball	↓
Kundenanrufe	Interview	Prioritäten	↓
Kundenanrufe	Interview	Prioritäten	↓
Kundenanrufe	Interview	Prioritäten	↓
Prioritäten	Prioritäten	PLANUNG	↓
FAMILIE	FAMILIE	Zeit zu zweit	↓
↓	↓	↓	↓
Ins Bett	Ins Bett	☺ ???	Ins Bett

Natürlich passiert es Hal (wie den meisten Unternehmern), dass er seinen grundlegenden Zeitplan abändern muss, zum Beispiel wenn er auf Vortragsreise, bei einem Event oder im Urlaub ist, aber diese Änderungen sind immer nur vorübergehend. Sobald er wieder zu Hause und in seinem Büro ist, fällt er wieder in diesen regelmäßigen Ablauf zurück.

Diese Methode ist unter anderem deshalb so effektiv, weil sie dir die Achterbahn erspart, auf die du dich begeben musst, wenn du Entscheidungen darüber triffst, was du jeden Tag tun wirst. Wie oft ist es dir schon passiert, dass ein Termin oder ein Meeting schlecht gelaufen ist und sich dadurch negativ auf deinen Gefühlszustand und deine Konzentrationsfähigkeit für den Rest des Tages ausgewirkt hat? Wahrscheinlich öfter, als du zugeben möchtest.

Wenn du dann einem grundlegenden Zeitplan gefolgt wärst, an den du dich hältst, und dieser Kalender dir gesagt hätte, dass du dich als Nächstes um ein Netzwerkevent, Anzeigenschaltungen oder Kundenanrufe kümmern musst, hättest du trotzdem einen produktiven Nachmittag gehabt. Übernimm die Kontrolle! Überlass deine Produktivität nicht mehr dem Zufall und lass deine Zeit nicht mehr von äußeren Einflüssen bestimmen. Erschaffe dir einen grundlegenden Zeitplan mit allem, was du schaffen musst, und Zeit für die Familie, Freizeitaktivitäten und Erholung, und halte dich daran, egal, was kommt.

Wenn du merkst, dass du Hilfe dabei brauchst, bei der Stange zu bleiben, schick deinem Rechenschaftspartner eine Kopie des Plans und bitte ihn oder sie, dich dabei zu unterstützen. Wenn du dich an dieses eine System hältst, bekommst du dadurch deutlich mehr Kontrolle über deine Produktivität und deine Ergebnisse.

2. Systematisiere deine Reisen

Hal und ich sind beide häufig auf Vortragsreisen und verbringen viel Zeit in Flugzeugen und Hotels, im In- und Ausland, um das zu teilen, was wir gelernt haben. Dabei haben wir beide gemerkt, dass es viel Zeit verschlingt und dabei auch noch ineffizient und wenig effektiv ist, jedes Mal alles zusammenzupacken, was wir unterwegs brauchen. Es ist uns schon viel zu oft passiert, dass wir etwas Wichtiges zu Hause oder im Büro vergessen haben.

Deshalb haben wir Reisetaschen gepackt, in denen alles vorbereitet ist, was wir unterwegs benötigen: von Businesskleidung, Socken, Unterwäsche und einer Badehose bis hin zu Ersatzladegeräten und Adaptern für unsere Handys und Laptops. Wir haben sogar ein paar gesunde Snacks und Ohrstöpsel hineingepackt, falls unser Zimmernachbar im Hotel besonders laut sein sollte. So können wir jederzeit das Haus verlassen, weil wir schon alles gepackt haben, was wir brauchen, um auf Reisen effizient zu arbeiten.

Auch wenn du nicht oft auf Geschäftsreise gehen musst, kannst du ein ähnliches System nutzen, um dir deinen Tag leichter zu machen. Pack doch zum Beispiel dein Mittagessen, deine Sporttasche oder deine Handtasche für den nächsten Tag, bevor du ins Bett gehst. Oder stell dir eine Mappe oder Kiste mit Büchern, Broschüren, Katalogen und anderen nützlichen Dingen zusammen, die du einfach mitnehmen kannst, wenn du nicht vom Büro aus arbeitest. Wo könntest du sonst noch ein System für etwas einführen, das du regelmäßig tust, um sicherzustellen, dass du immer darauf vorbereitet bist, ohne jedes Mal die gleiche geistige Energie investieren zu müssen?

3. Systematisiere deine Rechenschaftspflicht

Der Zusammenhang dazwischen, wie viel Erfolg man hat und wie viel Rechenschaft man anderen ablegt, ist unbestreitbar. So gut wie alle besonders erfolgreichen Menschen – von CEOs und Profisportlern bis hin zum amerikanischen Präsidenten – legen anderen in hohem Maße Rechenschaft ab. Dadurch fällt es ihnen leichter, zu handeln und Ergebnisse zu erzielen, auch wenn ihnen gerade gar nicht danach ist. Ohne diesen Zusatzantrieb würden Sportler öfter nicht zum Training erscheinen und mehr Geschäftsführer würden den ganzen Tag auf dem Handy Spiele spielen.

Rechenschaft abzulegen bedeutet, dass man jemand anderem gegenüber verantwortlich für eine Tätigkeit oder ein Ergebnis wird. In dieser Welt und in deinem Leben passiert nur sehr wenig, wenn nie jemand Rechenschaft ablegt. Praktisch jedes positive Resultat, das wir zwischen unserer Geburt und unserem achtzehnten Geburtstag erreichen, lässt sich auf die Rechenschaft zurückführen, die wir einem Erwachsenen in unserem Leben schulden – Eltern, Lehrern, Trainern und so weiter. Wir essen Gemüse, machen unsere Hausaufgaben, putzen uns die Zähne und gehen zu einer vernünftigen Zeit ins Bett. Ohne die Rechenschaft, die wir unseren Eltern und Lehrern schuldig sind, würden wir wahrscheinlich als ungebildete, mangelernährte, schmutzige Kinder mit zu wenig Schlaf aufwachsen. Interessant, wenn man es mal aus dieser Perspektive betrachtet, oder?

Rechenschaft abzulegen verleiht unserem Leben Ordnung und erlaubt uns, Fortschritte zu machen, uns zu verbessern und Ergebnisse zu erreichen, die sonst weit außerhalb unserer Möglichkeiten lägen. Hier liegt aber genau das Problem: Wir haben nie darum gebeten, anderen Rechenschaft zu schulden. Stattdessen war es etwas, das wir als Kinder, Teenager und junge Erwachsene ertragen mussten. Weil es uns von Erwachsenen aufgezwungen wurde, lehnen die meisten von uns unbewusst ab, überhaupt irgendjemandem Rechenschaft ablegen zu müssen. Sobald wir erwachsen werden, begrüßen wir jedes kleine bisschen Freiheit, das wir bekommen können, mit Freuden und vermeiden es, uns anderen gegenüber verantworten zu müssen, wie der Teufel das Weihwasser. Dadurch geraten wir in eine Abwärtsspirale aus ungesunden Überzeugungen und Gewohnheiten, die geradewegs in die Mittelmäßigkeit führt – und nicht unbedingt zum Erfolg.

Deshalb müssen wir jetzt, da wir erwachsen sind und uns um immer höhere Erfolgs- und Erfüllungsniveaus bemühen, selbst die Verantwortung dafür übernehmen, uns Systeme zu erschaffen, in denen wir Rechenschaft ablegen (oder wieder bei unseren Eltern einziehen). Dein System könnte zum Beispiel mit einem Proficoach, einem Mentor, einem guten Freund oder einem Familienmitglied funktionieren.

Wenn wir jemandem Rechenschaft ablegen, hilft uns das, unseren Fokus zu finden. Du kommst dann nicht mehr so leicht mit den Ausreden und Entschuldigungen durch, die du dir sonst selbst vielleicht erzählst, weil du dir und einer anderen Person versprochen hast, dass du dein Ziel erreichen wirst. Als Unternehmer erschaffe ich mir zum Beispiel meine Verantwortung, indem ich jeden Tag meine drei wichtigsten Ziele an einen anderen Unternehmensinhaber schicke. Dafür benutze ich eine kostenlose App namens „CommitTo3“. Über diese App teile ich jeden Morgen meine drei wichtigsten Geschäftsziele mit meinem Freund Joe Polish, dem Gründer des *Genius Network*. Wir erzählen uns gegenseitig, was wir bis Feierabend geschafft haben wollen. Das gleiche mache ich mit einem anderen Freund, Gordie Bufton, für meine privaten Ziele. Zu wissen, dass ich am Ende des Tages über diese drei Ziele Rechenschaft ablegen muss – oder meinen Freunden gegenüber zugeben muss, dass ich sie nicht geschafft habe –, hilft mir, mich tagsüber nicht ablenken zu lassen.

4. Automatisiere Anerkennung

Wenn du schon mal einen meiner Vorträge gehört hast, oder wenn du mein Blog liest, kennst du die Geschichte vom „umwerfenden Türöffner“ schon. Falls du sie noch nicht kennst, stell dich darauf ein, dass sie dich umhauen wird – oder dass du zumindest erfahren wirst, wie sie mich umgehauen hat.

Vor sechs Jahren hielt ich einen Vortrag beim 20. Jubiläum der *Entrepreneurs Organization* (EO) in Las Vegas. Nach meinen Vorträgen ist es nicht ungewöhnlich, dass Leute zu mir kommen, um Hallo zu sagen, Fragen zu stellen oder mich um meine Kontaktdaten zu bitten. Das ist keine große Sache und dauert in aller Regeln nicht mehr als ein paar Minuten. Dieses Mal war es aber anders.

Ein junger EO-Typ namens John Ruhlin, den ich nicht kannte, verwickelte mich in ein Gespräch. Er fragte mich, ob ich plante, in der darauffolgenden Woche nach Cleveland zu kommen und dort bei der Ortsgruppe der EO einen Vortrag zu halten – und was meine Pläne für den Abend davor wären, wenn ja. Ich erzählte ihm, dass ich tatsächlich plante, in seine Stadt zu kommen, und dass ich dort mit sehr großer Wahrscheinlichkeit die Chance nutzen würde, bei *Brooks Brothers*, meinem Lieblingsladen, einzukaufen.

Wir verabredeten uns zum Abendessen und beschlossen, nach meinem Einkaufstrip gemeinsam zu einem Basketballspiel der *Cleveland Cavaliers* zu gehen. Eine Einladung zum Abendessen und ins Stadion ist in der Businesswelt eine nette Geste, aber nichts Besonderes, stimmt's?

Tja, wie sich herausstellen sollte, war meine Reise an diesem Tag der reinste Albtraum. Mehrere meiner Flüge waren verspätet und ich musste regelrecht darum betteln, noch in einen Flieger zu kommen, der sich gerade auf den Weg zur Startbahn machen wollte. Ich schickte John eine SMS und sagte ihm Bescheid, dass ich fünf Stunden später in Cleveland ankommen würde als geplant, und dass ich Verständnis hätte, wenn er sich dann nicht mehr mit mir treffen wollte. Er schrieb ganz cool zurück, das sei alles kein Problem, er könne in der Hotelbar auf mich warten. Er sagte, ich solle erst mal einchecken, mein Gepäck aufs Zimmer bringen und mich für einen tollen Abend frisch machen. Ich dachte: „Na gut, dann kann ich zwar nicht einkaufen gehen, aber wenigstens erwartet mich ein tolles Abendessen und ich darf LeBron James ein bisschen beim Spielen zusehen. Auch kein schlechter Abend in Cleveland." Das erwartete ich also …

Ich kam im Hotel an, aber als ich mein Zimmer betrat, fiel mir die Kinnlade hinunter. Mein ganzes Zimmer war voll von gefalteten und aufgehängten Kleidern: Dutzende von Jacketts, Hosen, Hemden und Pullovern. Und nicht nur das, es waren alles Kleider von *Brooks Brothers*. Das Zimmer sah aus, als wäre ich schnurstracks in ein Bekleidungsgeschäft getreten. Und alles war in meiner Größe.

Plötzlich traf es mich wie ein Donnerschlag. John, der EO-Typ, hatte mich während der Woche ganz beiläufig in einer E-Mail nach meiner Kleidergröße gefragt, weil er mir ein T-Shirt seiner Firma zukommen lassen wollte – hatte er gesagt.

Und dann hatte er mir diese unglaubliche, umwerfende Dienstleistungserfahrung – die er übrigens „strategische Anerkennung" nennt – zukommen lassen, und das noch vor dem gemeinsamen Abendessen! Ich machte mit dem Handy so viele Fotos wie ich konnte, und schrieb meiner Frau eine Nachricht. Dann fiel mir ein, dass ich sofort John DiJulius anrufen musste, um das Beispiel zu ändern, das ich ihm für sein Buch über Kundenservice genannt hatte.

Als ich in die Hotelbar kam, blickte John auf, grinste und fragte: „Hat dir dein *Brooks-Brothers*-Laden gefallen?"

Beim Abendessen und während des Basketballspiels erklärte mir John, wie es ihm gelungen ist, Meetings mit CEOs zu bekommen und die Beziehung zu seinen wichtigsten Kunden hervorragend zu gestalten, indem er ihnen besondere, teure Geschenke machte. Er hat sogar ein Buch darüber geschrieben: *Giftology: The Art and Science of Using Gifts to Cut Through the Noise, Increase Referrals, and Strengthen Retention.*

Eine von Johns Firmen, die *Ruhlin Group*, ist darauf spezialisiert, Anerkennungen zu automatisieren. Sie verschickt im Namen ihrer Kunden maßgeschneiderte, personalisierte und hochwertige Geschenke an deren Kunden, zukünftige Kunden und Angestellte. Wenn du zum Beispiel Kontakt mit einem bestimmten CEO aufnehmen möchtest, könntest du Johns Firma beauftragen, dieser Person nacheinander fünf Pakete mit je einem Teil eines 500 Dollar teuren Messersets zu schicken und jedes Mal eine Nachricht beizulegen, sie möge sich doch ein bisschen Zeit für ein Meeting herausschneiden. Hal und ich nutzen Johns Unternehmen für all unsere geschäftlichen Geschenke.

Nach der *Brooks-Brothers*-Erfahrung und den fantastischen Aufmerksamkeiten der *Ruhlin Group* treffe ich mich so oft wie möglich mit John und empfehle ihn überall weiter, weil ich nur hoffen kann, dass noch mehr Menschen den Service der *Ruhlin Group* persönlich genießen dürfen.

5. Kleiderordnung

Hier geht es nicht darum, ob du Kleidung tragen solltest oder nicht, sondern um das, was du trägst. Ich empfehle dir, dir eine Scheibe bei Steve Jobs und Mark Zuckerberg abzuschneiden, was unternehmerische Mode betrifft. Beide sind dafür berühmt, jeden Tag das Gleiche zu tragen, was ihnen das Leben leichter macht und ihnen jeden Tag eine völlig unwichtige Entscheidung abnimmt.

Zuckerberg erscheint für gewöhnlich in Jeans und einem grauen T-Shirt oder Kapuzenpullover bei der Arbeit. Jobs, der verstorbene CEO von Apple, war berühmt für seine schwarzen Rollkragenpullis und Jeans. Er versuchte sogar einmal, diese Uniform für die ganze Firma einzuführen, schreibt Walter Isaacson in seiner Biographie.

Tucker Max, der CEO von *Book In A Box*, zeigt sich jeden Tag in den gleichen Shorts von Lululemon und einem T-Shirt, egal, wo er sich befindet. Ich habe ihn schon bei mehreren exklusiven Unternehmerevents sprechen sehen, aber an seiner Kleidung änderte sich dabei nie etwas.

Bei Hal ist es so ähnlich: Er besitzt 23 identische, schwarze T-Shirts mit V-Ausschnitt und trägt dazu so gut wie immer eine Hose von Lululemon.

Also, was soll das? Natürlich könnten es sich diese Unternehmer alle leisten, sich unterschiedliche Kleider zu kaufen. Aber sie haben erkannt, dass wir alle nur eine bestimmte Menge Gehirnkapazität haben. Neue Studien haben gezeigt, dass diese Kapazität außerdem im Lauf des Tages abnimmt, und zwar jedes Mal, wenn wir eine Entscheidung treffen. Erinnerst du dich noch, was ich dir über die Ego-Depletion erzählt habe? Je weiter du deine Welt systematisierst und je weniger Entscheidungen du treffen musst, desto mehr Gehirnkapazität hast du übrig, wenn es um die wirklich wichtigen Dinge geht.

Jetzt habe ich fünf gute Ideen mit dir geteilt, wie du dein Leben systematischer gestalten kannst. Aber was kommt als Nächstes? Ab sofort weißt du, dass du immer dann ein neues System brauchst, wenn du eine Aufgabe hast, die immer wieder kommt, oder wenn du merkst, dass du dir Gelegenheiten entgehen lässt, weil du dich nicht ausreichend vorbereitet hast.

Anders ausgedrückt: Jedes Mal, wenn du das Gefühl hast, nicht mehr richtig am Ball zu sein, oder wenn du üblicherweise Stress entwickelst, brauchst du ein System. Je besser du deine Systeme einsetzt, desto weniger brauchst du nachzudenken, und desto mehr kannst du schaffen.

In den kommenden Kapiteln werden wir uns noch ein paar andere Methoden im Detail ansehen, mit denen du deine Welt systematisieren kannst, darunter auch, wie du dich als Unternehmer besser positionieren kannst, indem du einen COO einstellst.

Prinzip Nr. 5: Konzentriere dich auf den Prozess, der dir Ergebnisse liefert

Wenn es ein nicht besonders offensichtliches Geheimnis für unternehmerischen Erfolg gibt, dann ist es dieses: Erkenne, kalkuliere und konzentriere dich auf den Prozess, der dir Ergebnisse bringt – *aber mach dich nicht emotional von den Ergebnissen selbst abhängig!*

Hinter jedem Resultat, das du dir erträumst, sei es bessere körperliche Fitness oder ein florierendes Unternehmen, steckt ein Prozess, und es ist ausschließlich dein Prozess, den du brauchst und der dazu führt, dass du das gewünschte Ergebnis auch erreichst.

Wenn du deinen ergebnisorientierten Prozess klärst, einkalkulierst und dich eine längere Zeit auf ihn konzentrierst, kommen die Ergebnisse schon von selbst. Du brauchst dir keine Sorgen und keinen Stress mehr darüber zu machen, wie ein Tag, eine Woche, ein Monat oder ein Jahr gelaufen sind – solange du dich langfristig ganz deinem Prozess verschreibst. Das Durchschnittsgesetz wird sich auf Dauer immer durchsetzen.

Leider liegt es in der Natur des Menschen, dass wir uns emotional an unsere Ergebnisse hängen. Uns Unternehmern kann es passieren, dass wir uns durch einen schlechten Tag am Telefon, eine

Produkteinführung, die nicht so lief wie erhofft, einen Kunden, der unsere Dienstleistungen nicht mehr in Anspruch nehmen will, oder eine andere Art von schlechtem Ergebnis entmutigen lassen. Wenn wir schlechte Zahlen schreiben, geht es uns auch schlecht. Das ist die emotionale Achterbahnfahrt, auf die wir uns einlassen, wenn wir ein Unternehmen gründen. Dabei hat unsere emotionale Bindung an Resultate aber auch einen negativen Effekt darauf, wie strikt wir uns an unseren Prozess halten. Aber muss das so sein? Auf keinen Fall!

Als Hal erst 21 Jahre alt war, ging ihm ein Licht auf, von dem er sagt, dass es einer der wichtigsten Erfolgsfaktoren für seine Vertriebskarriere war, in der er Rekorde brach und sogar in die *Hall of Fame* einging. Mit Hilfe dieses Kernprinzips gelang es ihm außerdem, sein Vertriebsteam so zu führen, dass es den jährlichen Verkaufsrekord von Cutco brach und als erstes Team in der 55-jährigen Firmengeschichte über zwei Millionen Dollar in einem einzigen Jahr erwirtschaftete. „Mein Durchbruch kam, als ich als Verkäufer merkte, dass ich meine Verkaufszahlen viel besser vorhersagen und kontrollieren konnte, wenn ich den Prozess dahinter erkannte, kalkulierte und mich darauf konzentrierte.

Zunächst stellte ich fest, dass der Prozess, der mir Resultate einbrachte, darin bestand, bei möglichen Kunden anzurufen. Das war einfach. Dann rechnete ich aus, wie viele Anrufe ich im Durchschnitt tätigen musste, um mein Verkaufsziel zu erreichen. Danach wurde mir klar, dass ich mich jetzt nur noch voll und ganz darauf konzentrieren musste, jeden Tag die so festgelegte Anzahl von Anrufen zu erledigen. Das Gesetz des Durchschnitts würde demnach schon dafür sorgen, dass ich meine Verkaufsziele jeden Monat, jedes Quartal und jedes Jahr erreichen würde. Am Ende traf ich die bewusste Entscheidung, mich emotional von meinen täglichen Ergebnissen abzukoppeln, weil ich mich ab sofort nur noch auf das große Ganze konzentrieren würde."

Ein schlechter Tag am Telefon oder unterwegs – na und? Eine stornierte Bestellung, ein verstimmter Kunde oder sogar der Verlust eines wichtigen Mitarbeiters … auf lange Sicht macht das gar nichts aus. Warum sollten wir uns wegen eines Tages, einer Woche oder sogar eines Monats Stress machen, wenn unser Unternehmen doch auf Dauer angelegt ist? Warte mal, dein Unternehmen ist doch auf Dauer angelegt, oder? Natürlich ist es das!

Aber pass noch einmal gut auf und achte auf den wichtigsten Teil dieser Strategie: „Mir wurde klar, dass ich jedes Mal, wenn ich meinen Prozess vergrößerte, damit auch meine Ergebnisse um fast den gleichen Faktor steigern konnte. Wenn ich zum Beispiel jeden Tag doppelt so viele Anrufe machte, würden sich meine Verkäufe dadurch automatisch auch verdoppeln. Das sah mir fast zu einfach aus, aber es funktionierte wie am Schnürchen. Sich darauf zu konzentrieren, das eigene beste Ergebnis zu verdoppeln, klingt sehr furchteinflößend, sich jeden Tag statt einer Stunde zwei für Anrufe zu reservieren ist dagegen ganz einfach. Das habe ich auch auf die täglichen Anrufe meines Verkaufsteams angewandt (die darüber Protokoll führen und sie unserem Managementteam regelmäßig vorlegen mussten), und dadurch haben wir die Verkäufe des gesamten Unternehmens verdoppelt."

Unternehmer, die regelmäßig außergewöhnliche Ergebnisse vorhersagen und dann auch liefern können, kennen ihre Zahlen gut und handeln stets so, dass diese Zahlen sich in die gewünschte Richtung bewegen – ob sie sich gerade danach fühlen oder nicht. In den folgenden Kapiteln zeige ich dir ein bisschen genauer, wie und worauf du deine Anstrengungen konzentrieren solltest. Für den Moment rate ich dir, dir genug Zeit zu nehmen, um deinen ergebnisorientierten Prozess zu erkennen, zu kalkulieren, dich darauf zu konzentrieren und dich dabei bewusst dagegen zu entscheiden, dich emotional an Ergebnisse zu hängen.

Selbstführung praktisch umgesetzt

1. **Übernimm die Verantwortung zu 100 Prozent.** Denk daran, der Moment, in dem du die Verantwortung für alles in

deinem Leben übernimmst, ist der Moment, in dem du die Kontrolle über alles übernimmst, was du im Leben ändern möchtest. Dein Erfolg hängt zu 100 Prozent von dir selbst ab.

2. **Mach Gesundheit und Fitness zu deiner obersten Priorität.** Wenn tägliche Bewegung nicht bereits eine Priorität in deinem Leben ist, ändere das. Nimm dir drei- bis fünfmal pro Woche Zeit für 30 bis 60 Minuten Sport, zusätzlich zur Bewegung am Morgen. Welche Art von Ernährung dir Energie im Überfluss verleiht, betrachten wir im nächsten Kapitel.

3. **Finanzielle Freiheit ist dein Ziel.** Fang an, Überzeugungen und Gewohnheiten zu entwickeln, die dich unaufhaltsam zu einem Leben in finanzieller Freiheit führen. Spare 10 Prozent deines Einkommens, mach dich schlau zum Thema Geld und erschließe dir mehrere Einnahmequellen.

4. **Systematisiere deine Welt.** Erstelle dir zunächst einen grundlegenden Zeitplan und finde dann heraus, welche Bereiche deines Lebens oder deines Unternehmens von Systemen und Zeitplänen mit fest eingeplanten Blöcken profitieren könnten, damit die Prozesse, die dir Ergebnisse einbringen, vorab festgelegt sind und du so gut wie garantiert erfolgreich sein wirst. Achte darauf, dass eines deiner neuen Systeme dazu führt, dass du einem Kollegen, einem Coach, deinem Team oder einer anderen Person Rechenschaft ablegst.

5. **Konzentriere dich auf den Prozess, der dir Ergebnisse bringt.** Erinnerst du dich an Hals nicht ganz offensichtliches Erfolgsgeheimnis? Erkenne, kalkuliere und konzentriere dich auf deinen Prozess, aber mach dich nicht emotional abhängig von den Ergebnissen. Erfolg ist unvermeidlich, wenn du dich jeden Tag an deinen Prozess hältst und dich emotional von deinen kurzfristigen Ergebnissen abkoppelst. Letzten Endes führt deine tägliche Arbeit (und die deines Teams) dazu, wie

deine Gewinne am Ende des Monats, des Quartals und des Jahres aussehen.

Ich hoffe, du hast jetzt einen Einblick bekommen, wie wichtig diese fünf Kernprinzipien für deinen unternehmerischen Erfolg sind. Denk daran: Wenn du deine Firma auf die nächste Stufe heben willst, musst du dich erst selbst auf die nächste Stufe bringen. Das klappt nur in dieser Reihenfolge.

Im nächsten Kapitel betrachten wir, wie du dein Leben so einrichtest, dass du einen optimalen Pegel anhaltender körperlicher, geistiger und emotionaler Energie erhältst und dir damit jeden Tag außergewöhnlich viel Klarheit, Konzentration und Handlungsfähigkeit erschaffst.

Unternehmerprofil

ARI MEISEL

Aris Firma heißt *Less Doing*.

Größte Businesserfolge

- Ari hat bereits zwei Bestseller geschrieben.
- Er gründete in nur 48 Stunden eine Firma, die ab dem ersten Tag Profit abwarf und auf Wachstum angelegt war. Im ersten Monat ist sie um 20 Prozent gewachsen.
- Ari hat ein nagelneues Produktivitätssystem erfunden und es *Less Doing* genannt.

- Tony Robbins, Joe Polish, Daymond John und Jordan Belfort haben ihn als Weltklasse-Produktivitätsexperten bezeichnet.

- Er hat ein Unternehmen erschaffen, das sein Leben mit seiner Frau und ihren vier Kindern unterstützt, nicht andersherum.

Morgenroutine

- Ari wacht um 5:15 Uhr auf.

- Als Erstes schaut er nach, was sich auf Slack, Trello, Gmail und Facebook getan hat. Viele Menschen empfehlen, so etwas nicht gleich morgens zu machen, aber Ari sagt, dass es bei ihm nur fünf bis acht Minuten dauert und er dadurch schon jede Menge Dinge ans Laufen bekommt. Das verleiht ihm Energie für den Tag. Danach schaut er nicht mehr auf sein Handy, bis die Kinder auf dem Weg in die Schule sind.

- Er macht sich einen Morgensmoothie und Frühstück für die Kinder, dann bringt er sie zur Schule.

- Insgesamt arbeitet er also 10 Minuten lang wichtige Dinge effizient ab, nimmt sich dreieinhalb Stunden Zeit für die Familie und beginnt dann erst seinen Arbeitstag.

5. ÜBERFLIEGERFÄHIGKEIT NR. 2:

ENERGIEMANAGEMENT

Die Welt gehört dem, der Energie besitzt.

RALPH WALDO EMERSON

Für einen Unternehmer steht und fällt alles mit der eigenen Energie. Kennst du das Sprichwort: „Wer nicht arbeitet, soll auch nicht essen"? Genau so geht es Unternehmern. Das Problem daran ist allerdings, dass alles von dir abhängt. An manchen Tagen – und ich weiß genau, dass es dir auch manchmal so geht – wacht man auf und hat einfach nicht genug Energie, um zu arbeiten. Es ist nicht einfach, an diesen Tagen, mitten im Chaos und der Unsicherheit, die Konzentration nicht zu verlieren. An den guten Tagen brauchst du Energie, Begeisterung und Durchhaltevermögen. An den schlechten Tagen? Das Gleiche, und noch viel mehr davon.

Unternehmer mit einem niedrigen Energiepegel müssen einiges erleiden. Es fällt ihnen schwer, motiviert zu bleiben. Konzentrieren können sie sich oft nur, wenn sie anregende Mittel zu sich nehmen, zum Beispiel die Lieblingsdroge aller Unternehmer: Koffein. Um in der Businesswelt Erfolg zu haben, muss man vor Energie übersprudeln, daran führt kein Weg vorbei. Du kannst das tollste Produkt haben, das großartigste Team und das allerbeste Marketing, aber wenn du nicht genug Energie hast, um das alles zu managen, wirst du unweigerlich pleitegehen. Wenn du möglichst erfolgreich werden willst, brauchst du Energie – je mehr, desto besser, und je anhaltender, desto besser.

- Energie ist der Treibstoff, der dir erlaubt, klar im Kopf zu bleiben, dich zu konzentrieren und so zu handeln, dass du jeden Tag die besten Ergebnisse erbringst.
- Energie ist ansteckend. Sie springt von dir auf Kunden und zukünftige Geschäftspartner über wie ein positives Virus, das überall Begeisterung und Zustimmung auslöst.
- Energie ist der beste Impfstoff gegen Ablehnung und Enttäuschungen. Wenn du genug davon hast, bist du dauerhaft gegen negative Gefühle und Erfahrungen immun.

Die Frage ist also: Wie richtest du dein Leben strategisch so ein, dass du dauerhaft jede Menge nachhaltiger Energie hast, auf die du jederzeit zurückgreifen kannst?

Wenn ich Probleme mit meinem Energiepegel habe, kann ich sie eine Weile mit Kaffee und anderen anregenden Mitteln ausgleichen. Das funktioniert aber nicht ewig und endet unweigerlich in einem Crash. Das ist dir vielleicht auch schon auch mal aufgefallen: Die Energie geht immer dann zu Ende, wenn man sie gerade am dringendsten braucht.

Hörst du gerade auch einen dieser Moderatoren aus einer Dauerwerbesendung? „Aber Cameron, das muss doch auch anders gehen!“

Geht es auch.

Wenn du dich bisher nur mit Kaffee und purer Willenskraft betankt hast, hast du noch nicht einmal angefangen zu entdecken, was du alles schaffen kannst, wenn du dein Leben auf optimales Energiemanagement ausrichtest.

Der natürliche Energiekreislauf

Als Erstes musst du verstehen, dass das Ziel beim Energiemanagement nicht ist, die ganze Zeit mit voller Kraft zu laufen. Es ist praktisch nicht möglich, immer nur Leistung zu erbringen. Bei uns Menschen unterliegt der Energiepegel natürlichen Gezeiten. Und beim Unternehmertum sieht es tatsächlich nicht viel anders aus. Der Trick ist, deinen natürlichen Energiekreislauf möglichst genau an den Rhythmus deines Arbeitstages anzupassen. Dafür musst du wissen, dass du zu besonders stressigen Zeiten des Tages, der Woche, des Monats und des Jahres besonders tief aus deiner inneren Energiequelle schöpfen musst, und dir Zeit nimmst, um dich auszuruhen und aufzutanken, wenn der Stress nachlässt.

So wie eine Topfpflanze Wasser braucht, müssen auch unsere Energiereserven regelmäßig neu aufgefüllt werden. Du kannst eine ganze Weile unter Volldampf laufen, aber irgendwann musst du deinem Gehirn, deinem Körper und deinem Geist eine Pause gönnen. Stell dir dein Leben als ein Gefäß voll Energie vor. Wenn du nicht ordentlich mit seinem Inhalt umgehst, ist das, als hätte es ein Loch. Egal, wie viel du hineinschüttest, es wird nie ganz voll und du wirst dich nie von Energie erfüllt fühlen.

Wenn du dich damit abgefunden hast, dich müde, grantig, außer Form, immer ein bisschen hinterher auf deiner To-do-Liste und unglücklich zu fühlen, habe ich jetzt eine tolle Nachricht für dich.

Ständig erschöpft zu sein ist nicht nur inakzeptabel, du musst dich auch nicht in dein Schicksal fügen. Es gibt ein paar einfache Methoden, die dir bringen, was du brauchst und willst: mehr Ruhe, Zeit zum Auftanken, inneren Frieden und Glück. Ist das eine Menge? Ja. Unmöglich? Auf keinen Fall!

Hier geht es darum, wie du dein Leben strategisch so einrichtest, dass du möglichst viel und anhaltende körperliche, geistige und emotionale Energie erhältst. Ich folge diesen drei Prinzipien, um meine Energiereserven so voll zu halten, wie ich kann, damit sie mir jederzeit zur Verfügung stehen, wenn ich sie brauche.

1. Iss und trink für Energie

Für dein Energiemanagement ist es am allerwichtigsten, was du isst und trinkst. Wenn es dir geht wie den meisten Menschen, suchst du dir dein Essen nach dem Geschmack aus und denkst erst in zweiter Linie an die Folgen (wenn überhaupt). Leider ist das, was sich unsere Geschmacksknospen im entsprechenden Moment wünschen, nicht immer das Gleiche wie das, was uns Energie für den ganzen Tag spendet.

Es ist völlig in Ordnung, Dinge zu essen, die gut schmecken, aber wenn du wirklich gesund leben und Energie für Höchstleistungen haben willst, solltest du dir das hier hinter die Ohren schreiben: Es ist zwingend notwendig, dass wir eine bewusste Entscheidung treffen, **mehr Wert auf die Folgen unserer Ernährung für unsere Gesundheit und unseren Energiepegel zu legen als auf den Geschmack.** Warum? Weil es unseren Körper mit die meiste Energie überhaupt kostet, etwas zu verdauen. Brauchst du dafür einen Beweis? Dann denk daran, wie erschlagen du dich nach einer großen, schweren Mahlzeit wie einem Weihnachtsessen, fühlst. Es ist kein Zufall, dass wir nach einer reichhaltigen Mahlzeit meistens schläfrig werden und oft erst mal ein Nickerchen machen müssen. Der Begriff „Fresskoma" kommt nicht von ungefähr.

Bestimmte Nahrungsmittel wie Brot, Fleisch, Milchprodukte und verarbeitete Produkte zu verdauen verbraucht mehr Energie, als sie deinem Körper zuführen. Statt dir also Energie zu verleihen, entziehen sie sie dir, damit du sie überhaupt verdauen kannst und du hast unterm Strich ein Energiedefizit. „Lebende" Nahrungsmittel dagegen – rohes Obst, Gemüse, Nüsse und Samen zum Beispiel – verleihen dir in aller Regel mehr Energie als du brauchst, um sie zu verdauen, und verschaffen dir einen Energieüberschuss, mit dem du deine besten Leistungen erbringen kannst.

Ganz einfach ausgedrückt: Alles, was du in deinen Körper hineinsteckst, hat entweder gute oder schlechte Auswirkungen auf deine Gesundheit und deine Energie. Ein Glas Wasser ist ein Sternchen auf der Plusseite, ein doppelter Tequila eher nicht. Wenn du dich vorwiegend von frischem Obst und Gemüse ernährst, ist das jedes Mal ein weiteres Plus. Im Schnellimbiss ein paar Burger runterschlingen? Nicht so gut. Ich weiß, das ist dir schon klar. Hier geht es nicht um hochkomplizierte Wissenschaft, aber das ist vielleicht der wichtigste Bereich deines Lebens, den du optimieren solltest. Du musst nur aufhören, dir selbst etwas vorzugaukeln.

Wenn du es nicht bereits tust, ist jetzt der Zeitpunkt gekommen, um anzufangen, strategisch und bewusst zu essen – und zwar, was du isst, wann du isst und, am allerwichtigsten, warum du isst –, um dein Leben so einzurichten, dass du immer maximale Energie hast.

Strategische Ernährung

Bis jetzt hast du dich vielleicht gefragt: „Wann bekomme ich beim *Miracle Morning* eigentlich etwas zu essen?" Das erkläre ich dir jetzt. Außerdem verrate ich dir, was du am besten isst, um so viel Energie wie möglich zu erhalten, was sehr wichtig ist, und warum du dich manchmal für bestimmte Lebensmittel entscheidest, was wahrscheinlich die wichtigste Frage überhaupt ist.

Wann du essen solltest – Erinnere dich noch einmal daran, dass deine Verdauung jeden Tag eine Menge deiner Energie verbraucht. Je größer deine Mahlzeiten sind, desto mehr gibst du deinem Körper zu verdauen, und desto erschöpfter fühlst du dich. Mit dieser Information im Hinterkopf rate ich dir, deine erste Mahlzeit des Tages erst nach dem *Miracle Morning* zu dir zu nehmen. Dadurch ist sichergestellt, dass dein Blut während der Life S.A.V.E.R.S. ins Gehirn strömt, nicht in Magen und Darm, sodass du möglichst wach und konzentriert sein kannst.

Allerdings empfehle ich dir, den Tag mit einer kleinen Menge gesunder Fette als Hirnfutter zu beginnen. Studien haben gezeigt, dass die Art von Fetten, die du zu dir nimmst, großen Einfluss darauf haben, wie wach dein Geist und wie stabil deine Gefühlslage sind. „Unser Gehirn besteht zu mindestens 60 Prozent aus Fett. Diese Fette, Omega-3 zum Beispiel, müssen wir aus unserer Nahrung gewinnen", sagt Dr. med. Amy Jamieson-Petonic, eine lizensierte Ernährungsberaterin, Direktorin der Wellness-Coaching-Abteilung an der Klinik von Cleveland und Sprecherin der *Maerican Dietetic Association.*

Hal beginnt jeden Morgen nach seinem ersten Glas Wasser mit einem Esslöffel Bio-Kokosnussbutter (genauer gesagt mit Nutiva Organic Coconut Manna, das man bei Amazon bestellen kann) und einer großen Tasse Bio-Kaffee mit Bulletproof-Kakaobutter (erhältlich auf www.bulletproof.com). Der Esslöffel Kokosnussbutter ist so wenig, dass er ihn leicht verdauen kann, und enthält genug gesunde Fette, dass er Hals Gehirn richtig ankurbelt. Die gesundheitlichen Vorzüge von Kakao sind zahlreich: Er kann unseren Blutdruck senken, ist eine hervorragende Quelle von Antioxidanten (Kakao steht auf der Liste der 20 besten Nahrungsmittel in Bezug auf ihre Fähigkeit, oxidierende Radikale zu binden, der „ORAC"-Skala) und vieles mehr.

Am wichtigsten ist allerdings, dass es uns glücklich macht, Kakao zu essen. Er enthält Phenylethylamin (auch bekannt als die „Liebesdroge"), das für unseren Gemütszustand verantwortlich ist und dafür sorgen kann, dass wir uns fühlen wie frisch verliebt. Außerdem wirkt es anregend und kann unsere Konzentrationsfähigkeit erhöhen. Kakao ist also der absolute Hauptgewinn!

Wenn du gar nicht darum herumkommst, morgens erst mal etwas zu essen, achte darauf, dass es nur eine kleine, leichte, gut verdauliche Mahlzeit ist, zum Beispiel frisches Obst oder ein Smoothie (dazu gleich mehr).

Warum du essen solltest – Nehmen wir uns einen Moment lang Zeit und betrachten wir ein wenig genauer, warum du isst, was du isst. Welche Kriterien legst du an, wenn du beim Einkaufen im Supermarkt oder beim Lesen einer Speisekarte entscheidest, was du zu dir nehmen willst? Gehst du ausschließlich nach dem Geschmack? Der Konsistenz? Deiner Bequemlichkeit? Denkst du an deine Gesundheit? Deine Energie? Gibt es Dinge, die du nicht verträgst, gegen die du allergisch bist oder die du einfach nicht gerne isst?

Die meisten Leute denken nur an den Geschmack, wenn sie sich für eine bestimmte Mahlzeit entscheiden, oder sie entscheiden aufgrund einer tiefliegenden emotionalen Verbundenheit zu Nahrungsmitteln, die sie mögen. Wenn du jemanden fragen würdest, warum er Eiscreme, Brathähnchen oder Softdrinks zu sich nimmt, würde er wahrscheinlich antworten, dass er Eiscreme einfach liebt, dass ihm gerade nach Brathähnchen war, oder dass er gern Softdrinks trinkt.

All diese Antworten basieren auf einem Genussgefühl, das hauptsächlich daher kommt, wie diese Dinge schmecken. In diesen Fällen wird dir die befragte Person höchstwahrscheinlich nicht erzählen, dass sie sehr viel Wert darauf legt, dass diese Lebensmittel gesund sind oder ihr besonders viel anhaltende Energie verleihen.

Worauf ich hinauswill: Wenn wir mehr Energie wollen (und das tun wir alle), und wenn wir wollen, dass unser Leben gesund und frei von Krankheiten ist (was wir auch alle tun), müssen wir uns unbedingt klar darüber werden, warum wir essen, was wir essen. Ab sofort führt für dich kein Weg daran vorbei, deutlich mehr Wert auf die Folgen deiner Ernährung für deine Gesundheit und deinen Energiepegel zu legen als auf den Geschmack.

Ich weiß, ich wiederhole mich, aber das kann man nicht oft genug sagen. Der Geschmack macht dir nur ein paar Minuten lang Freude, aber der Einfluss deiner Ernährung auf deine Energie und deine Gesundheit hält den ganzen Rest des Tages und den ganzen Rest deines Lebens an.

Damit will ich allerdings auf keinen Fall sagen, dass wir alle unserer Gesundheit und unserer Energie zuliebe Dinge essen sollten, die uns nicht schmecken.

Ich sage dir, dass du beides haben kannst. Wenn wir jeden Tag vor Energie übersprudeln wollen, damit wir unsere besten Leistungen erbringen könne, und obendrein noch ein langes und gesundes Leben haben wollen, müssen wir uns entscheiden, mehr Lebensmittel zu uns zu nehmen, die unserer Energie und unserer Gesundheit zugutekommen, dabei aber auch gut schmecken.

Was du essen solltest – Bevor wir betrachten, was du essen solltest, wenden wir uns erst mal kurz dem zu, was du trinken solltest. Erinnere dich an den vierten Schritt der fünfstufigen Anti-Schlummer-Aufwachstrategie: Trink jeden Morgen als Erstes ein ganzes Glas Wasser, um deinen Flüssigkeitshaushalt ins Gleichgewicht zu bringen und nach einer ganzen Nacht Schlaf Energie zu tanken.

Danach mache ich mir in aller Regel ebenso wie Hal eine Tasse Bulletproof Coffee, bevor ich in meinen *Miracle Morning* starte. Dafür stelle ich mir extra den Wecker eine Viertelstunde früher, damit ich Zeit für meinen Kaffee habe, ohne bei den S.A.V.E.R.S. in Zeitdruck zu geraten.

Wenn es ums Essen geht, ist nachgewiesen, dass eine Ernährung, die zu großen Teilen aus lebenden Nahrungsmitteln wie frischem Obst und Gemüse besteht, deinen Energiepegel deutlich in die Höhe treibt, dir mehr geistigen Fokus und emotionales Wohlbefinden verleiht, deine Gesundheit verbessert und dich vor Krankheiten schützt. Hal hat den *Miracle-Morning-Superfood-Smoothie* erfunden, bei dem in einem eiskalten Glas alles steckt, was dein Körper braucht. Damit meine ich Proteine (alle wichtigen Aminosäuren), Antioxidanten gegen das Altern, essenzielle Omega-3-Fettsäuren (für dein Immunsystem, deine Herz-Kreislauf-Gesundheit und deine Hirnpower), sowie eine ganze Reihe von Vitaminen und Mineralstoffen – und das ist erst der Anfang!

Dazu kommen noch jede Menge Superfoods, zum Beispiel die anregenden Gute-Laune-Bomben der sekundären Pflanzenstoffe in Kakao, der tropischen Bohne, aus der Schokolade hergestellt wird, die lang anhaltende Energiequelle Maca (ein Adaptogen aus den Anden, das dafür bekannt ist, den Hormonhaushalt auszugleichen) und Chia-Samen, die das Immunsystem auf Trab bringen und gleichzeitig den Appetit zügeln.

Der *Miracle-Morning*-Superfood-Smoothie verleiht dir nicht nur jede Menge Energie, er schmeckt auch noch hervorragend. Vielleicht hilft er dir sogar, im täglichen Leben Wunder zu wirken. Du kannst dir das Rezept hier herunterladen und ausdrucken: www.TMMBook.com.

Kennst du das alte Sprichwort „Du bist, was du isst“? Deine Ernährung verschafft deinem Körper das Baumaterial und den Treibstoff für all die großartigen Dinge, die du damit anstellen kannst. Kümmere dich gut um deinen Körper, dann zahlt er es dir auch zurück. Du wirst dich sofort energiegeladener und klarer fühlen.

Reden wir doch mal über den Begriff „Treibstoff“. Ich habe mir abgewöhnt, Lebensmittel als eine kleine Belohnung oder einen Trost zu betrachten. Stattdessen sehe ich sie jetzt als Treibstoff. Ich möchte mich gerne lecker und gesund ernähren, von Dingen, die meinen Energiepegel erhöhen und mir erlauben, so lange alles zu geben, wie ich muss und will.

Versteh mich bitte nicht falsch. Ich esse auch gerne mal etwas, was nicht unbedingt gesund ist, aber ich achte strategisch darauf, das zu Zeiten zu tun, an denen ich nicht so viel Energie wie möglich brauche, zum Beispiel abends oder am Wochenende.

Bessere Entscheidungen über deine Ernährung zu treffen ist leichter, wenn du darauf achtest, wie du dich fühlst, nachdem du bestimmte Dinge gegessen hast. Ich habe angefangen, nach jeder Mahlzeit einen Wecker auf 60 Minuten zu stellen und mein Energieniveau zu betrachten, wenn er klingelt. Mit dieser Methode brauche ich nicht lange, um zu merken, welche Lebensmittel mir eine Menge Energie geben und welche nicht. Tage, an denen ich einen Smoothie trinke oder einen Salat esse, fühlen sich deutlich anders an als Tage, an denen ich mir einen Hähnchenburger oder die Pizza, die so gut riecht, gönne. An den ersten Tagen habe ich mehr Energie als ich benötige, an den anderen leide ich an Energiemangel.

Wie wäre es, wenn du deinem Körper genau das geben könntest, was er braucht, um so lange zu arbeiten und die Freizeit zu genießen, wie du willst? Wie wäre es, wenn du dir genau das gönnst, was du verdienst? Schenk dir selbst hervorragende Gesundheit, indem du dich bewusst dafür entscheidest, was du essen und trinken willst.

Wenn du den ganzen Tag lang fast vergisst, etwas zu dir zu nehmen und irgendwann total ausgehungert einen Stopp im Schnellrestaurant einlegst, solltest du unbedingt anfangen, über eine neue Strategie nachzudenken.

Diese Fragen solltest du dir stellen:

- Kann ich anfangen, bewusst über die Folgen dessen nachzudenken, was ich esse – sowohl für meine Gesundheit als auch für meine Energie – und sie höher bewerten als den Geschmack?
- Kann ich jederzeit ein Glas oder eine Flasche Wasser griffbereit haben, damit ich mir zielgerichtet Flüssigkeit zuführen kann und vermeide, mich zu dehydrieren?
- Kann ich meine Mahlzeiten (und gesunden Snacks) so im Voraus planen, dass ich dadurch alle Muster durchbreche, die mir nicht gut tun?

Ja, das kannst du, und noch viel mehr. Stell dir vor, wie viel besser dein Leben sein wird und wie viel mehr Energie du für dein Unternehmen haben wirst, wenn du dir deine Ess- und Trinkgewohnheiten bewusst machst und sie zielgerichtet veränderst.

- Dein Geistes- und Gefühlszustand werden sich ganz einfach verbessern. Ein niedriger Energiepegel sorgt dafür, dass wir uns schlecht fühlen, aber wer viel Energie hat, bei dem sind auch Gemütszustand, Aussichten und die gesamte Haltung positiv.
- Du wirst mehr Selbstdisziplin haben. Wenn unser Energieniveau niedrig ist, haben wir weniger Willenskraft, sodass wir uns öfter für den einfachen Weg anstelle des richtigen entscheiden. Wer mehr Energie hat, hat auch mehr Selbstdisziplin.
- Du wirst den Menschen, die du führst, und den Menschen, die du liebst, ein gutes Vorbild. Wie wir unser Leben führen, erlaubt auch anderen um uns herum, es uns nachzutun.
- Du wirst gesünder und länger leben und dich dabei viel besser fühlen.
- Bonus: Du wirst dich ganz ohne zusätzlichen Aufwand auf dein Idealgewicht einpendeln.
- Und der beste Bonus überhaupt: Dein Unternehmen wird schneller wachsen, deine Umsätze werden steigen, du wirst mehr und bessere Mitarbeiter einstellen und mehr Geld verdienen, weil du so großartig aussiehst, wie du dich fühlst!

Vergiss nicht, den ganzen Tag lang auf deinen Flüssigkeitshaushalt zu achten. Wenn du zu wenig Wasser trinkst, kannst du dehydriert werden. Das bedeutet, dass dein Körper nicht mehr genug Wasser hat, um seine normalen Funktionen zu erfüllen. Schon leichte Dehydratation kann dazu führen, dass dein Energiepegel sinkt und du müde wirst.

Wenn du die fünfstufige Anti-Schlummer-Aufwachstrategie anwendest, beginnst du deinen Tag gleich mit einem Glas Wasser. Darüber hinaus empfehle ich dir, jederzeit eine große Wasserflasche dabei zu haben und alle ein bis zwei Stunden gewohnheitsmäßig einen halben Liter zu trinken. Wenn dir das schwer fallen sollte, stell dir einfach einen Wecker, der dich regelmäßig daran erinnert, die Flasche leerzutrinken und für die nächste Runde wieder aufzufüllen.

Wenn es darum geht, wie oft du etwas essen solltest, ist es am besten, wenn du ungefähr alle drei oder vier Stunden eine kleine, leicht verdauliche Mahlzeit aus lebenden Nahrungsmitteln zu dir nimmst, um den Treibstofftank wieder aufzufüllen. Ich esse gewöhnlich im Lauf des Tages alle drei bis vier Stunden eine Kleinigkeit. Meine regelmäßigen Mahlzeiten bestehen aus irgendeiner Art von Protein und Gemüse. Dazwischen gönne ich mir häufig kleine Snacks aus lebenden Lebensmitteln wie frischem Obst, Nüssen und meiner Lieblingsnascherei, Grünkohlchips. Die besten Mahlzeiten plane ich für Tage ein, wenn ich im Voraus schon weiß, dass ich besonders produktiv sein muss.

Ich bin überzeugt davon, dass energiebewusstes Essen – von der ersten Mahlzeit des Tages bis ich mit der Arbeit fertig bin – in Kombination mit regelmäßiger Bewegung dafür sorgt, dass ich frei bin, abends und am Wochenende zu essen, was ich will. Ich glaube, dass ich essen kann, was ich will, aber nicht immer so viel davon, wie ich gerne möchte. Ich habe gelernt, alles zu genießen, aber nur gerade so viel davon, dass ich damit zufrieden sein kann.

Letzten Endes musst du dir nur eine einfache Sache merken: Essen ist Treibstoff. Wir sollten es nutzen, um es vom Anfang des Tages bis zum Ende zu kommen, uns dabei großartig zu fühlen und möglichst viel Energie zu haben. Mehr Wert auf die Folgen unserer

Ernährung für unser Energieniveau zu legen, als darauf, wie es uns schmeckt, und bevorzugt Dinge zu essen, die unseren Energiepegel heben, ist der erste Schritt auf dem Weg zu besserem Energiemanagement.

2. Gut schlafen und als Gewinner aufwachen

Schlaf mehr, dann erreichst du mehr. Das ist vielleicht das am wenigsten offensichtliche Mantra, das du je hören wirst, aber es ist wahr. Der Körper braucht jede Nacht genug Erholung, um richtig zu funktionieren und sich nach einem anstrengenden Tag zu regenerieren. Schlaf spielt außerdem eine wichtige Rolle für unser Immunsystem, unseren Stoffwechsel, unser Gedächtnis, unsere Lernfähigkeit und andere wichtige Körperfunktionen. In dieser Zeit heilt und repariert sich unser Körper, ruht sich aus und wächst. Wenn man nicht genug schläft, treibt man dadurch Raubbau an sich selbst und hindert sich daran, in irgendeinem Lebensbereich zu wachsen.

Schlaf und genug Schlaf

Wie viel Schlaf ist genug? Der Unterschied zwischen gerade genug Schlaf, um über die Runden zu kommen, und der Schlafmenge, die man braucht, um optimal zu funktionieren, ist gewaltig. Forscher an der *University of California* in San Francisco haben entdeckt, dass manche Menschen über ein Gen verfügen, das ihnen erlaubt, mit weniger als sechs Stunden Schlaf pro Nacht klarzukommen. Allerdings ist dieses Gen sehr selten: Es kommt nur in weniger als drei Prozent der Bevölkerung vor. Für die restlichen 97 Prozent von uns sind sechs Stunden nicht einmal annähernd genug. Dass du es manchmal schaffst, mit nur fünf bis sechs Stunden Schlaf auszukommen, bedeutet nicht, dass du dich nicht viel besser fühlen und mehr schaffen könntest, wenn du dir ein oder zwei Stunden länger im Bett gönnen würdest.

Das klingt jetzt vielleicht etwas komisch. Du denkst bestimmt: „Mehr schlafen und trotzdem mehr schaffen? Wie soll das gehen?" Es ist aber gut belegt, dass genug Schlaf dem Körper erlaubt, höhere Leistungen zu erbringen. Du arbeitest dadurch nicht nur besser und schneller, es verbessert außerdem deine Einstellung.

Wie viel Schlaf jeder einzelne von uns braucht, ist von Mensch zu Mensch unterschiedlich, aber Studien zeigen, dass Erwachsene im Durchschnitt ungefähr sieben bis acht Stunden Schlaf brauchen, damit sie genug Energie tanken können, um mit dem Stress des täglichen Lebens umzugehen.

Wie viele von uns wurde auch ich darauf konditioniert zu glauben, ich bräuchte acht bis zehn Stunden Schlaf. In Wahrheit brauche ich aber manchmal mehr, manchmal weniger. Am besten kannst du herausfinden, ob du genug schläft, wenn du darauf achtest, wie du dich im Lauf des Tages fühlst. Wenn du genug Schlaf bekommst, fühlst du dich den ganzen Tag energiegeladen und wach, von dem Moment, in dem du morgens die Augen aufschlägst, bis zu deiner üblichen Schlafenszeit. Wenn es dir anders geht oder du am Vor- oder Nachmittag – oder beides – irgendwann Koffein oder Zucker brauchst, hast du nicht genug geschlafen.

Falls es dir so geht wie den meisten Leuten, kannst du dich nur schwer konzentrieren, klar denken oder dich an Dinge erinnern, wenn du nicht genug Ruhe bekommst. Vielleicht fällt dir auf, dass du zu Hause oder bei der Arbeit nicht effektiv oder konzentriert genug bist, vielleicht schiebst du das sogar darauf, dass du eben viel zu tun hast. Je mehr Schlaf dir fehlt, desto klarer treten diese Symptome zutage.

Darüber hinaus kann ein Mangel an Ruhe und Entspannung deine Stimmung gewaltig beeinflussen. Ein Unternehmer darf aber niemals grantig sein! Es ist wissenschaftlich bewiesen, dass sich bei Menschen, die nachts nicht genug schlafen, die Persönlichkeit verändert. Sie sind insgesamt schlechter gelaunt, ungeduldiger und schnauzen ihre Mitmenschen öfter an. Wenn du dir nicht genug wohlverdiente Ruhe gönnst, wirst du dadurch ein bisschen zum Monster, was für niemanden gut ist – auch nicht für dich selbst.

Die meisten Erwachsenen schlafen weniger, um mehr Aktivität in ihren Tag packen zu können. Wenn man gegen die Uhr arbeitet, um eine Deadline einhalten zu können, ist die Versuchung groß, ein bisschen weniger zu schlafen, um mehr zu schaffen. Leider führt Schlafmangel dazu, dass dein Körper schlappmacht und damit Krankheiten und Viren eine winzige Lücke gewährt, durch die sie angreifen können. Wenn du nicht genug schläfst, schadest du damit deinem Immunsystem, sodass du dir alles Mögliche einfangen kannst. Eine durch Schlafmangel ausgelöste oder begünstigte Krankheit kann dich Arbeitstage oder sogar ganze Wochen kosten. Wie willst du unter solchen Umständen dein Unternehmen nach vorne bringen?

Wenn du dagegen genug schläfst, läuft dein Körper so, wie er soll, es macht Spaß, in deiner Nähe zu sein, und dein Immunsystem ist stärker. Und genau aus diesem Grund kannst du mehr verkaufen und mehr Mitarbeiter für dein Unternehmen gewinnen. Gesunder Schlaf ist wie die Zeit, in der du deinen inneren Magneten einschaltest. Wenn du gut ausgeruht und gut gelaunt aufwachst und deine Laune durch die Life S.A.V.E.R.S. noch steigerst, werden deine Geschäfte sich deutlich verbessern, denn ein glücklicher Unternehmer ist auch ein reicher Unternehmer.

Die wahren Vorzüge des Schlafens

Vielleicht ist dir nicht klar, wie wichtig Schlafen wirklich ist. Während du fröhlich durch deine Träume spazierst, arbeitet dein Schlaf hart für dich und bringt dir eine Menge Vorzüge mit.

Verbessere dein Gedächtnis. Dein Geist ist überraschend aktiv, während du schlummerst. Im Schlaf reinigst du dich von schädlichen Giftstoffen, die jeden Tag durch deine Gehirnaktivitäten anfallen, verstärkst deine Erinnerungen und übst Dinge, die du gelernt hast, während du wach warst. Diesen Prozess nennt man „Konsolidierung“.

„Wenn man versucht, etwas zu lernen, sei es körperlich oder geistig, kommt man mit Übung bis zu einem gewissen Punkt“, sagt

Dr. David Rapoport, Schlafexperte und Professor am *NYU Langone Medical Center*, „aber wenn man schläft, passiert etwas, wodurch man es noch besser lernt."

Mit anderen Worten: Wenn du versuchst, etwas Neues zu lernen, sei es Spanisch, ein neuer Tennisaufschlag oder die Spezifikationen eines neuen Produktes, wird es dir leichter fallen, wenn du ausreichend viel schläfst.

Lebe länger. Zu viel oder zu wenig Schlaf kann mit einer verkürzten Lebensdauer in Zusammenhang gebracht werden, auch wenn nicht ganz klar ist, was Ursache und was Wirkung ist. In einer Studie von 2010, bei der Frauen zwischen 50 und 79 untersucht wurden, wurde festgestellt, dass Frauen, die weniger als fünf oder mehr als sechseinhalb Stunden pro Nacht schliefen, häufiger starben. Die richtige Menge Schlaf ist also langfristig eine gute Idee für deine Gesundheit.

Werde kreativer. Schlaf verbessert nicht nur dein Gedächtnis und hilft dir beim Lernen, speziell der sogenannte REM-Schlaf scheint deine Fähigkeit, Probleme kreativ zu lösen, geradezu anzukurbeln. Forscher von der Universität Harvard haben Schläfer vor und nach einem Nickerchen untersucht. Zur Kontrolle mussten sich andere Probanden ohne ein Schläfchen den gleichen Fragen stellen. Einige der schlafenden Teilnehmer durften sich in REM-Schlaf begeben, andere wurden vorher geweckt. Die Schläfer, die tiefer schlafen konnten, zeigten um fast 40 Prozent erhöhte Kreativität beim Lösen von Problemen als diejenigen, die kürzer oder gar nicht geschlafen hatten.

Erreiche und halte ein gesundes Gewicht. Wenn du Übergewicht hast, kannst du nicht so viel Energie haben wie jemand, der ein gesundes Gewicht hält.

Deshalb solltest du, wenn du dein Leben schon mit dem *Miracle Morning* und deinem Energiemanagement auf mehr Bewegung und eine bessere Ernährung ausrichtest, auch gleich eine frühere Schlafenszeit mit einplanen. Zusätzliche körperliche Beanspruchung bedeutet nämlich auch, dass du andererseits mehr Ruhe brauchst, um sie auszugleichen.

Forscher an der Universität von Chicago haben herausgefunden, dass Menschen, die auf Diät waren, viel mehr Fett abbauen konnten, wenn sie genug Schlaf erhielten – bis zu 56 Prozent mehr – als andere, die zu wenig schliefen und mehr Muskelmasse verloren. Die Patienten waren sogar hungriger, wenn sie nicht genug Ruhe bekamen. Der Zusammenhang zwischen Schlaf und Stoffwechsel läuft über das Gehirn: Die gleichen Hirnareale kontrollieren beide Funktionen. Wenn du nicht genug schläfst, werden dadurch Hormone ausgeschüttet, die ganz nebenbei auch noch hungrig machen.

Fühl dich weniger gestresst. Das ist jetzt wahrscheinlich keine Neuigkeit für dich, aber gesunder Schlaf baut Stress ab. Zu wenig Schlaf und zu viel Stress schaden deiner Herz-Kreislauf-Gesundheit und haben damit langfristig Auswirkungen auf deine Gesundheit und kurzfristig auf deine Energiereserven. Wenn du mehr schläfst und damit Stress abbaust, erlaubst du deinem Körper außerdem, deinen Blutdruck besser zu kontrollieren. Manche Forscher glauben auch, dass Schlaf sich auf deinen Cholesterinspiegel auswirkt, der ebenfalls eine Rolle bei Herzkrankheiten spielen kann.

Vermeide Fehler und Unfälle. Die *National Traffic Safety Association* berichtete, Erschöpfung sei der Grund für die meisten „tödlichen Unfälle mit nur einem beteiligten Fahrzeug, das aufgrund eines Fahrerfehlers von der Straße abkommt“. Noch schockierender ist aber, dass Müdigkeit solche Unfälle häufiger auslöst als Alkohol. Schlafmangel beeinträchtigt deine Reaktionsfähigkeit und deine Entscheidungsfindungsprozesse – eine sehr gefährliche Kombination im Straßenverkehr.

Wenn schon eine Nacht mit nicht genug Schlaf sich so stark auf deine Fahrtüchtigkeit auswirken kann wie ein Gläschen Alkohol, stell dir mal vor, was Müdigkeit aus deiner Fähigkeit macht, dich so lange und gut zu konzentrieren wie nötig, um ein Unternehmen aufzubauen!

Also, wie viele Stunden Schlaf brauchst du nun wirklich, um von einem Erfolg zum nächsten zu stürmen? Das kannst nur du selbst wissen. Wenn es dir schwer fällt, ein- oder durchzuschlafen und du dir deshalb Sorgen machst, empfehle ich dir Shawn Stevensons Buch *Jeder Mensch kann schlafen lernen.* Es ist eines der am besten recherchierten und geschriebenen Bücher zum Thema Schlaf, das ich kenne.

Dauerhaft effektiv auszuruhen ist ebenso wichtig für deine Leistung wie deine Ernährung. Gesunder Schlaf in der Nacht schafft die Grundlage für einen Tag mit klarem Kopf, anhaltender Energie, Höchstleistungen und maximaler Kreativität bei allen Problemen, die im Lauf des Tages aufkommen können. Nimm dir jetzt fest vor, auf genug Schlaf zu achten und immer um die gleiche Zeit ins Bett zu gehen – viel wichtiger als die Anzahl der Stunden Schlaf, die du bekommst, ist nämlich vielleicht, wie du das Aufstehen am Morgen angehst.

Wie viel Schlaf brauchen wir wirklich?

Wenn du einen Schlafexperten fragst, wie viel Schlaf der Mensch pro Nacht braucht, wird er dir sagen, dass man keine allgemeingültige Stundenzahl nennen kann. Die ideale Länge des Nachtschlafs ist von Mensch zu Mensch unterschiedlich und wird von vielen Faktoren beeinflusst: Alter, genetischer Veranlagung, Stressniveau, Gesundheitszustand, wie viel sich die Person bewegt, ihrer Ernährung – und wann sie zum letzten Mal etwas gegessen hat – und unzähligen weiteren.

Wenn du zum Beispiel viel Fast Food, verarbeitete Lebensmittel, übermäßig viel Zucker und so weiter zu dir nimmst, muss dein Körper schwer arbeiten, um dich aufzutanken und zu verjüngen, während du schläfst. Er schuftet bis spät in die Nacht, um dich zu entgiften und alle schädlichen Stoffe herauszufiltern, die du ihm beschert hast.

Wenn du dich dagegen „sauber" von lebenden Nahrungsmitteln ernährst, wie oben besprochen, kommt dein Körper leichter zur Ruhe. Wer sich gut ernährt, wacht morgens immer erholter, mit mehr Energie und besser für den Tag aufgestellt auf als jemand, der auf ungesunde Ernährung setzt – sogar dann, wenn er weniger Schlaf bekommen hat.

Es gibt unzählige Studien und Experten zum Thema Schlaf, die alle zu unterschiedlichen Ergebnissen und Meinungen kommen, Dabei unterscheidet sich das Schlafbedürfnis sowieso von Mensch zu Mensch, also will ich jetzt auch gar nicht behaupten, es gäbe die eine, richtige Methode, das Thema anzugehen. Stattdessen möchte ich meine eigenen Erfahrungen in der realen Welt mit dir teilen, die ich mir sowohl durch eigene Experimente als auch durch das Studium der Schlafgewohnheiten von einigen der größten Denker der Menschheitsgeschichte angeeignet habe. Aber ich warne dich: Einige davon könnten ein wenig kontrovers sein.

Wie man morgens (bei weniger Schlaf) mit mehr Energie aufwacht

Hal hat lange mit verschiedenen Schlafzeiten experimentiert und die von anderen *Miracle-Morning*-Anwendern studiert, die diese Theorie ebenfalls getestet haben. Dabei hat er herausgefunden, dass die Frage, wie Schlaf unsere Biologie beeinflusst, weitgehend von der Frage abhängt, wie viel Schlaf wir zu brauchen *glauben*. Anders ausgedrückt: Wie wir uns fühlen, wenn wir morgens aufwachen, hängt nicht nur davon ab, wie viele Stunden wir geschlafen haben, sondern auch davon, was wir uns selbst darüber erzählt haben, wie wir uns fühlen würden, wenn wir aufwachen. Das ist ein sehr wichtiger Unterschied.

Wenn du zum Beispiel fest daran glaubst, dass du acht Stunden Schlaf brauchst, um dich ausgeruht zu fühlen, aber erst um Mitternacht ins Bett gehst und um sechs Uhr schon wieder aufwachst, sagst du dir wahrscheinlich: „Morgen früh werde ich ganz schön fertig sein." Und was passiert dann, sobald dein Wecker klingelt und du die Augen aufschlägst und weißt, dass es Zeit ist, aufzustehen? Was ist der erste Gedanke, der dir in den Kopf kommt? „Toll, jetzt habe ich nur sechs Stunden Schlaf bekommen. Ich bin fix und fertig." Das ist eine selbsterfüllende und selbstsabotierende Prophezeiung. Wenn du dir selbst einredest, dass du morgens müde sein wirst, dann wirst du dich morgens auf jeden Fall müde fühlen. Wenn du glaubst, du bräuchtest acht Stunden, um dich völlig auszuruhen, dann wirst du dich nicht ausgeschlafen fühlen, wenn du weniger bekommst. Aber was wäre, wenn du deine Überzeugungen verändern könntest?

Die Verbindung zwischen Körper und Geist ist sehr stark. Ich glaube daran, dass wir die Verantwortung für jeden Bereich unseres Lebens übernehmen müssen – auch dafür, dass wir jeden Tag voller Energie beginnen, egal, wie lange wir geschlafen haben.

Wer schlummert, verliert: die Wahrheit übers Aufwachen

Kennst du das Sprichwort: „Wer schläft, verliert"? Das ist natürlich nicht ganz wahr, aber wenn wir es auf das Schlummern ummünzen, erhält es plötzlich eine viel tiefere Bedeutung, als uns bisher klar war. Wenn du die Schlummertaste drückst und dadurch das Aufwachen so lange verschiebst, bis es gar nicht anders geht – bis du irgendwohin aufbrechen oder dich um jemand anderen kümmern musst –, beginnst du deinen Tag gleich widerstrebend. Jedes Mal, wenn du die Schlummertaste drückst, leistest du damit Widerstand gegen deinen Tag, dein Leben und das Leben, das du dir wünschst,

Robert S. Rosenberg, Schlafforscher und medizinischer Leiter der Zentren zur Untersuchung von Schlafkrankheiten in Prescott Valley und Flagstaff, Arizona, sagt: „Wenn man wiederholt die Schlummertaste drückt, tut man sich dadurch zwei negative Dinge an. Erstens zerstückelt man dadurch das bisschen Schlaf, das man noch hat, also schläft man schlechter. Zweitens startet man jedes Mal in einen neuen Schlafzyklus, hat aber keine Zeit, ihn zu beenden. Das kann dazu führen, dass man sich den ganzen Rest des Tages lang groggy fühlt."

Wenn du es noch nicht schon längst tust, fang jetzt mit der fünfstufigen Anti-Schlummer-Strategie aus Kapitel 2 an, damit du dich viel besser für den Tag aufstellen kannst. Wenn es dir schwerfällt, rechtzeitig ins Bett zu gehen, stell dir einen „Bettzeitwecker", der eine Stunde vor deiner idealen Schlafenszeit klingelt und dich daran erinnert, dass du jetzt anfangen solltest, zur Ruhe zu kommen, damit du rechtzeitig ins Bett gehen kannst. Das verschafft dir einen riesigen Vorteil, wenn du morgens voller Energie aus dem Bett springen und dich darauf einstellen möchtest, das Beste aus deinem Tag zu machen.

Wenn du jeden Tag zielgerichtet und voller Leidenschaft aufwachst, wirst du dadurch zu einem Teil der wenigen Höchstleistungsträger, die bereits ihren Traum leben. Am wichtigsten ist allerdings, dass es dich glücklich machen wird. Indem du einfach nur veränderst, wie du morgens aufwachst, änderst du alles. Du musst dich dafür nicht auf mein Wort verlassen – verlass dich auf diese berühmten Frühaufsteher: Oprah Winfrey, Tony Robbins, Bill Gates, Howard Schultz, Deepak Chopra, Wayne Dyer, Thomas Jefferson, Benjamin Franklin, Albert Einstein, Aristoteles und viel mehr andere, als ich hier aufzählen kann.

Niemand hat uns je beigebracht, dass wir unser ganzes Leben verändern können, wenn wir lernen, uns bewusst darauf zu trainieren, jeden Morgen mit Begeisterung aufzuwachen.

Wenn du jeden Morgen bis zum letzten möglichen Moment die Schlummertaste drückst, bis du schließlich doch mit deiner täglichen Arbeit loslegen musst, und dann abends nach Hause kommst und vor dem Fernseher versumpfst, bis du ins Bett gehst (so wie ich früher), muss ich dich jetzt fragen: *Wann genau wirst du dich zu der Person weiterentwickeln, die du sein musst, um so viel Gesundheit, Reichtum, Glück, Erfolg und Freiheit zu bekommen, wie du willst und verdienst? Wann wirst du dein Leben wirklich leben, statt abgestumpft vor dich hinzuwerkeln und jede Gelegenheit zur Ablenkung zu nutzen? Was wäre, wenn deine Wirklichkeit – dein Leben – endlich so aussähe, dass du dich freuen würdest, wenn du jede Sekunde davon bewusst erleben kannst? Und was wäre, wenn das alles damit anfängt, wie du morgens aufwachst?*

Es gibt keinen besseren Tag als heute, um die Person aufzugeben, die du warst, und dich stattdessen für die Person zu entscheiden, die du werden kannst. So verwandelst du das Leben, das du gerade führst, in das, das du dir wünschst. Und es gibt kein besseres Buch als das, das du gerade in der Hand hältst, um dir zu zeigen, wie du zu der Person werden kannst, die du sein musst, um das Leben, das du dir immer erträumt hast, schnell anzuziehen, zu erschaffen und zu erhalten.

3. Ruh dich aus und tanke auf

Ausruhen ist das bewusste Gegenstück zum Schlafen. Manche Leute benutzen die beiden Wörter zwar so, als würden sie das Gleiche bedeuten, aber in Wirklichkeit bezeichnen sie ganz unterschiedliche Dinge.

Du bekommst vielleicht jede Nacht acht Stunden Schlaf, aber wenn du in deiner wachen Zeit ständig auf dem Sprung bist, hast du trotzdem keine Zeit zum Nachdenken und um deine körperlichen, geistigen und emotionalen Batterien aufzuladen. Wenn du den ganzen Tag arbeitest, nach Feierabend von einer Aktivität zum nächsten Hobby sprintest und das Ganze dann noch mit einem schnellen Abendessen und spätem Zubettgehen abschließt, nimmst du dir nicht genug Ruhezeiten.

So ähnlich sieht es mit den Wochenenden aus: Wenn du sie damit verbringst, die Kinder zum Fußball-, Volleyball- oder Basketballtraining zu bringen, in die Kirche zu gehen, im Chor zu singen, mehrere Geburtstagspartys zu besuchen und so weiter, kann dir das mehr schaden, als es dir nützt. Jede dieser Tätigkeiten ist toll, aber ein vollgepackter Kalender erlaubt dir einfach nicht genug Zeit, um dich auszuruhen.

Wir leben in einer Kultur, die von dem Glauben durchdrungen ist, dass unsere Tage stressig und aufregend sein müssen, wenn wir uns wertvoll, wichtig und lebendig fühlen wollen. In Wahrheit sind wir das aber erst dann, wenn wir uns in unserer eigenen Haut wohlfühlen und Frieden finden. Selbst wenn wir uns bemühen, unser Leben im Gleichgewicht zu halten, verlangt uns die moderne Welt immer wieder ab, dass wir erreichbar und produktiv sind. Diese Ansprüche können uns emotional, spirituell und körperlich auslaugen.

Wie wäre es, wenn du zielgerichtete Ruhezeiten, heilige Räume und gezielte Stille wertschätzen könntest, statt immer auf dem

Sprung zu sein? Wie würden sich dein Leben, deine körperliche und geistige Verfassung und deine Fähigkeit, unternehmerische Erfolge zu erzielen, dadurch verbessern?

Es widerspricht zunächst mal der eigenen Intuition, sich Zeit zu nehmen, wenn man eine ellenlange To-do-Liste hat, aber es ist wahr: Wenn man wirklich produktiv arbeiten möchte, muss man sich mehr ausruhen.

Studien haben gezeigt, dass Ruhezeiten Stress geradezu dahinschmelzen lassen. Methoden wie Yoga und Meditation senken Puls, Blutdruck und Sauerstoffverbrauch. Sie helfen gegen Bluthochdruck, Arthritis, Schlaflosigkeit, Depression, Unfruchtbarkeit, Krebs und Angststörungen. Die spirituellen Vorzüge davon, sich ab und zu einmal auszuruhen, reichen tief. Wenn du innehältst und die Stille genießt, kannst du die Weisheit und das Wissen deiner inneren Stimme wieder hören. Ruhe und ihre Schwester Entspannung erlauben es uns, wieder mit der Welt in uns und um uns herum in Kontakt zu treten und Einfachheit und Zufriedenheit in unser Leben zu lassen.

Und ja, falls du dich das jetzt schon fragst, du wirst dadurch auch produktiver, netter zu deinen Freunden und deiner Familie (von deinen Angestellten und Geschäftspartnern ganz zu schweigen) und rundum glücklicher. Wenn wir uns ausruhen, tun wir nicht viel anderes als ein Bauer, der sein Feld eine Weile brachliegen lässt, statt ständig zu pflanzen und zu ernten. Unsere inneren Batterien müssen sich aufladen. Und am einfachsten geht das, indem wir uns ausruhen.

Einfache Ruhemethoden

Die meisten von uns verwechseln Ausruhen mit Freizeit. Deshalb gehen wir wandern, arbeiten im Garten, treiben Sport oder feiern sogar Partys, um uns auszuruhen. Leider können solche Aktivitäten aber nur als „Ausruhen" bezeichnet werden, weil sie eine Auszeit von der Arbeit darstellen. In Wirklichkeit haben sie nichts mir Ruhe zu tun und wir sollten sie auch nicht so nennen.

Ruhe könnte man als eine Art „wachen Schlaf" bezeichnen, den man erlebt, während man wach und bei Bewusstsein ist. Ruhe ist die Brücke hin zum Schlaf, deshalb kommen wir auf die gleiche Art zur Ruhe, wie wir auch einschlafen: indem wir Platz dafür machen und es einfach kommen lassen. Jedes Lebewesen braucht Ruhe, auch du. Wenn du dir nicht die Zeit dafür nimmst, wirst du irgendwann feststellen, dass dieser Mangel sich auf deinen Körper auswirkt.

- Wenn du jetzt schon jeden Morgen bei deinen Life S.A.V.E.R.S. fünf oder mehr Minuten meditierst oder still dasitzt, ist das ein großartiger Anfang.
- Reserviere dir einen Tag der Woche zum Ausruhen. An diesem Tag könntest du zum Beispiel lesen, einen Film schauen, entspannte Familienzeit verbringen oder dir sogar ein bisschen Zeit für dich allein nehmen. Probiere doch mal aus, etwas Schönes zu kochen, mit deinen Kindern ein Brettspiel zu spielen oder einfach nur die Zeit zusammen zu genießen.
- Wenn du im Auto unterwegs bist, achte darauf, dass es um dich herum still ist. Schalte das Radio aus und steck dein Handy weg,
- Mach einen Spaziergang, aber lass deine Kopfhörer zuhause. Zeit in der Natur zu verbringen, ohne dabei ein Ziel zu verfolgen (z. B. nicht an die Kalorien zu denken, die du gerade verbrennst), kann sehr entspannend sein.
- Mach den Fernseher aus. Reserviere stattdessen jeden Tag eine halbe Stunde, eine Stunde oder einen halben Tag für Stille.
- Versuche, gleichmäßig und bewusst zu atmen. Konzentriere dich dabei auf das Einatmen, das Ausatmen und den Raum dazwischen.
- Du kannst auch ganz bewusst eine Tasse Tee trinken, etwas Inspirierendes lesen, in dein Tagebuch schreiben, ein heißes Bad nehmen oder dich massieren lassen.
- Gehe in Klausur, zusammen mit deinem Team, einer Gruppe von Freunden, deiner Kirche, einem Verein oder einer anderen Gruppe, in der du aktiv bist, deiner Familie, deinem Partner oder deiner Partnerin oder sogar ganz allein mit der Natur.

Schon ein einfaches Nickerchen kann eine sehr mächtige Methode sein, sich auszuruhen und die Batterien wieder aufzutanken. Wenn ich mich im Lauf des Tages aus irgendeinem Grund erschöpft und ausgelaugt fühlen, zögere ich nicht, mir ein kurzes Nickerchen von 20 oder 30 Minuten zu gönnen, um mich wieder zu erfrischen. Ein Schläfchen während des Tages kann auch dazu führen, dass man bessere Schlafmuster entwickelt.

Es ist hilfreich, eine bestimmte Zeit für das Nickerchen festzulegen. Setze Grenzen um diese Zeit herum, damit du sie dir auch nehmen kannst.

Die Ausruhgewohnheit

Als Unternehmer bist du von Natur aus ständig an vorderster Front. Deshalb musst du dir die Zeit, in der du auftankst und dich um dich selbst kümmerst, ebenso in den Kalender schreiben wie alle anderen Termine in deinem Leben. Die Energie, die du dadurch zurückbekommst, wird sich um ein Vielfaches auszahlen.

Uns auszuruhen bekommen wir leider nicht in der Schule beigebracht, und es kann gut sein, dass es dir am Anfang schwerfällt. Schließlich bist du ein Unternehmer mit jeder Menge Antrieb und Energie! Da kann es schon sein, dass du dir bewusst vornehmen musst, Ausruhen zu einer Priorität zu machen. Verschiedene Achtsamkeitsmethoden zu lernen und sie in deinen Alltag einzubauen ist eine besonders effektive Möglichkeit, deinen Körper, deinen Geist und deine Seele zur Ruhe kommen zu lassen. Durch Praktiken wie Mittagsmeditation, Yoga und zielgerichtete Stille tauchst du tief in dich selbst ein und kannst besonders ruhige Bewusstseinszustände erreichen, insbesondere dann, wenn du sie regelmäßig anwendest.

Je weiter du Ruhezeiten und Zeiten der Stille in deinen Alltag integrierst, desto mehr zahlen sie sich aus. Während einer ruhigeren Phase brauchst du vielleicht nicht ganz so viel Ruhe, aber wenn das Leben wieder stressiger wird (zum Beispiel, wenn eine große Bestellung hereinkommt oder eine Deadline drängt), solltest du unbedingt mehr Zeit für Ruhe und Stille einplanen als gewöhnlich.

Eine Kombination aus Bewegung, gesunder Ernährung, regelmäßigem Schlaf und Ruhepausen hilft dir und deinem Unternehmen so richtig auf die Sprünge. Denk aber daran, dass es sich zunächst ein wenig ungewohnt und unbequem anfühlen kann, wenn du dir diese drei Gewohnheiten – effektiver zu essen, schlafen und ruhen – zulegst. Es kann sein, dass du innere Widerstände in dir entdeckst. Am besten begegnest du ihnen, indem du dir fest vornimmst, alle drei Methoden ab sofort in die Praxis umzusetzen.

Energiemanagement in der Praxis

Schritt eins: Versprich dir, ab sofort energiebewusst zu essen und trinken, indem du die Folgen deiner Ernährung für deinen Energiehaushalt höher bewertest als den Geschmack. Nimm nach dem ersten Glas Wasser am Morgen zunächst irgendeine Art von gesundem Fett zu dir, um dein Gehirn mit Treibstoff zu versorgen. Versuche, jeden Tag eine neue gesunde Mahlzeit aus lebenden Nahrungsmitteln auszuprobieren. Grünkohlchips und frisches Obst sind gesündere Snacks als Kartoffelchips. Und denk daran, immer Wasser bei dir zu haben, damit du dich um deinen Flüssigkeitshaushalt kümmern kannst.

Schritt zwei: Schlaf gut und wach als Gewinner auf, indem du dir regelmäßige, tägliche Schlafens- und Aufstehzeiten angewöhnst. Geh dabei von der Zeit aus, zu der du aufstehen musst, um deinen *Miracle Morning* zu machen, und rechne zurück, wann du ins Bett gehen musst, damit du genug Schlaf bekommst. Um dich an den neuen Rhythmus zu gewöhnen, gehst du am besten ein paar Wochen lang konsequent um die gleiche Zeit schlafen. Wenn du dafür eine kleine Erinnerung brauchst, stell dir einen Wecker, der dich eine Stunde vor dem Zubettgehen daran erinnert, dass du langsam zur Ruhe kommen solltest. Nach ein paar Wochen kannst du anfangen, ein bisschen an der Stundenzahl, die du schläfst, herumzuspielen, um die Dauer herauszufinden, die für deinen Energiehaushalt am besten ist.

Schritt drei: Schreib dir Zeiten in den Kalender, in denen du dich ausruhst und deine Batterien wieder auflädst. Egal, ob du dich für Meditation, ein Nickerchen, einen Spaziergang oder etwas anderes entscheidest, Hauptsache, es macht dir Spaß. Hal macht jeden Tag eine zwei Stunden lange Mittagspause, in der er genug Zeit hat, Basketball zu spielen oder Wakeboard zu fahren – zwei Hobbys, die er liebt und die ihm viel Energie geben. Was möchtest du in deinen Tag einplanen, das dir wieder mehr Energie verleiht? Schreib dir zusätzlich zu deinem *Miracle Morning* täglich Phasen auf, in denen du dich ausruhst und regenerierst.

Unternehmerprofil
JAYSON GAIGNARD

Jayson Gaignards Unternehmen heißt *Mastermind Talks.*

Größte Businesserfolge

- Das Wirtschaftsmagazin *Forbes* bezeichnet Jayson als einen der besten Netzwerker, die man im Auge behalten sollte.
- Er ist der Gründer einer der exklusivsten Unternehmercommunities der Welt, die weniger Menschen aufnimmt als die Eliteuniversität Harvard.

Morgenroutine

- Bevor Jayson ins Bett geht, plant er die drei wichtigsten Dinge, die er am nächsten Tag erreichen muss, und macht eines davon zu seiner obersten Priorität. Das hilft ihm, weniger Entscheidungen treffen zu müssen und dadurch Energie zu sparen.
- Weil Schlaf ihm wichtig ist, geht er schon um halb zehn ins Bett.
- Er steht um 5:00 Uhr auf.
- Dann schreibt oder brainstormt er zweimal 25 Minuten (oder zwei „Pomodoros").
- Morgens hält er sich komplett von E-Mails und den sozialen Medien fern, damit sie ihn nicht von der Kreativarbeit ablenken.
- Er nimmt sich zwei oder drei Pomodoros Zeit für seine oberste Priorität. Am Morgen hat er die höchste Willenskraft, deshalb fällt es ihm leicht, sich zuerst um die härtesten Nüsse zu kümmern.

- Danach trainiert er kurz nach einem einfachen Programm und macht Dehnungsübungen, um seinen Kreislauf in Schwung zu bekommen.
- Dann meditiert er fünf Minuten lang mit offenen Augen.
- Jayson hat sich eine Menge Wissen über die medizinischen Vorzüge von kalter Thermogenese angeeignet, also duscht er als Nächstes kalt.
- Wenn seine Tochter aufwacht, ist er völlig bereit für den nächsten Teil seines Tages.

6. ÜBERFLIEGERFÄHIGKEIT NR. 3: UNERSCHÜTTERLICHE KONZENTRATION

Der erfolgreiche Krieger ist ein durchschnittlicher Mensch mit laserartigem Fokus.

BRUCE LEE, weltberühmter Kampfsportler und Schauspieler

Wir kennen alle so einen Menschen. Du weißt schon, diese Person. Die einen Marathon läuft, den Baseballnachwuchs trainiert, sich freiwillig beim Schulessen ihres Sohns engagiert und nebenbei vielleicht noch einen Roman schreibt.

Und darüber hinaus? Ist sie auch noch eine großartige Unternehmerin, die jede Menge gute Presse bekommt, Preise gewinnt und Jahr um Jahr Traumumsätze erwirtschaftet. Ich wette, du kennst so jemanden – einen Menschen, der unerklärlich produktiv zu sein scheint.

Vielleicht kennst du auch so jemanden: Einen, der ein millionenschweres Unternehmen leitet, aber nie dort zu arbeiten scheint. Stattdessen spielt er ständig Golf oder geht einfach so mitten in der Woche auf dem See segeln. Wenn du ihn triffst, erzählt er immer von der Urlaubsreise, auf der er gerade war, oder von der, die er demnächst macht. Er ist fit und glücklich, und jeder, der mit ihm in Kontakt kommt, fühlt sich großartig.

Was du aber vielleicht nicht weißt, ist, wie solche Leute das hinbekommen. Möglicherweise denkst du, es wäre einfach Glück. Oder Vitamin B, die richtigen Beziehungen. Oder ein besonderes Talent. Die richtige Persönlichkeit. Oder eine angeborene Superheldenfähigkeit.

Das sind natürlich alles Dinge, die helfen, wenn man Unternehmer werden will, aber ich weiß aus Erfahrung, dass die wahre Superheldenfähigkeit, die in jedem unglaublich produktiven Unternehmer steckt, unerschütterliche Konzentration ist.

Dabei handelt es sich um die Fähigkeit, die obersten Prioritäten dauerhaft klar zu sehen, all die Energie, die man sich geschaffen hat, zu nehmen, sie in die entscheidenden Dinge zu kanalisieren, die am wichtigsten sind und sie auch dort zu halten – egal, was um dich herum passiert oder wie du dich im Moment fühlst. Diese Fähigkeit ist der Schlüssel zu außergewöhnlichem unternehmerischen Erfolg.

Als Unternehmer ist es eine deiner wichtigsten Aufgaben, eine Vision für deine Organisation zu entwickeln, die intern und extern geteilt wird, damit alle im Gleichklang arbeiten, um gemeinsam zu erschaffen, was du dir für die Zukunft ausmalst. Das ist Sinn und Zweck der „lebhaften Vision", die ich dir im nächsten Kapitel im Detail vorstellen werde. Sie ist ein Werkzeug, das es Unternehmern erlaubt, drei Jahre in die Zukunft zu blicken, um zu sehen, wo sich ihre Firma zu diesem Zeitpunkt befinden sollte, und dann von dort aus gesehen rückwärts zu arbeiten, um durch jährliche Ziele dorthin zu kommen.

Eine solche Vision zu erschaffen und zu erhalten, verlangt unerschütterliche Konzentration auf das große Ganze, das in deinem Markt, in deiner Branche und in der Gesellschaft als Ganzes stattfindet. Wie ein Kapitän, der sein Schiff über den Ozean steuert (bevor es Navigationssysteme gab, nur für unser Beispiel), muss der CEO eines Unternehmens den besten Kurs finden und darauf vertrauen, dass sein erster Maat schon dafür sorgen wird, dass das

Schiff in guten Zustand ist, die Mannschaft tut, was sie soll, und die Passagiere ordentlich versorgt werden.

Wenn du dich ständig mit Ablenkungen durch E-Mails, Anrufe, Meetings, persönliche Gespräche, Einstellungen und Entlassungen und anderen Kleinigkeiten des Tagesgeschäfts herumschlägst, konzentrierst du dich nach unten, statt nach vorne, wie du es solltest.

Wenn du dir die Kraft der Konzentration zu eigen machst, wirst du dadurch kein Superheld, aber du kannst scheinbar Übermenschliches erreichen. Die Gründe dafür sind überraschend einleuchtend:

- Unerschütterliche Konzentration macht dich effektiver. Effektiv zu sein bedeutet nicht, dass du die meiste Arbeit schaffst oder am schnellsten bist. Es bedeutet, dass du die richtigen Dinge tust. Du machst, was nötig ist, um deine Firma in Schwung zu halten und nach vorne zu bringen – und um deinen Umsatz zu verbessern.
- Unerschütterliche Konzentration macht dich effizienter. Effizient zu sein bedeutet, alles zu erreichen, was du erreichen musst, und dafür so wenig Ressourcen wie Zeit, Energie oder Geld einzusetzen wie möglich. Jedes Mal, wenn du dich von deiner Arbeit ablenken lässt, kostet es dich genau diese Dinge, vor allem Zeit. Für Unternehmer gilt aber: Zeit ist Geld, also ist jeder Moment, in dem dir deine Konzentration abhandenkommt, ein aus dem Fenster geworfener Euro (oder Hunderttausende von Euros).
- Unerschütterliche Konzentration macht dich produktiver. Mach dir klar, dass du nicht automatisch produktiv bist, nur weil du immer beschäftigt bist. In Wirklichkeit sind es oft die am wenigsten erfolgreichen Unternehmer, die besonders viel zu tun haben. Wenn du eine klare Vision hast, deine obersten Prioritäten kennst und konsequent deine wichtigsten und effektivsten Tätigkeiten ausführst, bist du nicht mehr beschäftigt, sondern produktiv. Wir verwechseln Produktivität viel zu oft mit dem Gefühl, viel zu tun zu haben – dabei tun wir aber meistens eine Menge Dinge, die uns keine Ergeb-

nisse bringen, lesen also zum Beispiel E-Mails, waschen das Auto oder sortieren unsere To-do-Liste zum zwölften Mal in diesem Monat neu.

Wenn du die Schritte anwendest, die ich dir gleich vorstelle, lernst du dadurch, wie du die Gewohnheit entwickelst, dich unerschütterlich zu konzentrieren, und dich dadurch in eine Reihe mit den produktivsten Unternehmern der Welt zu stellen.

Durch diese Vorzüge wirst du in der Lage sein, Höchstleistungen zu erbringen und viel mehr zu verdienen. Der vielleicht größte Vorteil, den unerschütterliche Konzentration mit sich bringt, ist aber wahrscheinlich die Tatsache, dass sich dadurch nicht nur deine Umsätze verbessern, sondern letzten Endes jeder Bereich deines Lebens. Statt deine Energie auf vielen verschiedenen Gebieten zu verschleudern und überall nur mittelmäßige Resultate zu erzielen, erschließt sie dir dein ungenutztes Potenzial und macht dein ganzes Leben besser.

Wenden wir also deinen *Miracle Morning* auf diese Aufgabe an. Hier sind vier Schritte, die du zu ihm hinzufügen musst, um dich nachhaltig besser und länger konzentrieren zu können.

1. Finde die beste Umgebung für unerschütterliche Konzentration

Fangen wir hier an: Du brauchst eine Umgebung, die es dir ermöglicht, dich unerschütterlich zu konzentrieren. Das kann dein Büro sein, dein Arbeitszimmer oder sogar ein Café. Egal, wie klein er sein mag, du brauchst einen Ort, an dem du dich auf deine Geschäfte fokussieren kannst.

Zum Teil geht es dabei nur um Logistik. Wenn deine Arbeit irgendwo zwischen deinem Kofferraum und deinem Esstisch verstreut liegt, kannst du nicht erwarten, effektiv zu arbeiten. Viel wichtiger ist allerdings die Tatsache, dass du viel leichter anfangen kannst, Fokus aufzubauen, wenn du einen Ort hast, an dem du dich gewohnheitsmäßig konzentrierst. Am Küchentisch zu arbeiten oder von der Couch aus wichtige Kundengespräche zu tätigen, führt dich leicht in Versuchung, dich von weniger produktiven Aktivitäten ablenken zu lassen und erst mal etwas zu essen oder ein wenig fernzusehen. Wenn du dich stattdessen jeden Tag zur gleichen Zeit an den gleichen Schreibtisch setzt, um Großes zu leisten, wirst du bald merken, dass du dich innerlich und äußerlich darauf einzustellen beginnst, sobald du dich niederlässt.

Bist du viel unterwegs, so wie ich, dann können auch dein Auto, dein Koffer, dein Hotelzimmer und eventuell sogar Flughäfen, Hotelfoyers oder irgendwelche Cafés zu deinem Konzentrationsraum werden. Bau dir Gewohnheiten auf, wie du am besten packst und unterwegs arbeitest, dann spricht nichts dagegen, dass du dich auf Reisen ebenso gut konzentrieren kannst wie im Büro. Wenn du gut vorbereitet bist und immer alles bei dir hast, was du brauchst, kannst du überall arbeiten. Wenn nötig könnte ich jetzt sofort zu dir kommen und auf der Couch in deinem Gästezimmer anfangen zu arbeiten.

2. Räum auf mit unkonzentriertem Chaos

Unordnung schadet deinem Fokus, deshalb geht es ihr in diesem Schritt an den Kragen. Es hat einen Grund, dass Marie Kondos Buch *Magic Cleaning: Wie richtiges Aufräumen Ihr Leben verändert* eines der meistverkauften Sachbücher der letzten zehn Jahre ist. Wenn du dir Raum ohne Unordnung schaffst, geistig wie körperlich, schaffst du damit die besten Voraussetzungen für eine ruhige, motivierte Geisteshaltung.

Das bringt mich zu meinem nächsten Punkt. Es gibt zwei Arten von Unordnung, und wir leiden alle unter beiden. In unserem Gehirn tragen wir Gedanken über Aufgaben herum, die wir erledigen müssen, zum Beispiel solche: *Meine Schwester hat bald Geburtstag. Ich muss noch ein Geschenk und eine Karte für sie kaufen. Das Abendessen vor ein paar Tagen war toll. Ich muss unbedingt eine Bedankungskarte an meinen Gastgeber schicken. Bevor ich heute aus dem Büro gehe, muss ich noch die E-Mail von meinem neuen Kunden beantworten.*

Auf der anderen Seite haben wir alle Dinge, die sich in unserem Leben ansammeln. Papierstapel. Alte Zeitschriften. Post-Its. Kleider, die wir nie wieder anziehen werden. Den ganzen Kram in der Garage. Die Staubfänger, den Nippes und den Schnickschnack, die wir hamstern, während wir durchs Leben gehen.

Beide Arten von Unordnung sind wie ein dichter Nebel. Um uns konzentrieren zu können, müssen wir erst mal klarsehen. Puste den Nebel weg, indem du die geistige Unordnung erst einmal aus deinem Kopf bekommst und an einem sicheren Ort sammelst. So erlaubst du dir, den mentalen Stress abzulegen, dich ständig daran erinnern zu müssen. Und dann sind die anderen Dinge dran, die dir im Weg stehen.

Mit diesem einfachen Prozess verscheuchst du den Nebel und schaffst dir die Klarheit, die du brauchst, um dich zu konzentrieren:

- **Schaff dir eine Haupt-To-do-Liste an.** Du hast wahrscheinlich eine Menge Dinge noch gar nicht aufgeschrieben. Fang mit denen an. Und was ist mit den ganzen Post-Its und Notizen auf deinem Schreibtisch, an deinem Monitor, in deinem Kalender, auf deinen Küchenarbeitsplatten, an deinem Kühlschrank … und an anderen Stellen? Nimm diese Notizen und schreib das, woran sie dich erinnern sollen, auf deine Hauptliste an einem einzigen Ort – zum Beispiel in dein Journal oder in eine Liste auf deinem Handy –, damit du sie ein für alle Mal aus deinem Hirn verbannen kannst. Fühlst du dich schon besser? Dann mach gleich weiter! Wir fangen gerade erst an.
- **Mach deinen Arbeitsplatz frei.** Nimm dir einen halben oder ganzen Tag Zeit, um all die Papierstapel, mit Dokumenten vollgestopften Ordner und von ungeöffneter Post überquellenden Ablagefächer in deinem Büro anzugehen. Du weißt schon, was ich meine. Wirf alles weg, was du nicht mehr brauchst, oder steck es in den Aktenvernichter. Scanne alles Wichtige oder leg es ordentlich ab. Notiere alles, was ange-

gangen werden muss und was du nicht delegieren kannst, auf der Liste in deinem Journal oder Handy. Dann such dir im Kalender eine Zeit aus, in der du dich darum kümmern wirst.

- **Entrümple dein Leben.** Leere, wo immer es möglich ist, jede Schublade, jeden Schrank und jeden Koffer, die dir kein Gefühl von Ruhe und Frieden geben, wenn du sie siehst. Das betrifft auch dein Auto! Es kann ein paar Stunden oder Tage dauern, bis du damit fertig bist. Nimm dir jeden Tag ein wenig Zeit dafür, bis du es geschafft hast. Zu sagen: „Ich brauche nur ein Wochenende, um einmal gründlich aufzuräumen", bedeutet, dass du es mit ziemlicher Sicherheit niemals angehen wirst. Such dir eine einzige Schublade aus und fang damit an. Du wirst überrascht sein, wie groß der Unterschied ist, den kleine, regelmäßige Arbeitsschritte in deiner Umgebung ausmachen. Das Buch *10-Minute Declutter: The Stress-Free Habit for Simplifying Your Home* von S.J. Scott und Barrie Davenport kann dir bei diesem Prozess helfen.

Physisch und geistig organisierter zu werden, wird dir helfen, dich besser zu konzentrieren, als du es dir je erträumt hast. Es lenkt deine Energie in genau die Bahnen, wo du sie am dringendsten brauchst, weil ihr gar nichts anderes übrigbleibt.

3. Schütze dich vor Unterbrechungen

Ich bin nicht nur Coach und halte Vorträge, ich führe außerdem die *COO Alliance* (eine *Mastermind*-Gruppe) und habe vier Bücher geschrieben. Und ich bin verheiratet und habe zwei Kinder. Du kannst dir sicher vorstellen, dass meine Zeit sehr kostbar ist, und ich bin sicher, das geht dir ähnlich.

Damit ich nicht so oft abgelenkt werde und mich auf genau das konzentrieren kann, was ich in dem Moment tue, habe ich mein Handy fast ständig auf „Bitte nicht stören" gestellt. Dadurch werden alle Anrufe, SMS und Benachrichtigungen für E-Mails und die sozialen Medien blockiert. Diese einfache Entscheidung sorgt dafür, dass sich meine tägliche Produktivität und meine Fähigkeit, mich auf das zu konzentrieren, was ich mache, dramatisch verbessert haben. Ich rate dir, Anrufe und E-Mails nur zu bestimmten Zeiten zu beantworten, die du in deinem grundlegenden Zeitplan festgelegt hast, nicht immer dann, wenn jemand dich zufällig zu kontaktieren versucht.

Die gleiche Strategie kannst du auch auf alle anderen Benachrichtigungen und Kontaktversuche anwenden, auch auf die von Kollegen, Angestellten und sogar Kunden. „Bitte nicht stören" ist mehr als eine Einstellung auf deinem Handy. Teile deinem Team klar und deutlich mit, wann du für sie da bist und wann sie dich nicht stören dürfen.

4. Bau dir eine Grundlage für unerschütterliche Konzentration auf

Sobald du weißt, an welchem Ort du dich am besten konzentrieren kannst, und angefangen hast, dein Leben zu entrümpeln, solltest du relativ schnell merken, wie sich der Nebel in deinem Hirn verflüchtigt und deine Konzentrationsfähigkeit steigt.

Jetzt wird es Zeit, die Dinge auf die nächste Stufe zu heben. Ich nutze drei Fragen, um meinen Fokus jeden Tag zu verbessern, und zwar diese:

- Was funktioniert gut? Womit sollte ich unbedingt weitermachen oder sogar mehr davon tun?
- Womit muss ich anfangen, wenn ich schnell bessere Resultate sehen will?
- Womit sollte ich sofort aufhören, weil es mich davon abhält, die nächste Stufe zu erklimmen?

Wenn du diese drei Fragen beantworten und die Antworten in die Tat umsetzen kannst, wirst du ein vollkommen neues Produktivitätsniveau entdecken, das du bisher nicht einmal für möglich gehalten hast. Betrachten wir die Fragen also einmal genauer.

Womit solltest du weitermachen oder mehr davon tun?

Seien wir ehrlich, nicht alle unternehmerischen Strategien und Taktiken sind gleich gut. Manche funktionieren besser als andere. Manche sind eine Weile lang super, verlieren aber mit der Zeit an Wirksamkeit. Und manche machen eigentlich alles nur schlechter.

Im Moment machst du wahrscheinlich schon eine Menge richtig und wirst immer wieder zustimmend nicken, wenn du die Kapitel über die unternehmerischen Überfliegerprinzipien liest. Wenn dir jetzt schon Dinge einfallen, die bei dir gut funktionieren, schreib sie auf. Vielleicht bist du zum Beispiel wirklich gut darin, neue Kunden zu finden und Verträge abzuschließen. Also schreibst du das auf die Liste. Oder die Tatsache, dass dein COO Veranstaltungen der *COO Alliance* besucht, hilft deinem Unternehmen – schreib das ebenfalls auf.

Achte aber darauf, dass du nur Dinge aufschreibst, die wirklich dazu beitragen, dein Business nach vorne zu bringen. Es ist ganz leicht, einfach mit den Dingen weiterzumachen, die du gerne tust, aber hier geht es um ein Unternehmen – da musst du sicherstellen, dass das, was du tust, sich direkt positiv auf deine Umsätze, die neuen Angestellten, die du findest und einstellst, und letzten Endes auch auf deinen Kontostand auswirkt. Kennst du die 80-20-Regel (auch bekannt als Paretoprinzip)? Sie besagt, dass 20 Prozent unseres Einsatzes ungefähr 80 Prozent unserer Ergebnisse erbringen. Welche 20 Prozent von dem, was du tust, bringen dir 80 Prozent deines Umsatzes?

Halte alles, was funktioniert, in deinem Journal fest (darunter hoffentlich auch die Tatsache, dass du mit den Life S.A.V.E.R.S. angefangen hast). Jeder Punkt auf dieser Liste steht für etwas, das du weitermachen solltest, bis du es durch etwas noch Effektiveres ersetzen kannst.

Betrachte die „Weitermachen“-Punkte noch einmal und sei ganz ehrlich zu dir: Welche dieser Dinge solltest du öfter oder mehr machen (mit anderen Worten, was machst du noch nicht oft oder gut genug)? Denk daran, jedes Mal, wenn du einen deiner besten

Prozesse auch nur um ein Prozent erhöhst, sollten deine Ergebnisse mittel- bis langfristig um das gleiche Prozent steigen. Wenn du zum Beispiel 30 statt bisher 20 Akquiseanrufe machst (ein Zuwachs um 50 Prozent), ist es nur eine Frage der Zeit, bis du auch 50 Prozent mehr Umsätze machst – oder sogar noch mehr, wenn sich deine Angestellten ein Beispiel an dir nehmen und anfangen, sich an deinem Effektivitätsniveau zu messen.

Mach mit allem weiter, was funktioniert und tu einfach mehr davon, wenn du dir mehr Verkäufe oder mehr Wachstum für dein Unternehmen wünschst.

Womit solltest du anfangen?

Wenn du alles festgehalten hast, was gut funktioniert – und entschieden hast, wovon du mehr machen solltest –, wird es Zeit, herauszufinden, was du sonst noch tun kannst, um schneller zu mehr Erfolg zu gelangen.

Ich habe ein paar erstklassige Empfehlungen für dich, mit denen du das Geschäft und deine Kreativität ankurbeln kannst:

- Organisiere deine Datenbank so, dass sie es dir erleichtert, gezielte Nachfassanrufe bei Kunden und in deiner gesamten Einflusssphäre zu machen. Um dich auf diesem Gebiet weiterzubilden, empfehle ich den Bestseller *The 7 Levels of Communication* von Michael J. Maher.
- Achte darauf, dass deine Onlinepräsenz dein Business voranbringt. Dazu kannst du entweder einen Service wie *Likeable Hub* (https://likeablehub.com) nutzen oder jemanden einstellen oder beauftragen, um deine Social-Media-Kanäle zu optimieren, deine Website auf SEO zu trimmen und deine Conversion Rates und deine Content-Entwicklung zu verbessern.
- Schaff dir einen grundlegenden Zeitplan: Entwickle einen immer wiederkehrenden, idealen Wochenplan mit verschie-

denen Zeitblöcken im Kalender, wie in Kapitel 4 beschrieben. So weißt du jeden Tag schon beim Aufwachen, was deine Prioritäten und Pläne für den Tag sind. Nimm dir Sonntagabends ein wenig Zeit, um den Plan auf die kommende Woche anzupassen.

- Sorg dafür, dass du immer alle Werkzeuge und Materialien zur Hand hast, die du brauchen könntest. Achte darauf, genug davon nachzukaufen, damit du jederzeit bereit bist, zu tun, was getan werden muss.
- Sobald du herausgefunden hast, womit du Zeit verbringst, die du nicht produktiv dafür nutzt, zu wachsen (anders ausgedrückt: Zeit, in der du Dinge tust, die zwar wichtig sind, die du aber trotzdem nicht selbst machen solltest), denk darüber nach, wen du als Erstes (oder als Nächstes) einstellen solltest. Das könnte ein persönlicher Assistent sein, ein virtueller Assistent, ein Praktikant oder sogar ein Berufsanfänger, dem es nützt, Zeit mit dir zu verbringen und der im Gegenzug bei dir aushilft. Mach dir klar, dass es eine Investition ist, jemanden einzustellen, der dir Zeit spart, keine Ausgabe. Was wäre es dir wert, so viel mehr Zeit zu haben, dass du deine Verkaufszahlen um 20-50 Prozent steigern kannst? Es wird Zeit, dass du mehr über das große Ganze nachdenkst. Wenn du keinen Assistenten hast, bist du selbst der Assistent.

Pass bitte auf, dass du dich nicht überforderst. Denk daran, Rom wurde auch nicht an einem Tag erbaut. Du brauchst jetzt nicht 58 Punkte zu finden, bei denen Handlungsbedarf besteht, und sie in die Tat umzusetzen. Das Tolle daran, dass du bereits jeden Tag schreibst, ist, dass du mit der Zeit alles festhalten kannst. Und dann suchst du dir einfach immer wieder einen oder zwei Punkte aus und setzt sie so lange um, bis sie zur Gewohnheit geworden sind.

Womit solltest du aufhören?

Inzwischen hast du wahrscheinlich eine ganz schöne Liste von Dingen, mit denen du anfangen solltest. Wenn du dich fragst, woher du die Zeit dafür nehmen sollst, ist das hier vermutlich der schönste Schritt für dich. Jetzt darfst du dich nämlich von einigen Dingen trennen, die du bisher gemacht hast, die dir nichts bringen, um dich stattdessen auf Nützlicheres zu konzentrieren.

Ich bin mir ziemlich sicher, dass du eine Menge täglicher Aufgaben hast, die du nur zu gerne aufgeben oder an andere delegieren wirst.

Warum hörst du nicht auf,

- dich ungesund zu ernähren und Dinge zu essen, die dir Energie, Lebenskraft und Motivation rauben?
- am Wochenende, im Urlaub und zu Zeiten, wenn du eigentlich zu müde dazu bist, zu arbeiten?
- SMS und E-Mails sofort zu beantworten?
- ans Telefon zu gehen? Lass stattdessen die Mailbox rangehen und ruf zurück, wenn es dir gerade passt.
- langweilige, immer wiederkehrende Aufgaben zu erfüllen, zum Beispiel Rechnungen zu bezahlen, mehrmals pro Woche einkaufen zu gehen oder sogar das Haus zu putzen?

Wenn du deine Konzentration in nur einem einfachen Schritt radikal verbessern willst, versuch es doch mal mit diesem Trick:

Hör auf, wie ein dressierter Affe jedes Mal zu reagieren, wenn etwas summt oder piept!

Musst du es wirklich wissen, wenn du eine SMS, eine E-Mail oder eine Benachrichtigung aus den sozialen Medien bekommst? Nein, dachte ich mir. Geh auf deinem Handy, deinem Tablet und deinem Rechner in die Einstellungen und stelle dort alle Benachrichtigungen ab.

Technik existiert, um dir zu dienen, und du kannst genau jetzt, in dieser Sekunde, die Kontrolle darüber übernehmen. Wie oft du auf dem Handy deine Nachrichten, SMS und E-Mails checkst, kannst und solltest du selbst entscheiden. Seien wir doch mal ehrlich: Wir sind Unternehmer, keine Ärzte in der Notaufnahme. Wir müssen nicht ständig erreichbar sein und sofort reagieren, jeden Tag des Jahres und 24 Stunden lang. Eine effektive Alternative ist es, ab und zu während des Tages Zeiten einzuplanen, zu denen du nachschaust, was gerade passiert, worum du dich sofort kümmern solltest, was du auf deine To-do-Liste oder in deinen Kalender schreiben musst und was du getrost löschen, ignorieren oder vergessen kannst.

Über deine Mailboxansage kannst du Anrufern mitteilen, dass du deine Nachrichten zum Beispiel mittags und um 16:00 Uhr abrufst. Wenn sie etwas Dringendes benötigen, können und sollten sie dir eine SMS an die gleiche Nummer schreiben. Ich benutze Grasshopper.com als Unterstützung für meine Sprachnachrichten. Wenn sich Andere daran gewöhnt haben, wie schnell du dich üblicherweise zurückmeldest, werden zukünftige und aktuelle Kunden und Mitarbeiter nie wieder enttäuscht sein, wenn du dich erst nach ein paar Stunden bei ihnen meldest.

Unerschütterliche Konzentration ist eine Gewohnheit

Fokus ist wie ein Muskel, den du im Lauf der Zeit aufbaust. Und wie bei einem Muskel kannst du dich nicht davor drücken, regelmäßig daran zu arbeiten, wenn du willst, dass er wächst. Mach dich nicht verrückt, wenn du mal einen schlechten Tag hast, aber treib dich immer wieder dazu an, bei der Stange zu bleiben. Es dauert vielleicht eine Weile, bis du lernst, dich richtig zu konzentrieren, aber du wirst jeden Tag ein bisschen besser, wenn du es immer wieder versuchst. Am Ende geht es darum, eine Person zu werden, die sich konzentrieren kann, also musst du dich zuallererst als eine solche Person sehen. Ich rate dir, ein paar Zeilen zu deinem festen

Vorsatz, dich unerschütterlich zu konzentrieren, und dazu, was du dafür tun wirst, in deine Affirmationen aufzunehmen.

Die meisten Unternehmer wären schockiert zu erfahren, wie wenig Zeit sie tatsächlich jeden Tag mit wichtigen Dingen verbringen, die dazu führen, dass ihr Unternehmen auch wirklich wächst. Nimm dir heute oder in den nächsten 24 Stunden einmal 60 Minuten Zeit, um dich auf die eine allerwichtigste Aufgabe zu konzentrieren, die du zu erledigen hast, um dein Business nach vorne zu bringen. Du wirst überrascht sein, dass du nicht nur ungleich produktiver sein wirst, sondern dass es sich außerdem großartig anfühlt, das Ruder in die Hand zu nehmen.

Inzwischen enthält dein Erfolgsarsenal ein paar ziemlich unglaubliche Strategien und Bereiche, auf die du dich besonders konzentrieren solltest. Wenn du die nun folgenden Schritte ausgeführt hast, blättere gleich um und tauche in den nächsten Teil des Buches ein, in dem wir gemeinsam deine unternehmerischen Fähigkeiten aufpolieren und sie auf Arten mit den Life S.A.V.E.R.S. kombinieren werden, von denen du noch nie gehört und an die du noch nie gedacht hast!

Unerschütterliche Konzentration in der Praxis

Schritt eins: Such dir eine ideale Umgebung aus, oder erschaffe sie dir selbst, um deine unerschütterliche Konzentration zu unterstützen. Wenn du dich am besten an einem öffentlichen Ort konzentrieren kannst, zum Beispiel in einem Café, plane Zeitblöcke an solchen Orten ein, in denen du dich besonders konzentrieren willst. Wenn du zu Hause arbeitest, ist außerdem Schritt zwei besonders wichtig für dich.

Schritt zwei: Beseitige Unordnung in deinem Büro und in deinem Kopf. Fang mit einem halben Tag an, den du dir Zeit nimmst, um deinen Arbeitsplatz aufzuräumen. Dann leere dein Gehirn von allem Unnötigen und setze es auf deine Haupt-To-do-Liste, entweder auf dem Computer, im Handy oder in deinem Journal.

Schritt drei: Schütze dich vor Unterbrechungen durch dich selbst und andere. Schränke bewusst ein, wie oft du dich von dem ablenken lässt, was du eigentlich machen möchtest. Schalte Benachrichtigungen aus, stell dein Handy auf „Bitte nicht stören" und sorge dafür, dass andere in deinem Einflussbereich sich daran gewöhnen, dass du zu Konzentrationszeiten nicht erreichbar bist, dass du dich aber dafür zu bestimmten Zeiten bei ihnen zurückmeldest.

Schritt vier: Fang an, deine „Unerschütterliche Konzentrations-Liste" zu füllen. Nimm dein Tagebuch zur Hand, öffne ein leeres Dokument auf deinem Rechner oder leg eine leere Notiz in deinem Handy an, um diese drei Listen zu erschaffen:

- **Womit sollte ich weitermachen oder mehr davon tun?**
- **Womit sollte ich anfangen?**
- **Womit sollte ich aufhören?**

Schreib erst mal alles auf, was dir dazu in den Sinn kommt. Dann geh die Listen noch einmal durch und entscheide, welche der Tätigkeiten sich automatisieren, outsourcen oder delegieren lassen. Denk darüber nach, wie viel Zeit du auf das verwendest, was am besten geeignet ist, dein Business und dein Einkommen wachsen zu lassen. Wiederhole diesen Prozess, bis du genau weißt, wie dein idealer Ablauf ist. Dann richte dir deinen Tag so ein, dass du um die 80 Prozent deiner Arbeitszeit auf Aufgaben konzentrieren kannst, die Ergebnisse liefern. Delegiere den Rest an andere.

Wie ich mich dauerhaft konzentriere

Eines der Dinge, die ich gerne mache, um positiv und fokussiert zu bleiben, ist eine Liste von allem, was ich innerhalb einer Woche geschafft habe. Diese Liste, mit der ich mir selbst ein bisschen auf die Schulter klopfe, erlaubt es mir, einen Moment innezuhalten, Resümee zu ziehen und mir die Fortschritte auf dem Weg zu meinem

Traumziel klar vor Augen zu halten. Wenn es gerade nicht so gut läuft, hilft mir meine Liste, nicht den Mut zu verlieren. Sie bewahrt mich vor einem Burnout und zeigt mir, dass ich in der Lage bin, das zu tun, was ich mir vornehme – und es auch immer wieder schaffe. Denk nicht negativ, das führt zu nichts. Lerne aus deinen Fehlern und bleib positiv. Wenn ich mich hinsetze und meine fünf Ziele für die nächste Woche notiere, schreibe ich gleichzeitig fünf Dinge auf, die ich in der letzten Woche geschafft habe. So habe ich immer das Gefühl, dass sich meine Mühe auszahlt, und erschaffe mir ganz bewusst positiven Schwung zum Weitermachen.

Diese Art von positivem Fokus ist so effektiv, dass ich etwas Ähnliches auch den Unternehmern beibringe, die mich als Coach engagieren. Ich erkläre ihnen, dass sie sich jedes Mal, wenn sie sich ein neues Ziel setzen, gleichzeitig für etwas loben oder belohnen sollen, was sie bereits geschafft haben. Setzt du dir ein Wochenziel? Dann klopf dich für etwas auf die Schulter, das du in der letzten Woche erreicht hast. Möchtest du im nächsten Quartal ein bestimmtes Projekt abschließen? Nimm dir einen Moment Zeit und denk an das letzte Quartalsprojekt, das du erfolgreich beendet hast.

Diese Idee basiert auf der uralten Balance von Yin und Yang. Gegensätze können sich ergänzen und dadurch Harmonie erzeugen (allerdings nur die richtige Art von Gegensätzen). Es fällt uns nur allzu leicht, immer dem nächsten großen Ziel und dem nächsten zu besteigenden Berg nachzujagen. Wir glauben fälschlicherweise, dass wir endlich glücklich werden, wenn es uns nur gelingt, diesen einen Berg zu erreichen. Die Wahrheit sieht vor allem für Unternehmer so aus, dass wir immer noch einen und noch einen Berg vor uns finden werden, den wir erklimmen wollen. Deshalb ist es so enorm wichtig, dass wir bereits den Weg dorthin genießen.

Eine andere Methode, die mir hilft, konzentriert zu bleiben, ist es, abends mein Handy aus der Hand zu legen. Meistens lasse ich es in der Küche oder im Büro, wenn ich zu Bett gehe. Der kleine Zeitfresser ist das Letzte, was ich in meiner wichtigen Entspannungszeit brauchen kann. Außerdem ist früh morgens nicht der richtige Zeitpunkt, sich gleich wieder in den Hindernislauf des Tages zu stürzen. Das hat Zeit, bis du deine Life S.A.V.E.R.S. absolviert, heiß geduscht und eine Tasse Kaffee getrunken hast und richtig in deinem Morgen angekommen bist. Wenn du damit bis nach dem Frühstück warten kannst, umso besser.

Falls dir das schwer fallen sollte, denk mal darüber nach, dir eine gewohnheitsbildende App zuzulegen, die dir hilft, neue Routinen zu lernen. Ich nutze eine App namens *Way of Life*, die mir erlaubt, Gewohnheiten auszuwählen, die ich mir zulegen möchte, und sie abzuhaken, wenn ich sie jeden Tag erledigt habe. Eine der Gewohnheiten, die ich so erfasse, ist zum Beispiel „Zuerst Life S.A.V.E.R.S., dann Handy". Die App erinnert mich daran und zwingt mich gewissermaßen dazu, mir selbst Rechenschaft abzulegen.

Und schließlich erhalte ich mir meinen Fokus, indem ich großzügig in mich selbst investiere. Damit meine ich, dass ich mich bei Events, Konferenzen oder in neuen Gruppen ausschließlich mit Menschen umgebe, die wirklich klug sind und coole Dinge tun. Dadurch kann ich mich konzentrieren.

Wenn ich der klügste Mensch im Raum bin, bin ich im falschen Raum. In den letzten Jahren habe ich mich einigen Gruppen für besonders wachstumsorientierte Unternehmer angeschlossen und bin darin sehr aktiv geworden: dem *Genius Network, Mastermind Talks, Strategic Coach* und *Maverick*. Diese Netzwerke bestehen aus unglaublich motivierten, fokussierten Unternehmern, die sich ständig auch darauf konzentrieren, mir zu helfen, mich zu verbessern.

Ich stimme Jim Rohn zu, wenn er sagt: „Du bist der Durchschnitt aus den fünf Menschen, mit denen du die meiste Zeit verbringst." Mit wem umgibst du dich? Wenn du deine Zeit und dein Geld in Höchstleistungsträger investierst, wirst du viel mehr Geld herausholen, als wenn du zum Beispiel an der Börse spekulierst. Betrachte es doch mal so: Dein Netzwerk bestimmt deinen Wert.

Natürlich bedeutet es noch viel mehr, in sich selbst zu investieren, als sich nur mit den richtigen Menschen zu umgeben. Ich höre beim Laufen Podcasts, sodass ich das meiste aus meiner Zeit heraushole und mir auf zwei Arten gleichzeitig etwas Gutes tue.

Manchmal höre ich so auch Hörbücher, damit ich zuhause mehr Zeit für meine Familie habe, statt mich von ihnen fernzuhalten, um in Ruhe zu lesen.

Kennst du eigentlich die fünf „F", die Kategorien, die die wichtigsten Lebensbereiche abdecken? Das sind Freunde, Familie, Fitness, Finanzen und Fester Glaube. Ideal wäre es, wenn wir diese fünf wichtigsten Säulen jederzeit im Gleichgewicht und perfekter Harmonie zueinander halten könnten, aber so funktioniert es nun mal nicht in der realen Welt.

Im besten Fall gelingt es dir, zwei oder drei davon halbwegs im Griff zu behalten, während die anderen leiden. Es gibt Zeiten, in denen du dich besser auf Freunde und Familie konzentrieren kannst, zum Beispiel im Urlaub. Zu anderen Zeiten werden sie aber zurückstecken müssen, weil du dich um etwas anderes kümmern musst – den festen Glauben und die Finanzen, beispielsweise, wenn du darum beten musst, dass ein Investor sich entscheidet, dein Start-up zu finanzieren.

Hier sind ein paar Tipps, die bei mir immer gut funktioniert haben:

1. Behalte deine lebhafte Vision und deine Quartalsziele im Kopf

Schreib deine lebhafte Vision und deine Ziele auf, teile sie mit anderen und lies sie regelmäßig durch. So kannst du dich dauerhaft darauf fokussieren und das Richtige tun, um sie zu erreichen. Wähle die wichtigsten Projekte aus, an denen du arbeiten musst, und lehne alle ab, die dir nur die Zeit stehlen. Mehr über die lebhafte Vision erfährst du im nächsten Kapitel.

2. Konzentriere dich auf zwei oder drei wichtige Aufgaben pro Tag

Wir haben alle unendlich viele Dinge zu erledigen. Es geht aber darum, dass du dich um die wenigen wirklich essenziellen Aufgaben kümmerst, nicht um die vielen wichtigen.

3. Beginne den Tag mit deinen drei obersten Prioritäten

Kümmere dich gleich um diese drei, damit sicher ist, dass du sie erledigt hast. Stürz dich gleich auf diese drei Aufgaben, wenn du dich an die Arbeit machst. E-Mails können warten. Manchmal arbeitest du sogar am produktivsten, bevor du überhaupt das Haus verlässt und dich auf den Weg ins Büro machst. So machst du es dir noch ein bisschen leichter, dich zunächst um die drei obersten Prioritäten zu kümmern und dich nicht von E-Mails und dem Tagesgeschäft ablenken zu lassen.

4. Teil dir die Arbeit in kleine Schritte ein

Versuch nicht, dich auf ein ganzes Ziel oder Projekt auf einmal zu konzentrieren. Nimm dir stattdessen lieber die einzelnen Schritte vor und arbeite sie nach und nach ab. Ein altes Sprichwort besagt, dass man einen Elefanten am besten einen Bissen nach dem anderen aufisst.

Indem du dich auf die einzelnen Schritte konzentrierst, verlierst du nicht so leicht den Mut, weil das Ziel zu groß aussieht. Außerdem lässt du dich nicht so leicht durch Tagträume über das große Ziel ablenken. Hier sind ein paar Beispiele:

- Schreib zwei Blogposts am Tag.
- Führe drei Verkaufsgespräche pro Tag.
- Ruf jeden Tag drei Bestandskunden an.

Diese kleinen Schritte führen jeweils dazu, dass du deine Präsenz auf den sozialen Medien deutlich verstärkst, dass du mehr Neukunden gewinnst und dass du besseren Kundenservice bieten kannst. Und sie sind ganz einfach zu erledigen.

5. Visualisiere dich bei der Arbeit

Sieh dich selbst, wie du dich konzentrierst und die Arbeit schaffst. Fühle, wie du einen Punkt auf deiner To-do-Liste nach dem anderen abhakst. Und wie du plötzlich deinen Rhythmus findest. Es ist nachgewiesen, dass Visualisierungen die gleichen Zentren im Gehirn ansprechen, die auch aktiviert werden, wenn man die Handlungen tatsächlich ausführt.

6. Lass dich nicht ablenken

Entferne dich von allem, was dich ablenkt. Setz dich nicht in die Nähe eines Fernsehers. Schaff Distanz zu Angestellten oder Kindern, die sich unterhalten. Arbeite früh morgens, bevor die anderen ins Büro kommen. Arbeite an einem anderen Ort als im Büro, zum Beispiel in einem Club oder Meetingraum. Arbeite im Garten. Ich habe früher jeden Donnerstagvormittag im Homeoffice gearbeitet, um mich besser konzentrieren zu können.

7. Nutze die Pomodoro-Technik

Die Pomodoro-Technik habe ich ja schon einmal erwähnt: Es handelt sich dabei um eine Zeitmanagementmethode aus den späten 1980er Jahren. Bei dieser Technik nutzt man einen Timer, um die Arbeit in kurze Einheiten einzuteilen, typischerweise in Phasen von 25 Minuten, zwischen denen man eine kurze Pause macht. Diese Einheiten nennt man „Pomodoros", vom italienischen Wort „Pomodoro", was „Tomate" bedeutet, weil der Küchenwecker, den der Erfinder der Technik als Student benutzte, wie eine Tomate geformt war. Die Methode basiert auf der Grundidee, dass häufige Pausen dazu führen, dass unser Geist beweglicher bleibt. Ich benutze für die Pomodoro-Technik eine App auf meinem iPhone namens *Focus Time.*

Die Technik besteht aus sechs Schritten:

1. Entscheide dich für eine Aufgabe.
2. Stell den Pomodoro-Timer (traditionell auf 25 Minuten).
3. Arbeite an der Aufgabe, bis der Wecker klingelt. Wenn dir dabei eine Ablenkung in den Sinn kommt, schreib sie auf, aber wende dich dann sofort wieder deiner eigentlichen Aufgabe zu.

4. Wenn der Wecker klingelt, mach ein Häkchen auf einen Zettel.
5. Hast du weniger als vier Häkchen auf dem Zettel, mach eine kurze Pause (3-5 Minuten) und fang wieder bei Schritt 1 an.
6. Andernfalls (also nach vier Pomodoros) machst du eine längere Pause (15-30 Minuten), setzt deinen Häkchenzähler auf null zurück und fängst wieder bei Schritt 1 an.

Unternehmerprofil
JOEY COLEMAN

Joeys Firma heißt *Design Symphony.*

Größte Businesserfolge

- Joey ist ein äußerst erfolgreicher Redner bei vielen nationalen und internationalen Vortragswettbewerben von Bestsellerautoren, Prominenten und Internetstars.
- Er hat einigen Start-up-Besitzern geholfen, ihre Firmen für sieben- bis achtstellige Summen zu verkaufen.
- Joeys Karriere hatte viele verschiedene Stationen: Er arbeitete beim US Secret Service, für das Weiße Haus und die CIA; er war Verteidigungsanwalt in einer Privatkanzlei; er lehrte Manager in einem Weiterbildungsprogramm und er gründete und leitete mehr als zehn Jahre lang eine erfolgreiche Firma, die Markenerfahrungen für andere Unternehmen organisierte.
- Er hat sich ein spannendes Portfolio von Design- und Vortragskunden aufgebaut, darunter die NASA, *Zappos*, die Weltbank, die *Save Darfur Coalition*, das *Massachusetts Institute of Technology (MIT), Deloitte, YouTube* und *Google.*
- Als Coach hat er CEOs, professionelle Redner und olympische Medaillengewinner bei der Entwicklung ihrer Vortrags- und Präsentationskünste unterstützt.

Morgenroutine

- Joey wacht gegen 8:30 Uhr auf.
- Als Erstes wirft er einen Blick auf Facebook.
- Dann schreibt er in sein *Five Minute Journal.*
- Beim Duschen und Anziehen denkt er über das nach, was er sich für diesen Tag vorgenommen hat, und geht seinen Zeitplan durch.
- Sein Frühstück besteht aus einem Proteinriegel, Beerensaft von Suja's und einem Viertelliter Wasser.
- Danach spielt er eine Weile mit seinen kleinen Söhnen.
- Später schaut er sich online die Schlagzeilen des Tages an.
- Danach geht er seine E-Mails durch und erledigt innerhalb einer Stunde möglichst viele davon.
- Dann vergräbt er sich tief in der Arbeit an seinen Projekten.

TEIL III:

UNTERNEHMERISCHE ÜBERFLIEGERPRINZIPIEN

7. ÜBERFLIEGERPRINZIP NR. 1:

ERSCHAFFE EINE LEBHAFTE VISION

Was auch immer das Gehirn sich ausdenken und woran es glauben kann, das kann es auch erreichen.

NAPOLEON HILL

Eine der wichtigsten Fähigkeiten für dich als Unternehmer ist es, deine Vision so zu erklären und kommunizieren, dass die Menschen um dich herum sie genauso erkennen können wie du selbst.

Viele Menschen setzen sich Ziele für die Zukunft, aber die wenigsten von ihnen besitzen die dazugehörige Vision: Sie wissen nicht, wie ihr Leben oder ihr Unternehmen aussehen wird, wenn sie ihre Ziele erreicht haben. Wenn du dir zum Beispiel vornimmst, deine Umsätze zu verdreifachen oder sogar zu vervierfachen, was macht das dann aus deinem Unternehmen? Wie viele neue Mitarbeiter müsstest du einstellen? Müsste die Firma dafür umziehen? Oder vielleicht sogar eine Außenstelle eröffnen? Könntest du andere Dienstleistungen anbieten? Wenn ja, welche? Ein Bild mag so viel aussagen wie tausend Worte, aber eine lebhafte Vision für dein Unternehmen ist sogar noch mehr wert.

Eine lebhafte Vision zu erschaffen ist der erste Schritt auf dem Weg dazu, die Größe deiner Firma zu verdoppeln. Es klingt vielleicht wie eine einfache Aufgabe, aber die Vision wirklich zu erfahren ist viel mehr als nur ein Blick auf deine Umsatzzahlen. Die meisten Unternehmer stellen schnell fest, dass sie dafür ganz andere Fähigkeiten brauchen als normalerweise. In diesem Kapitel zeige ich dir, wie du diese Fähigkeiten entwickelst und eine lebhafte Vision erschaffst, die zu deinen Zielen passt.

Bevor du Zeit und Energie investierst, um eine Vision deines Unternehmens in drei Jahren zu erschaffen, musst du verstehen, dass es nicht ausreicht, eine solche Vision zu haben. Darüber hinaus müssen alle Mitarbeiter in deiner Organisation die gleiche lebhafte Vision teilen und sie klar vor Augen haben. Wenn deine Mitarbeiter und du unterschiedliche Vorstellungen davon habt, wie das Unternehmen in drei Jahren aussehen und sich anfühlen wird, besteht keine Chance, dass das, was du heute vor deinem inneren Auge siehst, auch genauso eintrifft.

Lehn dich in die Zukunft hinaus

Hast du schon mal einen Hochspringer vor dem Wettkampf gesehen? Wenn du das nächste Mal eine Übertragung der Olympischen Spiele oder einer Leichtathletikmeisterschaft anschaust, achte auf die Hochspringer. Die meisten von ihnen stehen still da, bevor sie Anlauf nehmen. Sie schließen die Augen, manche nicken ein wenig mit dem Kopf. Ab und zu werfen sie sogar den Kopf in den Nacken, während sie sich geistig sammeln und vor ihrem inneren Auge sehen, wie sie auf die Stange zulaufen und ihren Körper darüber werfen. Sie nutzen ihre Konzentration und Visualisierungen, um das gewünschte Ergebnis zu erreichen, und indem sie sich die Hindernisse vorstellen, die ihnen dabei begegnen, stellen sie sich körperlich und geistig auf die Herausforderung ein.

Auch du kannst die Konzentrations- und Visualisierungstechniken von Sportlern für dein Unternehmen nutzen. Wenn du es versäumst, deine Mitarbeiter und dich auf jede mögliche Art darauf einzustellen, mit welchen Hindernissen ihr auf dem Weg zum Ziel zu rechnen habt, wirst du es schwer haben, ans Ziel zu kommen.

Ich habe bei einem Mittagessen der *Young Entrepreneurs' Organization* (jetzt bekannt als *Entrepreneurs' Organization* oder EO) im Jahr 1998 zum ersten Mal von diesem Visualisierungsprozess gehört. Damals dachte ich gleich, dass es dabei um eine Methode geht, sich in die Zukunft zu lehnen, und seither habe ich von einigen anderen Unternehmern gehört, dass sie die Methode so ähnlich beschreiben würden. Offenbar ist diese Beschreibung also für andere genauso sinnvoll wie für mich.

Nach diesem folgenreichen Mittagessen hatte ich die Möglichkeit, von einem olympischen Trainer und Sportpsychologen mehr über den Visualisierungsprozess zu lernen. Durch viel Übung habe ich die Methode immer weiter auf mich abgestimmt und riesige Erfolge eingefahren, nachdem ich begann, sie im Unternehmenskontext einzusetzen.

Menschen stellen sich gern Herausforderungen. Eine lebhafte Vision bedeutet genau das. Wenn Angestellte einer Firma klar und deutlich sehen können, wie das Unternehmen in drei Jahren aussehen wird, erkennen sie dadurch auch besser, was sie selbst tun können, um sich für den Erfolg der Firma einzusetzen.

Den meisten Menschen geht es so, dass sie ihre Arbeit erfüllender finden, wenn sie das Gefühl haben, dadurch zu einem gemeinsamen Ziel beizutragen. Die lebhafte Vision erlaubt jedem Mitarbeiter der Firma, sich als Teil dieses größeren Plans zu fühlen. Und sie sehen diese Vision ebenso klar wie alle anderen Mitarbeiter und sogar der Geschäftsführer selbst. Jeder hat das Gefühl, dass alle am gleichen Strang ziehen – weil sie genau das auch tun.

Wenn du dich in die Zukunft gelehnt und deine klare Erfolgsvision fest gegriffen hast, steigt damit die Wahrscheinlichkeit, dass du dein Traumziel auch erreichen wirst. Deshalb ist es so wichtig, dass du dich konzentrierst, die Vision entwickelst und mit deinen Angestellten, Zulieferern, Teilhabern und sogar deinen Kunden teilst und ihnen erklärst, wie dein Unternehmen zu jedem Zeitpunkt seiner Wachstumsphase aussehen wird. Ich rede hier nicht von einer To-do-Liste, einem Fünfjahresplan oder einem Visionspapier. Visionspapiere entstehen normalerweise, wenn eine Gruppe von Menschen zusammensitzt und versucht, die richtigen Worte zu finden, um die Firma möglichst genau zu beschreiben. Dadurch erschaffen sie ein Unternehmensleitbild oder ein Visionspapier aus einem Satz, das niemanden interessiert und das hinterher nie wieder jemand liest.

Eine lebhafte Vision ist viel mehr. Sie entsteht, wenn ein Unternehmer, Gründer, CEO – oder wie auch immer du dich nennst – mit einem Bein fest in der Gegenwart steht, sich aber in die Zukunft hinauslehnt und das andere Bein dort abstellt: im Land dessen, was sein könnte.

Ich habe festgestellt, dass drei Jahre der beste Zeitraum für eine lebhafte Vision sind. Diese Spanne ist kurz genug, um realistisch und erreichbar zu erscheinen, aber lang genug, um dir zu ermöglichen, innovative und umfassende Ideen umzusetzen. Dadurch können deine Angestellten den Bauplan der Vision in ihre kurz- und mittelfristigen Ziele integrieren, während sie gleichzeitig begeistert auf die noch erfolgreichere Zukunft hinarbeiten, die du ihnen beschrieben hast.

Am Ende deines Prozesses wird deine lebhafte Vision aus einem Dokument mit drei oder vier Seiten bestehen, auf denen du beschreibst, wie du dir dein Unternehmen in drei Jahren vorstellst, wenn es doppelt so groß ist wie heute. Wenn sich das jetzt aber wie etwas anhört, das man ganz leicht aus dem Ärmel schütteln kann, muss ich dich enttäuschen.

Erschaffe deine lebhafte Vision

Im ersten Schritt zu deiner lebhaften Vision musst du anfangen, über bestimmte Fragen nachzudenken. Wenn du einen Blick in die Zukunft wirfst, was siehst du dann? Mach dir vorerst noch keine Gedanken darüber, wie du es aufbauen wirst. Konzentriere dich darauf, zu beschreiben, was du dir für die nächsten drei Jahre ausmalst. Eine hilfreiche Übung ist es, dir vorzustellen, dass du einen

Film über alle Bereiche deines Unternehmens drehst: über deine Angestellten, deine Kunden, deine Beziehungen mit Zulieferern und so weiter. Wie sehen die Details und das große Ganze in drei Jahren aus?

Um die Fragen rund um deine lebhafte Vision zu beantworten, musst du die täglichen Sorgen über das Tagesgeschäft aus deinem Gehirn verbannen und dir die Freiheit und Konzentration nehmen, die Zukunft zu visualisieren, genau wie Olympiateilnehmer es mit ihren Leistungen tun.

Hier sind ein paar Schritte, die dich auf den richtigen Weg bringen. Du willst zwar nur drei oder vier Seiten schreiben, aber diese Seiten sind unter den wichtigsten, die du jemals schreiben wirst.

Verlasse dein Büro

Um eine lebhafte Vision für dein Unternehmen zu erschaffen, musst du zuallererst aus deinem Büro gehen. Wenn du versuchst, irgendwo in deinem Firmengebäude zu arbeiten, sei es an deinem Schreibtisch oder in einem Konferenzraum, ist es sehr wahrscheinlich, dass du dich wieder in die tägliche Routine hineinziehen lässt, was deinen Geist daran hindert, durch die Zukunft zu streifen.

Im normalen Büro zu arbeiten schränkt deinen Geist auf die üblichen Bedingungen ein, und das ist das genaue Gegenteil von dem, was du mit dieser Übung erreichen willst. Vergiss die aktuellen Zahlen, täglichen Aufgaben, Verpflichtungen und die drohende Frage nach dem *Wie*. Lass deine Gedanken frei wandern.

Meiner Erfahrung nach erschafft sich eine lebhafte Vision am leichtesten draußen in der Natur. Setz dich ans Meer, geh in den Wald, finde einen Ort in den Bergen oder leg dich einfach im Garten in die Hängematte.

Ich zeichne und schreibe dabei. Das ist übrigens genau das, was ich getan habe, als ich die lebhafte Vision für meine Firma entworfen habe, mit der ich Unternehmern dabei helfe, ihre Träume wahr werden zu lassen.

Schalte den Computer aus

Für den ersten Entwurf der lebhaften Vision für dein Unternehmen solltest du auf keinen Fall den Computer benutzen, weil du sonst Gefahr läufst, dich wieder in die täglichen E-Mails und Aufgaben hineinziehen zu lassen. Versuche es stattdessen lieber mit Stift und Papier. Es liegt ein Zauber darin, eine Vision von Hand aufzuschreiben. Ich benutze einen Zeichenblock mit unliniertem Papier. Mir fiel es früher schwer, abstrakt zu denken, weil ich so stark von meiner linken Gehirnhälfte beeinflusst bin. Also drehte ich meinen Block ins Querformat und schrieb meine Vorstellung davon, wie mein Unternehmen drei Jahre später aussehen würde, so darauf.

Denk ans Wohin, nicht ans Wie

Schau dir den Weg an, der vor dir liegt. Achte dabei nicht darauf, wie du ihn bewältigen wirst. Als ich noch COO bei *1-800-GOT-JUNK?* war, habe ich mich mit voller Absicht aus der lebhaften Vision herausgehalten, weil ich die Wie-Person war, die alles in die Tat umsetzte.

Der Firmengründer Brian Scudamore dagegen war der Mensch, der für das Wohin zuständig war: Er betrachtete den Kurs für die Zukunft und entschied, wohin er die Firma steuern wollte. Hätte ich versucht, mich in die Vision für das Unternehmen einzubringen, wäre ich ihm ständig in die Quere gekommen, weil ich immer darüber nachgedacht hätte, wie wir bestimmte Dinge umsetzen können.

Inzwischen habe ich gelernt, dass ich den Prozess einfach passieren lassen muss, statt immer nach dem Wie zu fragen.

Ich nutze dafür eine Technik, die als „Mind-Mapping" bekannt ist. Dabei geht es nicht so sehr darum, etwas perfekt zu formulieren, sondern mehr darum, Gedanken zu Papier zu bringen, die man später noch genauer ausarbeiten wird. Durch Mind-Mapping kannst du brainstormen, ohne Erklärungen und Strategien mitliefern zu müssen, wie das gewünschte Ziel erreicht werden kann.

Gestatte dir wilde Gedanken

Es fällt mir ein bisschen schwer, kreativ zu werden, aber ich kann es schaffen. Eine lebhafte Vision zu erschaffen bedeutet, dass du dir erlauben musst, alles Mögliche zu denken, und ich möchte dir dringend ans Herz legen, das auch zu tun. Wenn du möglichst kreativ werden möchtest, musst du alle Ideen zulassen – auch die, die vielleicht ein bisschen zu verrückt sind, um sie in einem Meeting zu präsentieren oder auch nur ernsthaft in Betracht zu ziehen. Hier ist eine gute Faustregel, wie du deine Kreativität von der Leine lässt: Wenn dir bei einer deiner Visionssitzungen etwas in den Sinn kommt, das bizarr oder unwahrscheinlich scheint, solltest du es definitiv zu einem Teil deiner lebhaften Vision machen.

Die Checkliste deiner lebhaften Vision

Stell dir vor, du bist mit einer Zeitmaschine in die Zukunft gereist. Es ist der 31. Dezember in drei Jahren. Du gehst mit einem Klemmbrett in der Hand durch deine Firma.

- Was siehst du?
- Was hörst du?
- Was sagen deine Kunden?
- Was berichten die Medien über dich?
- Was sagen deine Angestellten in der Kaffeeküche über dich und ihre Arbeit?
- Welche Kommentare macht deine Community über dich?
- Wie sieht dein Marketing aus? Machst du inzwischen weltweit Werbung für deine Produkte und Dienstleistungen? Stehen neue Online-Anzeigen oder Fernsehwerbespots an?
- Wie läuft deine Firma von Tag zu Tag? Ist sie gut organisiert und läuft wie ein Uhrwerk?
- Was machst du selbst jeden Tag? Konzentrierst du dich auf strategische Ziele, Team-Building, Kundenbeziehungen, etc.?
- Wie steht es finanziell um das Unternehmen?

- Woher kommen deine Einnahmen?
- Wie setzen deine Angestellten deine wichtigsten Werte um?

Achte auf jeden Bereich deines Unternehmens: Kultur, Personal, Marketing, PR, Vertrieb, IT, operatives Geschäft, Finanzen, Produktion, Kommunikation, Kundenservice, technische Planung, Werte, Mitarbeiterzufriedenheit, Work-Life-Balance und so weiter. Denk auch an deine Interaktionen mit anderen Teilhabern. Vergiss nicht, dass du dir diese Aspekte deines Unternehmens vorstellst, nachdem es sich in der Größe verdoppelt hat.

Sobald ich alle Ideen aus meinem Kopf zu Papier gebracht habe, kann ich eine dreiseitige, nach Bereichen sortierte Beschreibung dessen aufschreiben, was ich durch Mind-Mapping erschaffen habe.

Deine lebhafte Vision sollte ein geschriebenes, ungefähr drei Seiten langes Dokument sein, in dem du im Detail beschreibst, wie du, als der oberste Geschäftsführer der Firma, dir vorstellst, dass sie in drei Jahren aussehen und sich anfühlen wird. Was nicht hineingehört, sind Einzelheiten dazu, wie die Firma aufgebaut werden wird oder woher die einzelnen Elemente deiner Vision kommen sollen. Deine Vision beschreibt, wie die Zukunft aussehen wird, nicht, wie du dorthin kommen willst.

Such dir Unterstützung

Wenn deine lebhafte Vision fertig ist, zeige sie deinen Angestellten, Lieferanten, Banken und Anwälten. Du wirst sehen, wie sich immer mehr Menschen deinen Zielen anschließen werden, sodass das Bild schon bald beginnt, wahr zu werden.

Eine lebhafte Vision ist unglaublich hilfreich für deine Mitarbeiter, weil sie ihnen hilft, ihre Rolle innerhalb des großen Plans zu verstehen. Ich habe sogar schon erlebt, dass einzelne Abteilungen in einer Firma sich ihre eigenen lebhaften Visionen erschufen, die sich nahtlos in die allgemeine lebhafte Vision des Unternehmens einfügten. Deine Vision innerhalb der Firma zu teilen wird dafür sorgen, dass alle betroffenen Personen beginnen, unbewusst

Entscheidungen zu treffen, die zu deinen Zielen passen. Das führt wiederum dazu, dass Menschen außerhalb des Unternehmens, die deine lebhafte Vision kennen, bewusst mithelfen werden, sie wahr werden zu lassen, weil sie sehen, dass deine Mitarbeiter sich von der Begeisterung, Energie und Klarheit anstecken lassen.

Bleib bei einer Drei-Jahres-Vision

Der Hauptgrund, warum du eine Vision für die nächsten drei Jahre entwerfen solltest, liegt darin, dass längere Zeiträume oft überwältigend wirken können. Betrachte es doch einmal so: Um eine lebhafte Vision zu erschaffen musst du mit einem Fuß fest in der Gegenwart stehen und mit dem anderen nach vorne tasten. Wenn du dich viel weiter als drei Jahre in die Zukunft lehnst, verlierst du das Gleichgewicht und fällst hin. Konzentriere dich also lieber auf das, was drei Jahre vor dir liegt, und schreib auf, was du siehst. Ein halbes Jahr vor Ende dieser drei Jahre solltest du anfangen, deine nächste lebhafte Vision zu entwickeln.

Lies deine lebhafte Vision häufig durch

Im Lauf der Zeit werden sich alle Entscheidungsprozesse in deiner Firma immer weiter an deine lebhafte Vision anpassen. Ich schlage vor, du lässt deine Mitarbeiter und Lieferanten das Dokument immer wieder durchlesen. Ein perfekter Zeitpunkt dafür wäre zum Beispiel zu Beginn einer vierteljährlichen Planungsklausur. Ich habe bei solchen Klausuren festgestellt, dass es sehr hilfreich ist, wenn jeder die lebhafte Vision in Ruhe durchliest und alle Worte und Sätze unterstreicht, die ihn besonders ansprechen.

Danach liest jeder der Reihe nach vor, was er unterstrichen hat. Durch diese Übung stimmt sich das ganze Team auf die Vision ein, bevor es mit dem Brainstormen beginnt. Außerdem ist sie ein hervorragendes Werkzeug für dich, wenn es darum geht, Projekte für die Zukunft zu planen und Prioritäten festzulegen. Bei *MCI*, einem globalen Unternehmen mit Schwerpunkt auf Kommunikation und

Eventmanagement aus Genf, lesen die Mitarbeiter sogar jedes Mal einen Teil der Vision, bevor sie sich in ein Meeting mit drei oder mehr Teilnehmern begeben. Sie sind fast besessen davon, sich auf die Vision zu konzentrieren, sodass alle Entscheidungen und Diskussionen zunächst darauf eingenordet werden.

Wenn du dich erst einmal ganz der Aufgabe verschrieben hast, dir deine Zukunftsvision auszumalen und sie anderen zu beschreiben, hast du das optimale Rüstzeug dafür, deine Erfolgsgeschichte von hinten aufzurollen.

Die fünf jährlichen Kernziele

Wie gesagt, die lebhafte Vision ist der erste und vermutlich auch wichtigste Schritt auf dem Weg zu perfekter Konzentration für dein Unternehmen. Sicherzustellen, dass du als Unternehmer deine lebhafte Vision monatlich einmal durchliest, wird dafür sorgen, dass du und die Menschen in deiner Umgebung euch darauf fokussiert, sie wahr werden zu lassen. Sicherzustellen, dass deine Angestellten, Kunden und Lieferanten sie mindestens einmal pro Quartal lesen, sorgt dafür, dass sie sich ebenfalls darauf ausrichten, sie umzusetzen.

Das ist aber noch nicht alles. Visionen ohne Umsetzung sind nur Halluzinationen – das hat Thomas Edison gesagt, da bin ich mir ziemlich sicher. Und ich halte mich an diese Worte. So wichtig die lebhafte Vision ist, wir müssen auch herausfinden, was wir konkret dafür tun können, dass sie wahr wird. Dafür müssen wir uns zunächst ein paar Ziele setzen.

Denk daran, dass deine lebhafte Vision sich im Lauf von drei Jahren nach und nach entwickeln wird. Das bedeutet, circa 33 Prozent davon werden im dritten Jahr passieren, 33 Prozent im zweiten Jahr und 34 im ersten. Mithilfe dieser Information kannst du entscheiden, welche Ziele du brauchst, um deine Firma mit einem starken ersten Jahr auf den richtigen Kurs zu bringen.

Der nächste Schritt ist es, die fünf jährlichen Kernziele zu erkennen, die du erreichen musst, wenn du willst, dass deine lebhafte Vision Früchte trägt. Ich coache alle Unternehmer darauf, ein messbares Ziel für jeden dieser Bereiche zu setzen. Mit „messbar" meine ich in diesem Fall ein Ziel, das sich als Euro (€), Zahl (Nr.) oder Prozentsatz (%) ausdrücken lässt. Wenn das nicht geht, ist das Ziel zu schwammig, und schwammige Ziele bringen schwammige Ergebnisse.

Ich habe mir selbst eine bestimmte Geisteshaltung zugelegt, wenn es darum geht, Ziele zu setzen, deshalb bin ich erfolgreicher als die meisten anderen Unternehmer. Ich setze mir zunächst ein Ziel und versuche dann erst herauszufinden, was ich tun muss, um es wahr werden zu lassen. Die meisten Menschen versuchen, eine Vorhersage darüber zu treffen, wohin sie gehen. Ich dagegen entscheide zuerst, wo ich am Ende sein will, und erschaffe mir dann erst den Plan, wie ich dorthin komme.

Die fünf Ziele, die du dir setzen musst, müssen diese Bereiche betreffen:

- Umsatz
- Gewinn
- Kundenbindung
- Mitarbeiterzufriedenheit
- Strategische Ausrichtung

Wenn du die Ziele festlegst, solltest du an diese Dinge denken:

Umsatz – Wie hoch soll dein Umsatz in drei Jahren sein? Arbeite rückwärts von diesem Punkt. Sagen wir, du setzt aktuell eine Million Euro um und möchtest in drei Jahren einen Umsatz von fünf Millionen. Wenn du von dort aus rückwärtsgehst, wirst du merken, dass der Umsatz im zweiten Jahr drei Millionen und im ersten Jahr zwei Millionen betragen muss.

Gewinn – Geh ähnlich vor wie beim Umsatz, mit dem Ende vor Augen. Wieviel Geld möchtest du in drei Jahren verdienen? Um diese Zahl zu erreichen, wieviel musst du dann im zweiten Jahr verdienen? Und im ersten? Diese Zahl ist das Gewinnziel für das erste Jahr.

Du siehst wahrscheinlich schon, worauf ich hinauswill. Drei Jahre in die Zukunft zu denken und dann von diesem Punkt aus rückwärts zu arbeiten, sorgt dafür, dass du am Ende das große Ganze geschafft haben wirst. Sobald du alle fünf Ziele festgelegt hast, kannst du darüber nachdenken, welche Projekte du schaffen musst, um die Ziele auch zu erreichen.

Kundenbindung – Das ist einfach. Hier zählt nur eine Zahl: der „Net Promoter Score" (NPS), auch als „Promotorenüberhang" bekannt. Tatsächlich wissen nur die wenigsten Unternehmen, wie sie Kundenzufriedenheit am besten messen, und wenn sie es trotzdem versuchen, verwenden sie oft die falschen Zahlen (zum Beispiel einen Durchschnittswert aus 10 Punkten). Die Zahlen, die ich verwende, basieren auf der NPS-Berechnung.

Um deinen NPS zu kalkulieren, benutzt du die Antworten deiner Kunden auf eine einzige Frage: „Wie wahrscheinlich ist es auf einer Skala von 1 bis 10, dass Sie [Firmenname] einem Freund oder Kollegen weiterempfehlen würden?" Diese Frage nennt man „Net-Promoter-Score-Frage" oder „Weiterempfehlungsfrage".

Die Antworten werden so zusammengefasst:

- *Promoter* (mit Werten von 9-10) sind begeisterte und treue Kunden, die immer wieder bei dir kaufen und andere auf dein Produkt oder deine Dienstleistungen aufmerksam machen. Sie helfen deinem Unternehmen beim Wachsen.
- *Passive* (mit Werten von 7-8) sind zufriedene, aber wenig begeisterte Kunden, die sich durch Angebote der Konkurrenz abwerben lassen würden.
- *Detraktoren* (mit Werten von 0-6) sind unzufriedene Kunden, die deiner Marke Schaden zufügen und deinem Firmenwachstum durch negative Mundpropaganda im Weg stehen können.

Zieh den Prozentsatz der Detraktoren vom Prozentsatz der Promoter ab. Das Ergebnis ist dein NPS, der zwischen -100 (= jeder Kunde ist ein Detraktor) und +100 (= jeder Kunde ist ein Promoter) liegen kann.

Meine Klienten tun alle ihr Bestes, um einen NPS von 50 bis 80 % zu erreichen. Das ist nicht leicht, aber sobald du nach einer kurzen, ersten Umfrage weißt, wo du aktuell stehst, kannst du ein Ziel setzen, das du in diesem Jahr erreichen willst.

Mitarbeiterzufriedenheit – Dieses Ziel ist gleichzeitig enorm wichtig und wird häufig übersehen. Je zufriedener deine Angestellten sind, desto glücklicher sind deine Kunden und desto profitabler ist deine Firma. Ich nutze die gleiche NPS-Berechnung wie für die Kundenbindung, um der Mitarbeiterzufriedenheit einen Wert zuzuordnen, aber ich stelle ihnen dafür eine andere Frage:

„Wie wahrscheinlich ist es, dass Sie [Firmenname] einem Freund oder Kollegen als Arbeitgeber empfehlen würden?"

Strategische Ausrichtung – Dieses Ziel ist ein bisschen schwerer zu erfassen. Es bedeutet, dass du deine Firma gezielt an einer bestimmten Stelle neu aufstellst. Ich zum Beispiel arbeite gerade hart daran, die ersten 50 Mitglieder für die *COO Alliance* zu finden, die bereits erwähnte Mastermind-Gruppe, die ich gegründet habe. Mein Ziel für dieses Jahr ist es also, bis zum 31. Dezember 50 *COO-Alliance*-Mitglieder zu haben.

Letztes Jahr waren es drei neue Bücher, die ich bei Amazon herausgebracht habe. Strategisch betrachtet haben beide Ziele meine Marke weiter nach vorn gebracht und mir neue Einnahmequellen erschlossen. Sie haben beide mit Strategien zu tun und liegen außerhalb meiner Kernkompetenzen.

Vor vielen Jahren, als ich mitgeholfen habe, *1-800-GOT-JUNK?* aufzubauen, war es eines unserer strategischen Jahresziele, bis 2003 in jedem der 30 größten Ballungsräume in den USA eine Niederlassung zu haben. Wir steckten viel Arbeit hinein, dieses Ziel zu erreichen, weil wir wussten, dass es die Konkurrenz schwer haben würde, Fuß zu fassen, wenn wir schon in jedem der wichtigsten Märkte vertreten waren. Indem wir hart arbeiteten und uns auf dieses Ziel konzentrierten, gelang es uns, alle 30 Märkte zu besetzen. Tatsächlich war es schon der 17. Dezember 2003, als wir den Vertrag in der 30. Stadt, Madison in Wisconsin, unterzeichneten.

Diese Jahresziele klar zu sehen ist besonders wichtig für jeden Unternehmer. Denk daran: Es ist vorerst nicht wichtig, wie du sie erreichen kannst. Darum kümmern wir uns später. Zunächst möchtest du diese Ziele nur festlegen und sie mit deinem Team und einem Rechenschaftspartner teilen. Wenn ich mir Jahresziele für diese fünf Bereiche setze, denke ich zuerst darüber nach, was das Ziel für jeden der Bereiche in drei Jahren sein soll, dann daran, wie das Ziel in zwei Jahren aussehen soll und erst dann daran, was es für das erste Jahr sein muss. Ich arbeite von dem Punkt aus rückwärts, den ich erreichen will, statt zu versuchen, von heute aus Vorhersagen zu treffen.

Wenn du Jahresziele gesetzt hast, die auf deiner lebhaften Vision basieren, planst du für die aktuellen Ziele in diesem Jahr und jedem Quartal. Am besten benutzt du dafür deinen eigenen Prozess, um das beste Ergebnis zu erreichen, aber ich möchte eine grobe Skizze davon teilen, wie ich es mache.

Entwickle einen Plan von nicht mehr als zehn Schlüsselprojekten, die dir helfen werden, deinen fünf Jahreszielen näher zu kommen. Plane deine Arbeit und arbeite an deinem Plan. Suche nach leicht erreichbaren Dingen. Ich suche mir auch immer Dinge aus, die leicht umzusetzen sind, mein Unternehmen aber voranbringen und Schwung für die kniffligeren Aufgaben aufbauen.

Ich investiere zum Beispiel relativ viel Zeit in kostenlose PR, weil ich so für wenig Investition relativ gute Ergebnisse erzielen kann. Ich versuche, so viele Interviews in verschiedenen Medien zu geben wie möglich, weil ich daraus Schwung, Umsatz, Profit und bessere Kundenbindung ziehen kann, ohne Geld oder zu viel Zeit dafür aufwenden zu müssen.

Unternehmer tendieren dazu, sich viel zu oft auf Projekte zu konzentrieren, die sie zwar ihren Zielen näherbringen, die aber unnötig kompliziert sind. Stattdessen rate ich dir dringend, nach leicht umsetzbaren Projekten zu suchen, die nicht viel kosten, dir aber wichtigen Schwung verleihen. Normalerweise reichen solche Projekte fast oder sogar ganz, um dein Ziel zu erreichen. Und die Energie, die du daraus ziehen kannst, ein Projekt anzufangen und zu beenden, verschafft dir in aller Regel sogar mehr Schwung und bessere Ergebnisse, als du erhalten könntest, wenn du dich um ein riesiges, kompliziertes, schwieriges Projekt kümmerst.

Ich nehme mir außerdem nicht mehr als 10 Projekte pro Jahr vor. In Wirklichkeit wirst du ziemlich sicher mehr schaffen, aber indem du dich zunächst auf 10 konzentrierst, kannst du sie abarbeiten und dann immer noch mehr auf deine Liste setzen. Konzentration ist die Hauptsache dabei. Wenn du gleich mit einer Liste von 20 Projekten anfängst, läufst du Gefahr, dich zu übernehmen, die Konzentration zu verlieren und insgesamt weniger zu schaffen. Hier ist weniger mehr.

Brich die Ziele und Projekte in kleinere Projekte und Aufgaben herunter und kümmere dich in der logischen Reihenfolge darum. So wirst du am schnellsten damit fertig. Ein Jahresziel wird so zum Beispiel zu vier Quartalszielen. Quartalsziele werden zu drei kleineren Monatszielen. Wenn du dich dann jede Woche hinsetzt und deine Strategieprojekte für den Monat und das Quartal betrachtest, entscheidest du, welche fünf Dinge – sortiert nach der Größe ihrer Auswirkungen – als Nächstes geschehen müssen, damit du damit vorankommst oder sie sogar abschließt. Fang mit den großen, wichtigen Dingen an und kümmere dich danach um den Kleinkram. Wenn du dir einfach nur vornimmst, jeden Tag drei der fünf wichtigsten Dinge fertigzustellen, wird dir das enorm helfen, deine großen Quartals- und Jahresziele zu erreichen.

So präsentierst du deine lebhafte Vision

Interne Einführung

Wenn andere deine lebhafte Vision lesen, sollte ihnen kurz vor Ehrfurcht und Bewunderung die Kinnlade herunterfallen. Tut sie das nicht, denkst du vielleicht noch nicht groß genug. Kleine, sichere, kalkulierte Pläne ziehen keine außergewöhnlichen Leistungen nach sich. Stell dir vor, wie es gewesen sein muss, als Elon Musk verkündete, dass sein Tesla Model S in nur 2,8 Sekunden von 0 auf 100 km/h beschleunigen können würde – etwas, das er selbst als lächerlich bezeichnete. Irgendjemand im Raum muss doch gedacht haben: „Mann, du bist völlig wahnsinnig."

Verlass deinen Wohlfühlbereich und strecke dich nach mehr. Wenn du keine Schmetterlinge im Bauch hast, bekommt sie auch sonst niemand. Es ist zwingend erforderlich, dass andere deine Begeisterung teilen. Das ist letzten Endes der Grund, aus dem du deine lebhafte Vision überhaupt erschaffen hast. Es geht nicht darum, dass du dich mit deiner Vision gut fühlst, dass aber niemand anders sie versteht. Deine Vision ist dafür gemacht, der ganzen Welt präsentiert zu werden, also sei mutig, wenn du es tust!

Während der Einführung ist es wichtig, dass du deinem Team und allen anderen Betroffenen klar machst, dass einige der Elemente in deinem Dokument vor anderen in Kraft treten werden. Manche werden erst am Ende der drei Jahre wahr werden. Es kann sogar sein, dass es dafür Voraussetzungen braucht, die noch gar nicht existieren! Du musst dich vielleicht auf Technologien verlassen, die erst noch erfunden oder weiterentwickelt (oder günstiger) werden müssen. Die unterschiedlichen Elemente deiner Vision bauen aufeinander auf wie ein Haus: Zuerst kommt das Fundament, dann die Böden, die Wände und zuletzt das Dach, wie bei einem Traumhaus.

Wenn du deine Leute nicht daran erinnerst, dass ein Ziel in drei Jahren bedeutet, dass ab dem ersten Jahr bereits Ziele erreicht werden müssen, übersehen sie das wahrscheinlich und halten dich für komplett übergeschnappt. Das ist ein bisschen, als müsste man versuchen, einem 13-jährigen zu erklären, wie er mit 16 leben wird. Er kann es sich noch nicht vorstellen, weil es sich noch so weit weg anfühlt und weil sich seine Welt in diesem Zeitraum so vollkommen verändert haben wird.

Teile deine Vision mit der ganzen Firma

Fang mit der firmeninternen Einführung an. Teile deine lebhafte Vision mit deinen Angestellten, Teilhabern und allen anderen Personen innerhalb deines Unternehmens. Es ist wichtig, zunächst mit der internen Präsentation zu beginnen, um sicherzustellen, dass alle Teammitglieder deine Vision verstehen und sich davon begeistern lassen, bevor du sie der Außenwelt vorstellst.

Jedes Mitglied deines Unternehmens muss sie sehen, spüren und verinnerlichen, denn diese Menschen sind Kontaktpunkte zur Außenwelt. Du willst auf keinen Fall, dass einer deiner Lieferanten von der Vision begeistert ist und dann einen deiner Angestellten anruft, der keine Ahnung hat, wovon der andere redet. Deshalb muss deine Vision zuallererst innerhalb deiner Organisation verstanden und akzeptiert werden. Im nächsten Quartal kannst du dann vielleicht anfangen, darüber nachzudenken, wie du sie nach außen kommunizieren willst.

Die interne Einführung sollte unbedingt persönlich und im ganzen Team geschehen. Am besten versuchst du, alle in einem Raum zu versammeln. Ob das klappen kann, hängt natürlich von der Größe deines Unternehmens ab. Wenn du 30 Angestellte hast, kannst du die Vision allen gleichzeitig präsentieren. Bei 500 Angestellten ist es sinnvoller, nach Abteilungen vorzugehen und die unten beschriebene Methode entsprechend anzupassen. Wenn die Organisation aus 20.000 Personen besteht, musst du kreativ werden.

Fang mit einer ausgedruckten Version deiner lebhaften Vision an. Lass sie von der ganzen Gruppe laut vorlesen, indem jeder der Reihe nach einen Absatz liest, bis ihr am Ende angekommen seid.

Währenddessen ist es deine Aufgabe als CEO, die Reaktion der Menschen im Raum einzuschätzen. Wer lässt sich mitreißen, begeistern, überzeugen? Wer nicht? Auf die zweite Gruppe solltest du besonders achten. Sie passen vielleicht nicht gut in deine Firma – oder sie verstehen deine Vision nicht. Mach es zu einer Priorität, das herauszufinden.

Nachdem die Gruppe den Text gelesen hat, lass sie die Sätze und Passagen unterstreichen, die sie besonders begeistern und inspirieren, und lade sie ein, diese Teile des Dokuments mit dem Rest der Gruppe zu teilen.

Für Diskussionen oder Debatten soll hier kein Platz sein. Die Übung dient dem Zweck, dass die Angestellten verstehen, wohin ihr CEO das Unternehmen führen will. Die Gelegenheit, darüber zu diskutieren, wie jeder Aspekt der Vision erreicht werden kann, wird sich in späteren Meetings noch ergeben. Für den Moment ist es wichtig, dass das Material verstanden und zu einem Gedankenanstoß und einer Inspirationsquelle wird. Du möchtest, dass deine Leute denken: „Was wäre, wenn …?", sich mit deiner lebhaften Vision auseinandersetzen und sich darauf einlassen.

Denk daran, dass die Reise drei Jahre dauern wird. Deshalb ist es sinnvoll, wenn du die lebhafte Vision einmal pro Quartal wieder herausholst und noch einmal durchliest. Öffne sie in einem Word-Dokument und streiche alles, was schon Früchte trägt, grün an. Dann markiere alles, an dem du aktuell arbeitest, gelb. Gib allen Beteiligten die Möglichkeit zu sehen, wie die Zukunft sich abzuzeichnen beginnt.

Dann schaust du dir jeden Satz an und entscheidest, welche Projekte als Nächstes angegangen werden müssen und was genau daran passieren muss. So legst du fest, wie dein nächstes Quartal aussehen wird, und kannst einen entsprechenden Kurs einschlagen. Die Sätze deiner lebhaften Vision dienen dir als Seekarte.

Mit dieser Übung sorgst du dafür, dass alle Mitglieder deiner Organisation den gleichen Informationsstand haben und am gleichen Strang ziehen. Sie wird deine Mitarbeiter erneut inspirieren und ihnen helfen, sich auf das Wichtige zu konzentrieren. Außerdem zeigt sie ihnen klar auf, was sofort getan werden muss, um das hochtrabende Ziel zu erreichen, das ihr euch als Gruppe vorgenommen habt.

Nachdem du deine lebhafte Vision firmenintern vorgestellt hast, rate ich dir, ungefähr ein Vierteljahr zu warten, bevor du sie der Außenwelt präsentierst. Bei der externen Einführung zeigst du das Dokument potenziellen neuen Angestellten, Kunden, Lieferanten, möglichen Geschäftspartnern, Banken, Anwälten und natürlich den Medien.

Bewerber um Arbeitsplätze in deiner Firma werden deine lebhafte Vision lesen und entweder begeistert sein, ein Vorstellungsgespräch zu bekommen, oder gleich wissen, dass sie nicht für diese Firma arbeiten wollen.

Deine Lieferanten werden sich freuen, mit dir zusammenzuarbeiten, und dir vielleicht sogar bessere Angebote machen, als du erwartet hättest, weil sie sehen können, wohin du die Firma in Zukunft steuern wirst. Wenn sich deine Lieferanten von deiner Begeisterung anstecken lassen, passieren oft sehr coole Dinge.

Ich habe bereits erlebt, dass Banken einer Firma ausschließlich aufgrund einer lebhaften Vision einen Kredit gewähren, weil sie dadurch zum ersten Mal verstanden haben, was die Firma eigentlich macht. Kontoauszüge und Meetings mit dem CEO reichen nämlich manchmal nicht aus, um sich ein klares Bild zu schaffen.

Ich habe auch schon gesehen, dass potenzielle Kunden Verträge unterschrieben haben, weil sie so begeistert davon waren, wie die Firma in Zukunft aussehen würde. Sie wetten auf die Zukunft des Unternehmens, nicht auf den aktuellen Zustand.

Indem du deinen Plan mit den Medien teilst, erhältst du noch mehr Einfluss. Es ist in deinem Interesse, dass darüber berichtet wird, wie dein Unternehmen in Zukunft aussehen wird, nicht darüber, wie es jetzt dasteht. Wenn die Medien anfangen, darüber zu reden, wie deine Firma in drei Jahren dastehen wird, erregst du damit die Aufmerksamkeit von vielen Menschen.

Jeder würde gern einen Blick in die Zukunft werfen, und das aus gutem Grund. Wie auch immer die Interaktion eines Kunden mit einer Firma aussehen mag, es ist sehr wahrscheinlich, dass es dabei um eine Geschäftsbeziehung geht, die mindestens ein Jahr lang andauern wird. Sogar, wenn es dabei um etwas so Einfaches wie eine

Herstellergarantie geht, will der Kunde wissen, dass es die Firma in einem Jahr noch geben wird.

Hier ist ein konkretes Beispiel. Stell dir vor, du möchtest eine Wohnung mieten, aber als du in die Musterwohnung kommst, ist der Boden schmutzig, die Wände müssen gestrichen werden und das Licht ist trüb. So eine Wohnung würdest du wahrscheinlich nicht mieten. Aber was wäre, wenn der Besitzer sagt: „Ach, übrigens, morgen kommen neue Böden hier herein, nächste Woche wird gestrichen und dann werden die Lampen ausgetauscht. Kommen Sie, ich zeige Ihnen die Wohnung nebenan, die wurde letzte Woche schon renoviert"? Dann würde es dir ganz anders gehen, weil du einen Blick in die Zukunft werfen konntest. Deshalb solltest du deine lebhafte Vision mit der Außenwelt teilen – damit andere sehen, was du siehst.

Wenn deine Ideen mutig genug sind, wird deine lebhafte Vision zwei Effekte hervorrufen: Sie wird bestimmte Leute anziehen und andere abstoßen. Ist dir aufgefallen, dass ich „und" gesagt habe, nicht „oder"? Deine lebhafte Vision sollte sich verhalten wie ein Magnet: Sie sollte manche Menschen an sich binden und andere – hoffentlich nicht zu viele – abhalten. Wenn du nicht groß genug gedacht hast, wenn deine Vision zu alltäglich oder verwässert ist, wenn jeder sie mag, dann wird sie niemand lieben. In diesem Fall hast du es nicht richtig gemacht.

Revolutionär, nicht evolutionär

Erinnerst du dich noch an das erste iPhone von Apple? Damals dachten die Leute, die Firma sei übergeschnappt, weil es keine Tastatur hatte. *Wie könnt ihr ein Smartphone ohne Tastatur herausbringen? Das ist völlig absurd.*

Manche Menschen liebten es trotzdem. Nicht nur ein bisschen, sie liebten es sehr und betrachteten sich selbst als treue und ergebene Apple-Kunden. Deshalb standen sie in endlos langen Schlangen von Gleichgesinnten, um die neuesten Produkte zu ergattern.

Die anderen, die Apple-Hasser, konnten nur daneben stehen und beobachten, welchen Einfluss das Gerät auf den ganzen Rest der Branche hatte. Andere Firmen versuchten, das Design zu kopieren und in einem Markt konkurrenzfähig zu bleiben, den Apple vollständig beherrschte. Diese Firmen hatten gemerkt, dass Tastaturen an Handys bald genauso überholt sein würden wie Videorekorder und mussten sich schließlich alle der neuen Technik beugen – ob sie wollten oder nicht.

Hätte Apple versucht, es allen recht zu machen, als sie ihr revolutionäres Handy designten, wäre dabei wahrscheinlich nur eine bessere Version des bereits existierenden Blackberrys rausgekommen. Wenn du andere inspirieren möchtest, solltest du ebenso nach einer mutigen Vision streben wie Apple damals und einkalkulieren, dass du Gegenwind bekommen wirst. Die Zukunft jagt nämlich all denen Angst ein, die es sich in der Gegenwart zu bequem eingerichtet haben.

Die 15 Prozent

Ich habe einmal mit einem Kunden zusammengearbeitet, der seine lebhafte Vision firmenintern präsentierte. Bei der Präsentation stand der CEO auf und sagte: „Ungefähr 15 Prozent von Ihnen werden hassen, was Sie gleich hören werden. Es wird Ihnen nicht gefallen, was in Zukunft auf Sie zukommt, aber das ist in Ordnung. Wahrscheinlich ist jetzt sowieso der richtige Zeitpunkt für Sie, um zu kündigen."

Und genau das passierte auch: 15 Prozent seiner Angestellten kündigten. Zwei Jahre später wurde das Unternehmen als der zweitbeste Arbeitgeber in British Columbia eingestuft (nebenbei, der beste Arbeitgeber war ebenfalls ein Kunde von mir, dem es gelungen war, alle Mitarbeiter mit seiner lebhaften Vision zu inspirieren).

Es ist okay, Mitarbeiter zu verlieren, die es einfach nicht verstehen. Mit solchen Menschen willst du dich schließlich eigentlich gar nicht umgeben. Es ist besser, am ersten Tag zu merken, dass sie sich nicht als Teil der Vision begreifen können, als sie zwei Jahre lang immer wieder zu ermutigen und dabei immer frustrierter zu werden.

Das Gleiche gilt für neue Bewerber. Deine potenziellen neuen Angestellten werden das Dokument lesen und danach entweder denken: „Wow, da will ich mich unbedingt bewerben“ oder „Keine Chance, dieser Firma möchte ich nicht mal nahe kommen.“ Dadurch sparst du eine Menge Zeit, weil du die falschen Bewerber gar nicht erst zum Vorstellungsgespräch einladen musst, und das Geld, das du sonst in ihre Einarbeitung investiert hättest. Sprich, wenn alle sehen, wohin du die Firma steuerst, sparst du sowohl Zeit als auch Geld.

Einen Punkt möchte ich dazu noch erwähnen. Die lebhafte Vision ist ein bisschen wie die zehn Gebote: in Stein gemeißelt. Sie sollte nur dann verändert werden, wenn es eine massive, unerwartete Veränderung in der Branche gibt oder wenn der Kurs des Unternehmens sich abrupt um 90 Grad ändert. Wenn die gesamte Weltwirtschaft in eine Krise gerät oder dein Firmengebäude einstürzt.

Abgesehen von solchen Katastrophen ist die Firma wie ein Schiff, das den Ozean überquert und dabei ab und zu nach rechts oder links ausweichen muss, um einem Eisberg aus dem Weg zu gehen, wenn nötig, das sich dabei aber insgesamt stetig in die gleiche Richtung vorwärts bewegt. Mach dir keine Sorgen, wenn unterwegs der eine oder andere Satz deiner lebhaften Vision überflüssig wird. Lass sie einfach zurück. Das Dokument ist wie ein Leuchtturm, der deine Mannschaft sicher ans Ziel führen wird.

Externe Einführung

Zielgruppen

Die Präsentation deiner lebhaften Vision nach außen sorgt dafür, dass jeder versteht, wohin dein Unternehmen unterwegs ist, warum das spannend ist, und warum sie die Firma aus der Perspektive von in drei Jahren betrachten sollten, nicht von heute aus gesehen.

Ebenso wie bei der internen Präsentation in deinem Team ist es auch hier wichtig, die Leute zu beruhigen, denen die Idee zu verrückt vorkommt. Beschwichtige sie, indem du ihnen erklärst, dass bestimmte Konzepte noch ein oder zwei Jahre in der Zukunft liegen, und dass das Ziel nicht mehr so weithergeholt aussehen wird, wenn die Grundlagen dafür erst einmal geschaffen sind.

Stell ihnen deine lebhafte Vision vor, indem du sagst: „So wird unser Unternehmen in naher Zukunft aussehen. Wir wissen alle, dass es heute noch nicht so aussieht, aber wir lehnen uns jetzt gerade drei Jahre in die Zukunft und beschreiben, wie es dann aussehen, handeln und sich anfühlen wird." Diese Präsentation sollte gleichzeitig in alle Richtungen hinausgehen.

Sobald alle Personen innerhalb deiner Organisation deine lebhafte Vision verstanden haben und anfangen, sich davon begeistern zu lassen, kannst du sie auch mit der Außenwelt teilen. Nutze E-Mail-Newsletter, einen Beitrag auf der Firmenwebsite, Mailings, Pressekonferenzen, Journalistenanfragen, Flyer, Megaphone oder sprich Leute auf der Straße darauf an – okay, vielleicht gibt es doch eine natürliche Grenze dafür, wie weit du gehen solltest, um deine Nachricht zu verbreiten, aber du solltest auf jeden Fall lieber zu viele Menschen informieren als zu wenige.

Der Schlüssel dazu ist es, die Nachricht immer wieder an Leute zu schicken. Du möchtest erreichen, dass jede Person, die für deine Firma relevant ist, sieht, was du aufbaust, wohin du willst und wie das aussieht. Auch die Außenwelt spielt eine Rolle für deine Vision, weil sie ebenfalls dazu beiträgt, dass sie wahr wird.

Es ist sinnlos, Pläne für die Zukunft zu schmieden, wenn du nicht weißt, wie diese Zukunft aussehen soll. Und weil du ja auch möchtest, dass andere dich in ihre Pläne für die Zukunft einbeziehen, ist es enorm wichtig, dass du sie immer wieder daran erinnerst, wie deine Zukunft aussehen wird. Wenn du dich in der Wildnis orientieren willst, musst du immer wieder auf deine Landkarte schauen, um zu wissen, wo du selbst bist, und den Weg zu sehen, den du gehen willst. Das Gleiche gilt für deine lebhafte Vision. Sie ist eine

Landkarte für die Zukunft, die dir und anderen hilft, den richtigen Weg zu finden.

Mögliche Gründe für Zweifel und Angst

Viele Menschen fürchten sich bei der externen Präsentation ihrer Vision vor der Konkurrenz. Da es sich dabei um ein extrem persönliches Dokument handelt, liegt die Befürchtung nahe, jemand könne versuchen, die Ideen darin zu stehlen. Dieses Gefühl ist zwar durchaus real, aber du solltest dir klarmachen, dass niemand anders in der Lage sein kann, *deine* Ideen umzusetzen.

Denk daran, du zeigst ihnen nur das Endprodukt, also haben sie keine Ahnung, wie du das Ziel erreichen willst. Du zeigst ihnen nicht deinen Businessplan, nur sein Ergebnis. Außerdem steckst du bereits dein Territorium ab, indem du lautstark verkündest, wohin du willst. Falls jemand anders versuchen sollte, seine Flagge dort aufzustellen, wird das als unoriginell betrachtet werden, als hätte die andere Firma nicht genug eigene Visionen, um einen individuellen Kurs zu entwerfen.

Der andere Grund, warum viele Menschen nervös werden, wenn es daran geht, ihre Vision der Außenwelt zu präsentieren, ist, dass sie ein wichtiges Element daran noch nicht kennen: *das Wie*. Nicht alle Antworten zu haben, macht uns verletzlich.

Es ist schwer, sich vor einen Raum voller Leute zu stellen und eine große Ankündigung zu machen, wenn man sich die ganze Zeit Sorgen machen muss, dass jemand fragt: „Wie wollen Sie das denn umsetzen?“ – insbesondere dann, wenn man selbst noch keinen Plan hat.

Erinnere dich deshalb noch einmal daran, dass es nicht deine Aufgabe ist, diese Frage beantworten zu können. Allwissenheit ist keine Voraussetzung dafür, ein Unternehmen zu leiten. *Dafür hast du deine Leute.* Am besten beantwortest du diese Frage, indem du erklärst, dass dein Team, dem du voll und ganz vertraust, es schaffen wird, einfach weil du ihm diese Aufgabe übertragen hast.

Aus diesen Gründen solltest du deine Vision mit der Welt teilen

Wenn du deine Vision in einer konzentrierten Kampagne mit der Welt teilst, wird ein Effekt unweigerlich eintreten: Sie wird sich daran gewöhnen. Manchmal passiert das ganz plötzlich, wenn die Leute gewissermaßen aufwachen und das sehen, was du ihnen beschrieben hast. Es fällt ihnen wie Schuppen von den Augen und sie können die Welt, die du ihnen zeigen willst, klar erkennen. Du hast sie von deiner Art zu denken überzeugt, so wie Henry Fondas Charakter es mit den elf anderen Männern in „Die zwölf Geschworenen" tut.

Ein solcher Perspektivenwechsel kann innerhalb und außerhalb deiner Organisation eine wahre Kettenreaktion auslösen. Firmenintern fangen auf einmal alle an, das zu sehen und zu spüren, was du siehst und spürst. Dadurch können sie viel leichter Bauchentscheidungen treffen, weil sie verstehen, dass sie die lebhafte Vision ebenfalls gesehen haben.

Die Menschen außerhalb deiner Firma blicken von außen darauf und sehen, dass das Unternehmen wie eine Einheit funktioniert. Dadurch wird ihnen klar, dass du dein großes, kniffliges und wagemutiges Ziel in drei Jahren wirklich erreicht haben wirst. Es ist sehr wichtig, dass du bestimmten Schlüsselkunden ganz genau erklärst, wie dein Unternehmen in Zukunft aussehen wird, damit sie es nicht aus irgendwelchen anderen Quellen erfahren. Auch deine Lieferanten solltest du so an die Hand nehmen, damit sie wissen, wohin du unterwegs bist. Überlege dir, wer noch davon profitieren könnte, das große Ganze zu sehen.

Als wir damals *1-800-GOT-JUNK?* aufbauten, setzten wir uns mit dem Zulieferer zusammen, der die blauen Boxen hinten auf den Lastwagen herstellte, und zeigten ihm, wie die Firma in drei Jahren aussehen würde. Er sagte: „Gut, dass ihr mir das erzählt habt. Wir haben nicht mal annähernd so viele Laster, wie ihr allein für nächstes Jahr in Nordamerika braucht."

Für uns war es also enorm wichtig, dass er wusste, was wir brauchen würden, um unsere Zukunftsvision wahr werden zu lassen.

Dadurch konnte unser Lieferant unsere Expansionspläne nämlich rechtzeitig einkalkulieren. Weil er seine eigenen Bedürfnisse anpasste, konnte er diese Kalkulation machen und unsere Firma unterstützen. Im Handumdrehen waren alle Elemente in der Lieferkette dabei, sich zu vergrößern, um unsere Erwartungen zu erfüllen.

Menschen wollen nicht nur in Firmen arbeiten, die ganz vorne mit dabei sind, sie wollen auch mit solchen Firmen zusammenarbeiten. Wenn du ein Kunde bist, der davon redet, dass sich dein Unternehmen in den nächsten drei Jahren in der Größe verdoppeln wird, werden deine Geschäftspartner hellhörig, weil sie mit dir wachsen wollen. Dadurch werden sie dir mehr Zeit und Dienstleistungen widmen und dir vielleicht sogar bessere Preise anbieten. Es ist also auch hier in deinem Interesse, dass sie dich wie die Firma behandeln, die du werden wirst, nicht wie die, die du aktuell bist. Teile deine lebhafte Vision also unbedingt mit deinen Zulieferern.

Ein tanzender Typ, Jetpiloten und Ziegelbrenner

Oft ist es nur eine Frage von genug Durchhaltevermögen, andere dazu zu bewegen, deine Organisation genauso zu sehen wie du. Offensichtlich wird das zum Beispiel in einem Video vom *Sasquatch Music Festival*, das vor ein paar Jahren erschienen ist. Dieses Video wird seither im Internet herumgereicht und ich teile es auch immer gern, weil es sehr schön illustriert, wie die Ideen einer einzelnen Person sich ausbreiten können. Bei dem Festival tanzt ein Typ ganz allein. Er sieht dabei glücklich und zufrieden aus, aber niemand tanzt mit ihm.

Auf der Wiese auf einem Hügel hat sich eine große Menschenmenge versammelt. Der Typ tanzt weiter, immer noch allein. Nach einer Weile kommt ein zweiter Kerl zu ihm und tanzt mit, etwas später noch ein dritter.

Ein paar Augenblicke später rennen andere Leute den Hügel hinab, um sich der kleinen Tänzergruppe anzuschließen. Tausende von Menschen fangen an, auf die gleiche Art zu tanzen wie der eine

Typ, der nur wenige Minuten zuvor noch ganz allein tanzte. Ein Kipppunkt ist eingetreten und hat ganz plötzlich das Denken aller verändert.

Du wirst andere für deine Sache gewinnen müssen. Bis es soweit ist, wirst du es aushalten müssen, angefeindet und ausgelacht zu werden. Menschen in deiner eigenen Organisation werden anfangen, Zweifel an deiner lebhaften Vision zu entwickeln. Genau deshalb ist es so wichtig, dass du dein Dokument immer wieder laut vorliest und es auch mit anderen teilst, die nicht zu deinem Unternehmen gehören. Selbst dann werden sich dir trotzdem noch Hindernisse in den Weg stellen. Die beste Methode, sie zu überwinden, ist es, sich so fest wie möglich zusammenzuschließen und wie eine Einheit vorwärts zu marschieren.

Stell dir eine Gruppe Jetpiloten vor, zum Beispiel die berühmten *Blue Angels*. Die schaffen es, sich bei atemberaubender Geschwindigkeit an einem Himmel, an dem man keine Schilder oder Markierungen anbringen kann, in wunderschönen, perfekt eingeübten und anmutigen Formationen zu bewegen. Wie machen sie das? Sie sind optimal aufeinander ausgerichtet.

Wenn auch nur einer dieser Piloten dem abgesprochenen Manöver nicht bis zum letzten i-Tüpfelchen folgt, kommt es unweigerlich zum Zusammenstoß. Jeder der Piloten muss nicht nur wissen, was seine eigene Aufgabe ist, sondern auch, was alle anderen tun. Und, noch viel wichtiger, er muss darauf vertrauen, dass sie ihre Aufgaben ebenfalls perfekt ausführen. So soll auch deine Organisation funktionieren: reibungslos und fast nach Bauchgefühl.

Wie schön eine solche gegenseitige Ausrichtung sein kann, wird sich sicherlich zeigen, wenn dein Team und du das hohe Dreijahresziel verfolgt, aber zu anderen Zeitpunkten wird ein solches intuitives Verhalten auch nötig sein, um die Firma um eine enge 90-Grad-Kurve zu führen. In solchen Situationen alle Mitarbeiter auf die gleiche Linie zu bringen, kann sich so schwierig anfühlen wie einen LKW rückwärts durch eine schmale Einbahnstraße zu bugsieren. Oder es kann so reibungslos laufen wie ein paar Jets, die am Himmel zusammen Haken schlagen. Der Unterschied? Die Ausrichtung.

In einem modernen Unternehmen wird es immer schwieriger, eine solche Ausrichtung auf ein gemeinsames Ziel zu erschaffen und erhalten. Ein Hauptproblem dabei ist Arbeit, die nicht im Büro stattfindet. Arbeitnehmer im Homeoffice lassen sich nur schwer auf eine gemeinsame Ausrichtung einschwören. Das Gleiche gilt für feste freie Mitarbeiter, Subunternehmer, Teilzeit- und Zeitarbeitskräfte und andere Mitglieder deines Personals, ohne die heutzutage aber zugegebenermaßen auch nichts geht.

Deshalb ist es besonders wichtig, dass diese Menschen wirklich verstehen, wie das große Ganze aussieht und wo sie sich selbst einfügen können. Vielleicht hilft dir diese kleine Geschichte, es besser zu verstehen: Ein Mann geht die Straße entlang und sieht drei Männer, die Ziegel brennen. Er fragt den ersten: „Was machst du?"

Der erste Mann antwortet: „Ich mache Ziegel."

Der Mann fragt den zweiten Ziegelbrenner: „Was machst du?"

Der zweite Mann antwortet: „Ich mache diese Ziegel, um eine Mauer zu bauen."

Der Mann fragt den dritten Ziegelbrenner: „Was machst du?"

Und der dritte Mann antwortet: „Ich mache diese Ziegel, um eine Mauer der großen Kathedrale zu bauen, in der man Gott ehren können wird."

Was meinst du, welcher der drei Ziegelbrenner wird sich wohl am besten in einen größeren Zweck eingebunden fühlen, wenn er morgens zur Arbeit geht? Sie machen alle das Gleiche, aber nur der dritte versteht, warum er Ziegel brennt und was die Ziegel im größeren Zusammenhang bedeuten.

Wenn du Hilfe brauchst, damit deine lebhafte Vision geradezu von der Seite springt, schick eine E-Mail an *VividVision@CameronHerold.com*, dann stellen wir für dich den Kontakt zu einem der Autoren her, die für alle unserer Kunden die endgültige Version schreiben.

Unternehmerprofil

W. BRETT WILSON, Ex-Dragon und viel mehr

W. Brett Wilsons Firma heißt *Prairie Merchant Corporation.*

Größte Businesserfolge

- 1993 wurde Brett zu einem der Gründer sowie Präsident und Aufsichtsratsvorsitzender der *FirstEnergy Capital Corp.* Die Firma hatte am Anfang 2 Millionen Dollar Kapital und wurde 15 Jahre später, als 20 Prozent davon an die *Société Général* verkauft wurden, auf 300 Millionen Dollar geschätzt.
- Während seiner Karriere bei *iBanking* musste er sich mit Arbeitssucht auseinandersetzen, schaffte es aber, das Ruder herumzureißen und eine großartige Beziehung zu seinen Kindern aufzubauen.
- Er wurde in Kanada und im Ausland zu einer Anführerfigur, wenn es darum geht, strategische Wohltätigkeit einzusetzen, um ein Unternehmen zum Wachsen zu bringen. Dafür hat er verschiedene Ausreichungen erhalten, darunter den *Order of Canada* und den *Saskatchewan Order of Merit.*
- Fernsehzuschauer in Kanada kennen ihn aus der mit dem *Gemini Award* ausgezeichneten Fernsehshow *Dragon's Den* (entspricht etwa der deutschen Show „Die Höhle der Löwen"), die während seiner Zeit in Kanada neue Zuschauerrekorde aufstellte und von Grund auf veränderte, wie Kanadier Unternehmen sehen und feiern.
- Er hat erfolgreich in eine Reihe von Organisationen investiert, von Bürogebäuden bis hin zu Top-Hockeymannschaften in der *NHL* und ausgedehnten Agrarflächen in Saskatchewan. Er ist einer der zwei Hauptinvestoren bei einem unabhängigen Energiekonzern (*Maxim Power*) und hat schon früh in Dutzende der erfolgreichsten Öl- und Gasproduzen-

ten in Kanada investiert. Aktuell ist er Aufsichtsratsvorsitzender bei *Canoe Financial*, der am schnellsten wachsenden Kapitalanlagengesellschaft in Kanada.

Morgenroutine

- Brett beginnt seinen Tag mit einem Glas Wasser mit Zitronensaft.
- Dann schaut er sich in den Nachrichten, in seinen sozialen Netzwerken und seinen E-Mails an, was sich über Nacht getan hat.
- Er trainiert 15 Minuten lang und lässt dabei im Hintergrund Nachrichten laufen.
- Danach entspannt er sich mit seinem Hund und einer Tasse Bulletproof Coffee.
- Für gewöhnlich arbeitet er eine Stunde oder länger von zuhause aus, damit er sich in Ruhe konzentrieren und den Rest seines Tages planen kann.

8. ÜBERFLIEGERPRINZIP NR. 2:

DELEGIERE ALLES, AUSSER DEINER GENIALITÄT

Wie alle Unternehmer wissen, steht und fällt jeder tägliche Erfolg mit der Fähigkeit, Prioritäten zu setzen. Du musst dich Tag und Nacht auf die wichtigsten, für deine Mission am bedeutsamsten Aufgaben konzentrieren und den Rest teilen, delegieren, aufschieben oder ignorieren.

JESSICA JACKLEY, Mitgründerin von Kiva

Die Rolle eines Unternehmers mag umfangreich sein, aber sie besteht nicht darin, alles zu tun. Wenn du alles machst, verwendest du deine Zeit und deine Ressourcen furchtbar ineffizient. Die beste Methode, die Arbeit getan zu bekommen, ist es, alles zu delegieren, außer deiner eigenen Genialität. Anders ausgedrückt: Wenn es jemand anderen gibt, der einen Job erledigen kann, lass ihn machen. Und wenn es niemanden gibt, denkst du vielleicht nicht genug darüber nach, jemanden zu finden, der es kann – für gewöhnlich gibt es nämlich jemanden.

Unternehmer Dave Feller, der CEO von *Mogo Financia*, ist stolz darauf, als „der faule Unternehmer" bekannt zu sein. Als ich Dave zum ersten Mal traf, erzählte er mir, dass er seine Firma in einer Stadt gegründet hatte, die 2.000 Meilen von seinem Wohnort entfernt war, damit er nicht ins Tagesgeschäft verwickelt werden würde und könnte. Er wusste, dass er gezwungen sein würde, Leute einzustellen und mehr zu delegieren, wenn er es so weit ins Büro hätte, als wenn er seine Angestellten ständig um sich hätte. So konnten sie ihn nicht mal ablenken, weil es sehr unwahrscheinlich war, dass ständig jemand in seinem Büro stehen und ihn fragen würde, ob er kurz Zeit hätte, um sich über die Projekte zu unterhalten, an denen sie arbeiteten.

Denk einmal an die vielen kleinen und großen Aufgaben, die man erledigen muss, wenn man einen Haushalt führt. Wenn du ein schwer beschäftigter Unternehmer bist, hast du schon genug Projekte, um die du dich kümmern musst, aber wenn du zusätzlich auch noch die Toilette schrubben, die Böden wischen und die Fenster putzen musst, verschwendest du wertvolle Zeit auf Arbeit, die du im wahrsten Sinne des Wortes jedem anderen überlassen kannst. Und weil du das *kannst*, *solltest* du es auch tun. Stell jemanden ein, der sich für dich um diese uninteressanten Aufgaben kümmert, und nutze deine Zeit lieber, um die Dinge zu erreichen, die sonst niemand machen kann.

Wahrscheinlich bist du in ein paar Dingen innerhalb deines Unternehmens besonders gut. Je mehr du dich auf diese Kernbereiche konzentrierst, desto mehr Geld verdienst du. Denk auf diese Weise auch über dein Privatleben nach und mach eine Liste der Dinge, für die du genauso gut jemanden bezahlen kannst, vermutlich nicht einmal viel mehr als den Mindestlohn.

Hier sind ein paar Bereiche, die du outsourcen könntest:

- Putzen
- Wäsche waschen
- Bügeln
- Kleidung in die Reinigung bringen und abholen
- Andere Arbeiten rund um den Haushalt

- Kleinere Reparaturen im Haus
- Gartenarbeit
- Aufräumen nach einer Party
- Rasenmähen
- Lieferdienste
- Einkaufen
- Kochen
- Kinder zur Schule bringen oder sie von der Schule oder ihren Aktivitäten abholen

Wie du siehst, ist diese Liste praktisch endlos.

Stell dir zuallererst eine Liste zusammen, die alles enthält, was du in deiner Eigenschaft als Unternehmer tust. Eine solche Liste solltest du alle sechs bis zwölf Monate neu schreiben und dabei alles aufführen, was dein Tagesgeschäft als Unternehmer ausmacht. Stell dir vor, jemand würde dir auf Schritt und Tritt durch den Tag folgen und dabei alles filmen, was er dich tun sieht, egal, wie klein oder groß, während du dein Unternehmen führst. Für mich bedeutet das Dinge wie E-Mails lesen, Meetings vorbereiten, in Meetings sitzen, mit Autoren reden, Flüge, Hotels und Mietwagen buchen, mich auf Coaching-Anrufe vorbereiten, Arbeitsblätter designen, Veranstaltungsorte und Redner für die *COO Alliance* auswählen und Dutzende von anderen Aufgaben. Es nimmt gar kein Ende. Fang an, so über deine Aufgaben nachzudenken: als Dinge, die getan werden müssen, aber nicht zwangsläufig von dir.

Als Nächstes notierst du diese Aufgaben in einer Excel-Tabelle. Schreib jede Tätigkeit in eine eigene Zeile und notiere alles, von dem du ehrlich sagen kannst, dass du es in einem normalen Monat oder Quartal machst. Dann nimm dir deine ganze Aufgabenliste vor und überlege dir, wie du dafür sorgen kannst, dass die Arbeit weiterhin erledigt wird, ohne dass du dazu so viel beitragen musst wie heute.

Deine Gesamtliste umfasst vielleicht 60, 70 oder sogar 80 Dinge, die du in diesem Zeitraum erledigst. Nachdem du dir diese Aufgaben aufgeschrieben hast, kannst du anfangen, ihnen Kategorien zuzuweisen, um sie loszuwerden. Natürlich kannst du die Liste auch immer noch weiter erweitern, aber versuche, so viel wie möglich zu notieren, bevor du anfängst, damit zu arbeiten. Im nächsten Schritt sortierst du jede Aufgabe in eine von vier Kategorien ein, indem du ihr in der zweiten Spalte einen dieser vier Buchstaben zuweist:

- I für *inkompetent*: Das kannst du nicht gut.
- K für *kompetent*: Das kannst du ganz gut.
- E für *exzellent*: Das kannst du richtig gut, aber du machst es nicht gern.
- P für *perfekt*: Das kannst du sehr gut und es verleiht dir Energie, es zu erledigen.

Um herauszufinden, ob eine bestimmte Aufgabe perfekt für mich ist, stelle ich mir die Frage, ob ich sie umsonst erledigen würde, wenn ich keine Brötchen für meine Kinder verdienen müsste. Wenn ja, kommt in die zweite Spalte ein P. Zum Beispiel ist es perfekt für mich, vor CEOs zu sprechen und sie zu coachen. Wenn ich also etwas anderes mache, als Vorträge zu halten oder zu coachen, arbeite ich in aller Regel an etwas, das ich zwar gut kann, das mir aber nicht unbedingt Energie verleiht. Wenn du anfangen kannst, alles zu delegieren, worin du nicht spektakulär gut bist und das dir keine Energie bringt, bist du auf genau dem richtigen Weg zu schnellem unternehmerischem Erfolg. Sei sehr vorsichtig, welchen Aufgaben du das P verleihst. Wenn du es richtig machst, hast du am Ende wahrscheinlich nur zwei oder drei Ps auf der Liste. Der Rest gehört in Kategorie E oder K.

In die dritte Spalte gehört eine Zahl in Euro. Wenn du jemanden für diese Aufgabe bezahlen würdest, wieviel wäre es dir in der Stunde wert? 10 Euro, also 20.000 Euro im Jahr? Oder 20 Euro, also 40.000 Euro im Jahr? Für viele der Aufgaben auf deiner Liste bist du im wahrsten Sinne des Wortes überbezahlt, es ergibt also überhaupt keinen Sinn, dass du sie selbst übernimmst. Du wärst viel besser dran, wenn du jemandem 15 bis 20 Euro pro Stunde bezahlst, damit er diese Jobs für dich übernimmt, während du dich selbst um Dinge kümmerst, die 10- bis 100-mal so gut bezahlt werden und dir auch noch perfekterweise Energie verschaffen. Wenn ich einen Vortrag halte oder CEOs coache, ist meine Zeit besonders viel wert. Also gehe ich nie effizient mit meiner Zeit um, es sei denn, ich halte Vorträge, coache CEOs oder suche nach neuen Möglichkeiten, es öfter zu tun. Betrachte es doch mal aus diesem Blickwinkel: Du hast nur drei Ressourcen: Menschen, Zeit und Geld. Deine Aufgabe ist es, aus diesen drei Ressourcen so viel herauszuholen wie möglich und sie nicht zu verschwenden.

Jetzt hast du eine Spalte mit all deinen Aufgaben (eine pro Zeile), eine mit deiner Kompetenz für jede dieser Aufgaben und eine dritte mit dem Preis, den du dafür zu zahlen bereit wärst, dass sie dir jemand abnimmt. Alles, was in die Bereiche „inkompetent", „kompetent" und „exzellent" fällt und schlechter bezahlt ist als dein Unternehmergehalt, solltest du delegieren. Bezahle jemand anderen dafür, dass er sich um diese Aufgaben kümmert, sonst ist es, als würdest du einen anderen CEO mit deinem eigenen Gehalt einstellen, um sie zu erledigen. Besonders schnell solltest du alles loswerden, wofür du dich als inkompetent oder nur kompetent eingestuft hast. Danach kannst du die exzellenten Aufgaben ebenfalls delegieren. Du solltest dabei auch überlegen, ob diese Dinge überhaupt weiterhin erledigt werden müssen. Vielleicht wäre es besser, sie auf deine „Dinge, mit denen ich aufhören muss"-Liste zu setzen, als sie auf der To-do-Liste zu behalten.

Das Nächste, was ich mache, habe ich von Suzanne Evans gelernt, einer der Unternehmerinnen, die ich coache. Sie setzt sich jeden Morgen als Erstes hin und macht eine umfassende Liste von allem, was im Lauf des Tages getan werden muss, und dann versucht sie, 80 Prozent davon zu delegieren. Selbst arbeitet sie nur an 20 Prozent von allem, was sie für den Tag auf der Liste hat. Setz dir diese Zahl ebenfalls zum Ziel, indem du Verantwortung abgibst. Stell dir vor, du könntest sofort, nachdem du deine wöchentliche oder tägliche To-do-Liste geschrieben hast, 80 Prozent der Aufgaben delegieren, statt dich selbst darum zu kümmern.

Die Zahl von 80 Prozent ist kein Zufall. Wir haben alle schon vom Pareto-Prinzip oder der 80-20-Formel gehört: 80 Prozent deiner Ergebnisse entstehen aus 20 Prozent deiner Anstrengungen. Wenn du weißt, dass das stimmt, warum solltest du dich dann nicht nur auf deine perfekt zugeschnittenen Aufgaben konzentrieren? Diese einfache Idee allein wird dir schon gleich viel bessere Ergebnisse bescheren. Die Zahl von 80 Prozent hilft dir übrigens auch, wenn es um Dinge geht, die nicht zwangsläufig perfekt sein müssen. Wir tappen nur allzu oft in die Perfektionismusfalle, die dazu führen kann, dass wir andere Dinge aufschieben.

Wenn du deine wertvolle Zeit damit verbringst, ein perfektes Memo zu schreiben, eine perfekte Anzeige zu designen oder bei einer anderen Aufgabe, die außerhalb des für dich perfekten Bereichs liegt, Perfektion zu erreichen, solltest du deine Ziele ein bisschen niedriger ansetzen. Versuche, auf 80 Prozent zu kommen, und such dir dann einen Spezialisten, der die Sache vollends perfekt macht. Die meisten Leute sind sogar schon mit einem achtzigprozentigen Ergebnis zufrieden. Für die meisten zählt Perfektion eigentlich nur sehr wenig. Als Unternehmer solltest du dich also darauf konzentrieren, alles zu delegieren außer deiner eigenen Genialität, soweit du kannst.

Denk daran: Deine Aufgabe ist es, das große Ganze zu sehen. Lass dich nicht von Details ausbremsen. Nutze deine Ressourcen weise. Schaff dir Aufgaben so schnell wie möglich vom Hals, damit du dich auf andere Bereiche konzentrieren kannst.

Versuche außerdem, andere Bereiche deines Lebens zu finden, in denen du einen CEO für Arbeit bezahlst, die schon ein Schulkind übernehmen könnte: Kleidung zur Reinigung bringen, in den Supermarkt gehen, Mahlzeiten kochen, das Haus putzen und so weiter. Nutze die Zeit, die du dabei sparen kannst, um innerhalb deines perfekten Bereichs zu arbeiten oder das Leben zu genießen und deine Batterien wieder aufzuladen.

Es gibt eine Menge Apps und Websites, die dir helfen können, Aufgaben zu delegieren. Websites wie *Upwork, oDesk, Fiverr* oder

HireMyMom.com sind zum Beispiel genau dafür geschaffen, einem vielbeschäftigten CEO wie dir Erleichterung zu verschaffen. Zu all diesen Seiten gibt es kostenlose Tutorials oder YouTube-Videos, die dir verraten, wie du sie am besten nutzt. Du kannst dort Massen von Einzelprojekten einstellen, die getan werden müssen, und dann geben Menschen auf der ganzen Welt Gebote ab, für wie viel (oder wenig) Geld sie bereit wären, dir die Aufgaben abzunehmen.

Du kannst auch Management-Apps wie *Basecamp* oder *Asana* nutzen, die dir helfen, tägliche Aufgaben und Langzeitprojekte zu identifizieren und zu managen. Beide Websites haben einige fantastische Videos, die dir zeigen, wie du das Beste aus deiner Zeit machst, indem du sie nutzt.

Du könntest dir sogar überlegen, eine Firma wie *Less Doist* zu beauftragen. Der Chef von *Less Doist,* Ari Meisel, hat einen ganzen Stab von Assistenten, die sich wöchentlich mit dir treffen, um alles zu besprechen, was bei dir ansteht. Dann kümmern sie sich um alles, was du delegieren willst: Sie managen zum Beispiel deine Projekte oder stellen neue Mitarbeiter für dich ein, damit du dich nicht darum zu kümmern brauchst. Sie helfen dir im wahrsten Sinne des Wortes, dir Aufgaben vom Hals zu schaffen.

Unternehmer sind sich oft selbst die schlimmsten Feinde. Weil wir sehr häufig ganz ohne Mitarbeiter in unsere Unternehmen starten, können wir so gut wie alle Aufgaben selbst erledigen – und haben das auch schon oft getan. Deshalb haben wir uns daran gewöhnt, die Hemdsärmel hochzukrempeln und anzupacken. Denk aber bitte daran, dass du als Unternehmer zwar dafür verantwortlich bist, dass alle Aufgaben erledigt werden, dass du sie aber nicht alle selbst übernehmen musst.

Es ist erst ungefähr fünfzehn Jahre her, dass die Freiberuflerbranche begonnen hat, sich online zu entwickeln. Solche Leute hättest du früher niemals in den Gelben Seiten oder in den Kleinanzeigen in der Tageszeitung gefunden. Damals warst du gezwungen, Vollzeitkräfte einzustellen, die von allem ein bisschen Ahnung hatten, aber letztendlich nichts richtig perfekt konnten. Inzwischen kannst du dagegen Experten und Spezialisten finden, die bei dir in der Gegend oder auf der ganzen Welt wohnen und bereit sind, Aufgaben zu übernehmen. Sie wollen so gut wie alles auf deiner Liste übernehmen, und sie haben das Talent dazu. Es gibt für jede Aufgabe jemanden, der sie super erledigen kann, und dem es auch noch Spaß macht. Meine Putzfrau ist ein hervorragendes Beispiel dafür. Sie liebt Hausarbeit. Und sie ist wirklich gut darin – mein Schrank ist besser organisiert als viele Bekleidungsgeschäfte.

Wie gesagt, eines der wichtigsten Dinge, die ich schon früh als Unternehmer gelernt habe, ist, dass du selbst der Assistent bist, wenn du keinen hast. Viele Leute warten erst eine Weile und stellen dann gleich einen Stellvertreter ein, aber in Wahrheit sollte es einer ihrer ersten Schritte sein, jemanden einzustellen, der ihnen einen Großteil des Tagesgeschäft abnimmt. Ein Assistent ist so ziemlich die beste Hilfestellung, die du dir selbst während der ersten Zeit geben kannst, wenn du ein Unternehmen aufbaust. Meine Assistentin, Meridith Kuba, ist fantastisch. Sie hilft mir für ihr Leben gern und ich kann mir gar nicht vorstellen, meine Geschäfte heute oder in Zukunft ohne sie zu führen. In vielen Dingen ist sie schneller oder besser als ich selbst. Und sie nimmt mir immer gern noch mehr Aufgaben ab.

Nachdem du einen Assistenten eingestellt hast, wird irgendwann der Zeitpunkt kommen, an dem du anfangen wirst, dein Team zu vergrößern, Mitarbeiter einzustellen und dir einen Stellvertreter zu suchen. Das ist ein sehr großer Schritt, aber auch ein sehr effektiver. Meistens ist er zwar teurer als andere Mitarbeiter, aber das ist ein guter COO wert. Einen wirklich guten COO zu haben bedeutet nämlich, dass du anfangen kannst, auch große Projekte – solche, die du zwar auch selbst exzellent erledigen könntest, die dir aber keine Energie bringen – zu delegieren und dir vom Hals zu schaffen. Ein COO ist genau die richtige Person, um dir solche Dinge abzunehmen.

Letzten Endes hast du nur genau drei Ressourcen: Menschen, Zeit und Geld. Achte darauf, dass du alle drei Ressourcen so investierst, dass du dadurch den größtmöglichen Ertrag erwirtschaftest.

Und was deine Zeit betrifft: Die solltest du entweder dafür einsetzen, so viel Geld wie möglich zu verdienen oder so glücklich wie möglich zu werden und dein Leben zu verbessern. Die beste Methode, diese beiden Ziele zu erreichen, ist es, alles zu delegieren, bis auf deine eigene Genialität.

Unternehmerprofil
MARIE FORLEO

Marie Forleos Firma heißt *Marie Forleo International.*

Größte Businesserfolge

- Oprah Winfrey bezeichnete Marie als führende Denkerin für die nächste Generation.
- Ihre Firma stand 2014 auf der Liste der 500 am schnellsten wachsenden Unternehmen des Wirtschaftsmagazins *Inc.*
- Sie schreibt, produziert und moderiert *Marie TV,* eine der einflussreichsten Onlineshows für Kreative und Unternehmer mit über 22 Millionen Zuschauern in 195 Ländern.
- *Forbes.com* nannte *www.MarieForleo.com* eine der besten 100 Websites für Unternehmer.
- Marie glaubt fest daran, dass jeder Verkauf Leben ändert, denn für jedes Produkt, das ihr Unternehmen verkauft, unterstützt sie eine bedürftige Person.

Morgenroutine

- Für Marie sind niemals zwei Tage gleich.
- Sie wacht zu unterschiedlichen Zeiten auf, je nachdem, wo sie gerade unterwegs ist, wo sie wohnt und arbeitet, wann sie am Set sein muss und so weiter. Deshalb verändert sich ihre Morgenroutine oft. Manche Gewohnheiten sind aber nicht

verhandelbar, weil sie ohne sie nicht produktiv und geistig stabil bleiben könnte.

- Sie trinkt Kaffee oder einen grünen Smoothie.
- Sie muss unbedingt Sport treiben. Das kann Spinning, Yoga, Tanz oder ein Kurs sein. Es muss auch nicht unbedingt am Morgen stattfinden. Manchmal passt es ihr abends besser.
- Eine andere *Abend*gewohnheit, von der sie glaubt, dass sie das Leben eines Unternehmers von Grund auf verändern kann, ist, dass sie ihre Tage schon am Vorabend plant. Dadurch wird ihr Morgen *viel* produktiver, angenehmer und stressfreier.

9. ÜBERFLIEGERPRINZIP NR. 3:

YIN UND YANG: DEIN COO

DER DICH AUF DIE NÄCHSTE STUFE HEBT

Stell keinen Menschen an, der für Geld arbeitet, sondern nur einen, der es aus Liebe zur Arbeit tut.

HENRY DAVID THOREAU

Ich habe die *COO Alliance* (*www.cooalliance.com*) gegründet, weil ich verstanden habe, wie wichtig und bedeutsam der COO für den CEO ist. Für Unternehmer ist es daher sehr vorteilhaft, wenn es eine Gruppe gibt, die sich um Menschen in dieser Stellvertreterposition kümmert. Wenn du einen COO einstellst, hat das einen riesigen positiven Einfluss auf dein Business. Die Abkürzung „COO" steht für „Chief Operating Officer", auf Deutsch etwa „Betriebsleiter" oder „leitende Führungskraft", in amerikanischen Firmen auch oft als „General Manager" oder „Vice President" im operativen Bereich bekannt, aber meistens ein Stückchen weiter oben in der Firmenhierarchie.

Unternehmer bauen Firmen auf, aber ab einem gewissen Punkt brauchen sie jemanden, der sich für sie um das Tagesgeschäft kümmert. Dass es den CEO erleichtert, wenn er seine Aufgaben mit jemand anderem teilt, ist nur logisch. Dadurch kann er es sich auch leisten, krank zu werden oder auch nur einmal richtig auszuschlafen. Es erlaubt ihm, seine Energie auf die zwei oder drei Dinge zu konzentrieren, die seiner Kernkompetenz entsprechen und die nur er selbst erledigen kann. Unternehmer sind Visionäre, aber es fehlt ihnen oft an der Fähigkeit, sich um die Details zu kümmern, die nötig sind, wenn Dinge richtig – oder überhaupt – erledigt werden müssen.

Die Beziehung zwischen CEO und COO ist wie ein Yin-und-Yang-Zeichen: eine einzigartige Form des Gleichgewichts im Herzen der Firma. Der COO ist im Businesskontext der Seelenverwandte des CEOs. Als ich selbst noch COO bei *1-800-GOT-JUNK?* war, organisierte ich ein wöchentliches Meeting mit dem CEO, damit wir sicherstellen konnten, dass wir weiter am gleichen Strang zogen. Das war so ähnlich wie ein Date mit meiner Partnerin: Wir besprachen nicht nur anstehende Dinge, wir bauten gleichzeitig eine Beziehung auf, die auf Vertrauen und Kommunikation basierte. Als Unternehmer oder CEO musst du verstehen, dass solche Meetings mit deinem Stellvertreter enorm wichtig sind, wenn du sicherstellen willst, dass ihr den gleichen Wissensstand habt. Du solltest sie auf keinen Fall ausfallen lassen, so wichtig sind sie. Die Beziehung zwischen CEO und COO ist die wichtigste Geschäftsbeziehung, die du haben kannst, denn diese Schlüsselperson wird dir sehr oft größere operative und strategische Projekte abnehmen. Häufig ergibt es sich irgendwann, dass der Großteil der Firma an sie berichtet, damit du mehr Zeit für die wichtigen Aufgaben hast.

Über dieses Thema habe ich schon viele Vorträge bei der *COO Alliance* gehalten und eine Menge verschiedener Methoden gehört, wie man diese wöchentlichen Meetings am besten gestaltet. Besonders gut gefällt mir die Idee, morgens gemeinsam laufen zu gehen. Dabei kann man die frische Luft genießen, gemeinsam die Sonne aufgehen sehen und den Körper in Schwung bringen – großartige Methoden, sich nicht von Handyanrufen, E-Mails und dem Tagesgeschäft ablenken zu lassen. Diese sehr menschliche Art, aufeinander zuzugehen, schafft Raum für großartige Gespräche und den Aufbau einer tiefgehenden Bindung. Chip Wilson, der Gründer und ehemalige CEO von *Lululemon*, ging besonders gern mit seinem COO wandern. Steve Jobs war ebenfalls berühmt dafür, dass er sich am liebsten im Gehen unterhielt.

Während meiner Zeit als COO von *1-800-GOT-JUNK?* beschlossen Brian, der CEO, und ich, gemeinsam für einen Halbmarathon zu trainieren. Ich lief zwei davon in aufeinanderfolgenden Jahren und wir liefen sechs Monate lang jeden Dienstag und Donnerstag um halb sieben gemeinsam – großartig! Es war toll, mit jemandem 45 bis 90 Minuten zu laufen und dabei über Gott und die Welt, Zahlen und Fakten, und die Gefühle, Hemmungen und Ansporne zu sprechen, die wir beide verspürten. Selbst wenn es bei diesen Gesprächen nicht ums Geschäft an sich geht, baust du so immer noch eine menschliche Beziehung zur wichtigsten Person deiner Businesswelt auf.

Es ist sehr wichtig, dass die beiden Menschen im Herzen des Unternehmens sich auf einer Ebene verstehen, die über das Kollegiale und Professionelle hinausgeht. Dein COO sollte instinktiv wissen, mit welchen Problemen er zu dir kommen sollte und welche er ohne deinen Input lösen kann. Als CEO hast du eine Menge auf der Platte. Je mehr Ablenkungen und Hindernisse dein Stellvertreter dir erspart, desto besser kannst du dich auf größere Fragen konzentrieren. Dein COO muss also sowohl deine Gedanken lesen als auch Dinge vorhersehen können, die du selbst noch gar nicht kommen siehst.

So viel Vertrauen erreicht man nicht ohne eine bewusste Anstrengung, das habe ich immer wieder in der *COO Alliance* gehört. Die wenigsten CEOs wollen sich um alle winzigen Details eines Problems kümmern; sie wollen lieber eine Zusammenfassung und eine Lösung. Dafür braucht man allerdings einen Kommunikationsplan, in dem festgelegt ist, welche Fragen weitergereicht werden müssen und welche nicht, wieviel der COO selbst entscheiden darf und auf welche Unterstützung er zählen kann, wie mit Konflikten umgegangen werden soll und welche etablierten operativen Prinzipien seinen Entscheidungsprozessen Grenzen setzen.

Bevor du einen COO einstellst, musst du ehrlich mit dir selbst sein und dir eingestehen, wo deine Schwächen liegen und welche Bereiche deines Geschäftes dir gar nicht liegen, damit du jemanden finden kannst, dessen Stärken genau in diesen Bereichen liegen und der genau diese Dinge gern tut.

Ich habe einmal einen hilfreichen Artikel im *Harvard Business Review* gelesen, dessen Titel übersetzt lautet: „Die missverstandene Rolle des COO". Darin ging es genau darum. Die Autoren des Artikels hatten sieben verschiedene COO-Typen entdeckt: nach außen gerichtete, nach innen gerichtete, technikfokussierte, vertriebs- und marketingsfokussierte, operative, herstellungs- und produktfokussierte und finanzfokussierte. Das sind sieben komplett unterschiedliche Arten von COO. Wenn du also sagst: „Ich brauche einen Stellvertreter", ist das ein bisschen so, als würdest du fragen: „Wie hoch ist oben?" Du musst dir im Klaren darüber sein, welche wichtigen Fähigkeiten für dich nicht im perfekten Bereich liegen, und dann einen COO finden, bei dem das, was er perfekt kann, zu deinen Bedürfnissen passt.

Wenn du zum Beispiel IT und Finanzen genauso hasst wie ich, solltest du dich auch nicht darum kümmern müssen. Wenn du einen COO für meine Firma anheuern müsstest, würdest du also nach jemandem suchen, der diese beiden Funktionen liebt. Dadurch könnte ich diese beiden Bereiche zumindest an jemanden übertragen, der sich lieber um sie kümmert als ich.

Stellen wir uns vor, du wärst keine besonders detailverliebte Person. Dann bräuchtest du jemanden, der sich für dich ins Dickicht der Zahlen begibt und sie im Auge behält, während du das Ganze eher aus der Vogelperspektive betrachtest. Vielleicht hast du eine starke Vision, bist aber nicht besonders gut darin, Projekte anzustoßen? Dann solltest du dir einen COO suchen, der eine Menge Eigeninitiative mitbringt und den Stein ins Rollen bringt, während du dich darauf konzentrierst, dein Unternehmen weiter zu vergrößern.

Viele der Menschen, die mir erzählen, dass sie darüber nachdenken, einen Stellvertreter einzustellen, haben allerdings noch nicht mal einen Assistenten. Darum solltest du dich unbedingt als Erstes kümmern: Stell eine Assistenz der Geschäftsleitung ein. Danach sollte es ungefähr sechs Monate dauern, bis du einen Stellvertreter brauchst. Pass aber auf, dass du nicht den Fehler machst, jemandem einen Titel zu verleihen, der ihm nicht gewachsen ist. Wenn dein Kandidat nicht wirklich ein COO ist, zahlst du ihm am Ende viel mehr als nötig und der Kandidat fühlt sich wichtiger als er ist oder versucht, eine Rolle auszufüllen, für die er nicht genug Erfahrung hat.

Fang vielleicht lieber erst mal mit dem Titel eines Betriebsleiters an, der dann irgendwann zum Direktor oder Vizepräsidenten des operativen Geschäfts führen kann. Den Titel eines COO brauchst du erst zu verleihen, wenn deine Firma ungefähr 100 Angestellte hat.

Wenn du bereit bist, einen Stellvertreter einzustellen, schreib eine Liste, auf die du nach einem Jahr zurückblicken kannst, wenn es darum geht, seine Arbeit zu bewerten. Auf diese Liste gehören die fünf großen Dinge, die dein COO schaffen muss, damit es sich lohnt, ihn einzustellen. Wenn du Vorstellungsgespräche für die Position führst, kannst du so gezielt nach Personen suchen, die möglichst viele dieser fünf Dinge schon einmal getan haben und sie gut können.

Wenn du einen COO einstellst, solltest du noch einmal an die vier Kategorien denken, die du im letzten Kapitel betrachtet hast: inkompetent, kompetent, exzellent (aber du machst es nicht gern) und perfekt.

Meine perfekten Fähigkeiten sind es, Vorträge zu halten und Unternehmer zu coachen. Natürlich gibt es auch sonst noch Dinge, die ich gut kann, aber diese beiden Dinge liebe ich einfach ganz besonders.

Deshalb ist es der erste Schritt auf der Suche nach einem Stellvertreter, jemanden zu finden, der den einen der sieben Bereiche besonders gut ausfüllt, von dem du es dir am meisten wünschst, und dir darüber hinaus noch Aufgaben und Projekte abnimmt, die du zwar erledigen könntest, die dir aber keinen Spaß machen, damit du dich nur noch um Dinge kümmern musst, die du auch umsonst machen würdest. Das bedeutet aber noch lange nicht, dass du damit schon das große Los gezogen hast.

Was nur wenige Leute verstehen, ist, dass Brian und ich nicht nur einfach Glück hatten, als wir *1-800-GOT-JUNK?* aufbauten. Ich hatte schon zwei Franchisegeberunternehmen aufgebaut, bevor ich mich Brian anschloss. Wir hatten nicht einfach Glück, weil wir schon seit drei Jahren im gleichen Forum der *Entrepreneurs Organization* aktiv gewesen waren, bevor ich sein COO wurde. Ich hatte eine Devisenhandelsfima geleitet, die gerade erst für 60 Millionen Dollar verkauft worden war.

Außerdem hatte ich für eine Autowerkstättenkette gearbeitet. Brian hatte meine Fortschritte dort beobachtet, also wusste er intuitiv, dass ich ein Anführertyp bin, und hat quasi ein drei Jahre dauerndes Vorstellungsgespräch mit mir geführt. Er wusste, was ich konnte, und dass es gut zu dem passte, worin er selbst nicht so gut war. Allerdings wusste er auch, dass seine eigenen Stärken meinen Schwächen entsprachen. Das war der zweite Schritt: Dass er wirklich wusste, dass ich in der Lage sein würde, das zu tun, was er von mir erwartete.

Die nächste wichtige Frage ist die des Vertrauens. Sechs Wochen bevor ich mich Brian als sein Stellvertreter angeschlossen habe, war er Trauzeuge bei meiner ersten Hochzeit. Wir waren beste Freunde. Ich hatte ihm in schweren Zeiten zur Seite gestanden, von denen man normalerweise gar nichts erfährt, wenn man nicht gut befreundet ist, zum Beispiel während seiner Scheidung. Unsere Beziehung als CEO und COO war wie eine gut funktionierende Ehe. Manche Leute haben deshalb sogar Geschichten über uns geschrieben.

Wenn du deinen Stellvertreter einstellst, suche unbedingt nach jemandem, dem du so viel unausgesprochenes Vertrauen entgegenbringen kannst.

Insgesamt ist es wichtig, dass du weißt, was du erwartest, bevor du jemanden einstellst. Die Grinsekatze in *Alice im Wunderland* bringt es auf den Punkt: „Wenn du nicht weißt, wohin du gehst, wird dich jeder Weg dorthin bringen." Der erste Schritt bei der Einstellung eines COO ist also, die fünf großen Dinge zu betrachten, die er in den nächsten zwölf Monaten schaffen können muss. Wichtig ist dabei nicht, was er tun wird, sondern was er erreichen wird. Mithilfe dieser Information kannst du gezielt Menschen rekrutieren und zum Vorstellungsgespräch einladen, die das Gleiche schon einmal gemacht haben. Wie bereits erwähnt hatte ich bereits *College Pro Painters* und *Gerber Auto Collision* aufgebaut und ein paar verschiedene Franchisegeber beraten. Bei *1-800-GOT-JUNK?* einzusteigen war ein Kinderspiel, weil ich bereits die richtigen Erfahrungen gesammelt hatte – zumindest so lange, bis wir ungefähr 30.000 Angestellte hatten und die Firma richtig groß geworden war.

Ich sage es noch einmal: Stell Leute ein, die schon einmal geschafft haben, was du von ihnen erwartest. Deine Liste ist der messbare Teil der Stellenbeschreibung. Weniger konkret, aber ebenfalls wichtig, ist, dass du einen Business-Seelenverwandten finden musst, dem du vollkommen vertrauen kannst.

Am ersten Arbeitstag deines neuen COOs gibst du ihm alle deine Telefonnummern, Kontonummern und Passwörter. Wenn du nicht bereit bist, das alles mit ihm zu teilen, stell ihn gar nicht erst ein.

Um es noch einmal ganz deutlich zu sagen: Du suchst Leute mit Erfahrung in den wichtigen Bereichen, nicht nur mit Qualifikationen. Wenn du Menschen auf der Basis dessen einstellst, wozu sie vielleicht in der Lage sein werden, bekommst du in aller Regel Angestellte, die wissen wie man Dinge erledigt, aber wenn du Leute nach ihrer Erfahrung einstellst, bekommst du Mitarbeiter, die bereits gezeigt haben, dass sie in der Lage sind, das zu *tun*, was du von ihnen erwartest.

Behalte dabei auch im Kopf, dass die besten Kandidaten aktuell gar nicht nach einem Job suchen, weil sie schon einen haben. Im

Zweifelsfall sogar einen, mit dem sie zufrieden sind und den sie nicht für eine niedrigere Position verlassen würden. Deshalb musst du mit ziemlicher Sicherheit eine Headhunterfirma engagieren, die dir hilft, die richtigen Kandidaten zu finden. Und wenn du schon 200.000 bis 400.000 Euro für einen neuen COO ausgibst, solltest du eine Firma beauftragen, die so etwas schon einmal gemacht hat. Schließlich würdest du deine Stellenanzeige auch nicht einfach bei eBay Kleinanzeigen einstellen, oder? Du musst jemanden finden, der ein gewisses Kaliber mitbringt – normalerweise wird dein Netzwerk nicht groß genug sein, dass du das alleine schaffen kannst.

Die besten Sportler werden von einer Mannschaft zur nächsten herumgereicht. Wie viele von Hunderten von Nachwuchskickern spielen irgendwann in der Bundesliga? Nicht allzu viele, stimmt's? Ein Prozent, oder vielleicht zwei oder fünf? Die meisten von ihnen bewegen sich entweder von selbst von einer Mannschaft zur anderen, oder sie werden irgendwann verkauft. Dein Starspieler, der COO, nach dem du suchst und der deinen Erwartungen entsprechen kann, ist nicht auf Monster oder Stepstone auf der Suche nach einem Job. Das gilt übrigens auch für die anderen besonders wichtigen Positionen in deinem Unternehmen: Die besten Leute suchen sie nicht. Du musst nach ihnen suchen und sie strategisch umwerben, wenn du sie endlich gefunden hast.

Schon deine Stellenbeschreibung muss so formuliert sein, dass sie Kandidaten anlockt, die ideal zu dir passen. Wenn dein idealer Wunschkandidat sie liest, soll er denken: „Genau, da bin ich gerne dabei." Wenn du also gerne derbe Ausdrücke benutzt, sollten sie auch in deiner Ausschreibung vorkommen. Ich will, dass du rüberbringst: „Ich bin ein CEO, der ein bisschen durchgeknallt ist, ein bisschen zu viel flucht und …" Und weißt du was? Wenn jemand dann kommt und sagt: „Mir gefällt es nicht, dass Sie so viel fluchen", dann kannst du einfach antworten: „Okay, dann tschüss. Mir gefällt es auch nicht besonders, dass ich so viel fluche, aber wenn Sie mit mir zusammenarbeiten wollen, müssen wir wenigstens am Anfang gut zusammenpassen, oder?" Der erste Entwurf deiner Stellenausschreibung sollte sich anfühlen, als würdest du deinem besten Freund davon erzählen. Dann gibst du ihn an einen Marketingmenschen oder einen sehr guten Texter weiter. Rechne damit, dass es dich um die tausend Euro kosten wird, einen Texter dafür zu bezahlen, dass deine Stellenausschreibung aus der Masse heraussticht. Sie sollte sich lesen lassen wie die beste Werbeanzeige, die du je in deinem Leben gesehen hast.

Warum lassen wir eigentlich unsere Werbetexte und Webseiten von Textern schreiben, unsere Stellenanzeigen aber von der Personalabteilung formulieren? Dort sitzen keine Experten dafür, Texte zu verfassen, die auf eine bestimmte Person zugeschnitten sind. Denk daran: Dein idealer COO sollte die Beschreibung lesen und denken: „Auf jeden Fall! Diese Position will ich."

Wenn du dann am Ende unter den Bewerbern deinen COO auswählen musst, such dir einen aus, der in deiner Firma und darüber hinaus Wellen schlagen wird. Stell dir vor, die Bewerber wären Steine und der Job wäre es, auf den Grund eines Teichs zu sinken. Welche Art von Wellen werden die einzelnen Personen schlagen? Das musst du als CEO herausfinden. Wenn der Stein nach unten sinkt, ohne dass sich das Wasser bewegt, steht dein Teich nur ab. Auf der anderen Seite möchtest du aber auch nicht unbedingt einen Tsunami.

Der perfekte COO für deine Organisation steht und fällt mit der Beziehung, die du zu ihm entwickelst. Die muss unbedingt stark sein (nur für den Fall, dass ich das noch nicht deutlich genug gesagt habe). Lerne ihre Wünsche kennen, ihre Träume, Leidenschaften, Ängste, Unsicherheiten und die Dinge, die sie bei der Arbeit hassen. Die Verbindung, die ihr eingeht, bedeutet, dass sie für dich durch die Wand gehen würden, genau wie du auch für sie durch Wände gehen würdest, deshalb wird sie einige Zeit brauchen, bis sie entstanden ist (und jede Sekunde und jede Anstrengung wert sein). Schreib dir diese Zeit gleich als wöchentliches Meeting in den Kalender, sobald du einen COO eingestellt hast. Ich habe das früher ein Date zwischen CEO und COO genannt, aber ihr könnt auch einmal pro Woche gemeinsam frühstücken und euer Vier-Augen-Gespräch dabei führen.

Brian und ich hatten damals sogar einen besonderen Raum in der Firma, den niemand sonst kannte: einen alten Lagerraum, ganz hinten beim Lastenaufzug. Dort hatten wir zwei Matratzen liegen, außerdem gab es dort ein paar Stühle und ein Whiteboard. Wenn uns niemand beobachtete, schlüpften wir gern für ein Stündchen in diesen Raum und setzten uns dort zusammen. Es war unsere eigene, persönliche Kommandozentrale. Unsere Verbindung war sehr eng, dazu passte es, dass wir auch diesen engen Raum teilten.

Jetzt hast du deinen idealen COO eingestellt, regelmäßige Treffen in deinem Kalender notiert und eine Kommandozentrale gefunden. Was kommt als Nächstes? Als Nächstes solltest du sicherstellen, dass du dich nicht zu sehr in seine Arbeit einmischst. Lass ihn Erfolge und Misserfolge erleben und die Dinge so steuern, wie er will. Solange er sich deiner lebhaften Vision anschließt und innerhalb deiner zentralen Werte daran baut, musst du ihm genug Freiraum geben. Wenn du ihn zu stark an der kurzen Leine hältst, wird er sich eingeschränkt fühlen, und das werden alle sehen und spüren.

Ich weiß, was du jetzt denkst: „Woher weiß ich dann, dass alles richtig gemacht wird? Wie schaue ich nach meinem Team?" Dafür brauchst du Meetings, bei denen eine Hierarchieebene übersprungen wird, sogenannte „Skip Level Meetings". Normalerweise triffst du dich mit deinem direkt untergebenen Team, damit du weißt, was gerade in seinen Bereichen passiert. Um dich aber auch mit den Hierarchieebenen darunter verständigen zu können, die normalerweise an deinen COO berichten, richtest du Skip Level Meetings ein – zum Beispiel, wenn du direkt mit Vertrieb oder Marketing sprechen möchtest.

Das ist nicht ganz ohne Fallstricke. Ich kann mich natürlich mit dem Vertriebs- oder Marketingteam unterhalten, ohne dass der Abteilungsleiter dabei ist, aber nur darüber, wohin unsere gemeinsame Reise geht und welches Feedback es mir dazu geben will. Ich darf mich nicht zu sehr auf das Team einlassen. Wenn jemand mir erzählt, dass es in einem bestimmten Bereich Probleme gibt, muss ich zuhören und darf Fragen stellen oder mir Notizen machen. Was ich aber auf keinen Fall machen darf, ist zu sagen: „Oh, ich wünschte, das würde sich ändern." Ich muss mich zurückhalten. Es gilt, bestimmte Grenzen nicht zu überschreiten und nicht versehentlich in eine Rolle zu schlüpfen, die dir gar nicht gehört. Dadurch könntest du nämlich die Beziehung beschädigen, an der du so hart gearbeitet hast.

Wenn du einen COO hast, wirst du dich viel besser auf die Projekte konzentrieren können, die perfekt für dich sind und die du liebst. Anders ausgedrückt, er wird dir erlauben, dir Zeit für die wertvollsten Aufgaben zu nehmen, die du zu erledigen hast, wenn die Firma weiter wachsen soll. Also mach dir die Mühe, die ideale Person für die Position zu finden, arbeite an der Beziehung als wäre sie deine Ehe und komm deinem COO nicht in die Quere. So schaffst du ein unaufhaltsames Team, das dafür sorgen wird, dass deine lebhafte Vision immer wieder Früchte tragen wird.

Jetzt wird es Zeit, den ersten Schritt zu unternehmerischem Erfolg zu tun und die lebensverändernde *Miracle-Morning*-30-Tage-Herausforderung anzunehmen.

Unternehmerprofil
JAMES ALTUCHER

James Altuchers Firma heißt *Choose Yourself Media.*

Größte Businesserfolge

- James baute *Reset, Inc.* auf und verkaufte die Firma, einen der ersten Designer und Softwareentwickler für Firmenwebseiten in den 1990ern, für 15 Millionen Dollar. Diese Firma entwickelte unter anderem die Originalwebseiten für *AmericanExpress.com, TimeWarner.com, Sony, BMG, Miramax, Loud Records, Bad Boy Records, Con Edison* und *HBO*.
- 2013 schrieb er das Buch *Choose Yourself!*. Es verkaufte sich über 600.000 Mal und wurde mehrmals zum *Wall-Street-Journal-Bestseller.* Außerdem kletterte es mehrere Male auf Platz 1 der Amazon-Sachbuchliste. Darüber hinaus hat er noch 17 andere Bücher geschrieben.
- Die *James Altucher Show* wurde über 20.000.000 Mal heruntergeladen, seit sie im Januar 2014 zum ersten Mal erschien.
- James hat es schon oft geschafft, die Karriere zu wechseln und sich komplett von Grund auf neu zu erfinden. Er war schon Softwareentwickler, TV-Produzent und der Gründer vieler Firmen. Außerdem hat er als Redner, Autor, Hedgefondsmanager, Investor und Unternehmer gearbeitet.
- Im Jahr 2015 gründete er *Choose Yourself Media*, die Firma, über die er seine Inhalte zu Geld macht. Im ersten Jahr erzielte er damit 16 Millionen Dollar Gewinn und verdiente selbst ein Nettogehalt von 1,5 Millionen Dollar.

Morgenroutine

- James wacht um halb sechs auf.
- Während der ersten zwei Stunden seines Tages trinkt er Kaffee und liest.
- Dann schreibt er zwei Stunden lang. Normalerweise notiert er in dieser Zeit zehn Ideen (um seinen „Ideenmuskel" zu trainieren) und schreibt einen Artikel oder ein Kapitel für ein Buch.
- Danach isst er etwas, manchmal sogar seine Hauptmahlzeit des Tages. Dabei ist er sich nie ganz sicher, ob Obst ihm morgens gut tut oder ob er lieber irgendeine Art von Protein zu sich nehmen will, aber eines steht fest: Industriezucker meidet er, wo er kann.
- Nach dem Essen treibt er etwas Sport oder geht spazieren, macht ein Nickerchen, tätigt ein paar Businessanrufe oder telefoniert mit Freunden. Wenn er noch keinen Artikel geschrieben hat, telefoniert er nicht, sondern liest und schreibt stattdessen weiter.
- Dann liest und schreibt er noch ein bisschen, bis es Abend wird.

10. DIE 30-TAGE-MIRACLE-MORNING-HERAUSFORDERUNG

Ein außergewöhnliches Leben entsteht aus täglichen, stetigen Verbesserungen in seinen wichtigsten Bereichen.

ROBIN SHARMA

Lass mich einen Moment den Advocatus Diaboli spielen. Kann der *Miracle Morning* dein Leben und dein Business wirklich in nur 30 Tagen so grundlegend verändern? Gibt es überhaupt irgendetwas, das so schnell einen so großen Effekt hat? Naja, denk daran: Der *Miracle Morning* hat schon für Tausende von Menschen funktioniert. Wenn er bei anderen klappt, klappt er auch bei dir.

Sich Dinge neu anzugewöhnen oder Gewohnheiten zu verändern dauert allerdings seine Zeit, also erwarte nicht, dass es dir ab dem ersten Tag leicht fallen wird. Indem du dir aber selbst fest versprichst, dass du bei der Stange bleibst, wirst du bald merken, dass du dich daran gewöhnt hast, jeden Tag mit einem *Miracle Morning* und den Life S.A.V.E.R.S. zu beginnen. Auf dieser Grundlage kannst du sehr gut aufbauen, wenn du dir noch weitere Gewohnheiten zulegen möchtest. Denk daran: *Wenn du den Morgen gewinnst, kannst du den ganzen Tag lang gewinnen.*

Die scheinbar unerträglichen ersten Tage, die man braucht, um eine Gewohnheit zu ändern, gehen vorbei. Wie lange es wirklich dauert, sich etwas neu anzugewöhnen, wird aktuell heiß diskutiert, aber es gibt eine sehr wirksame Drei-Phasen-Strategie, die nachgewiesenermaßen für Zehntausende von Menschen erfolgreich war, die ihre Schlummertaste besiegt haben und jetzt jeden Morgen mit einem *Miracle Morning* aufstehen.

UNAUFHALTSAM STATT UNERTRÄGLICH:

Die Drei-Phasen-Strategie, mit der du dir in nur 30 Tagen jede Gewohnheit aneignen kannst!

Wenn du die 30-Tage-*Miracle-Morning*-Herausforderung annimmst, findest du hier die wohl die einfachste und effektivste Strategie , mit der du dir in nur 30 Tagen eine neue Gewohnheit zulegen und sie aufrechterhalten kannst. Sie wird dir helfen, die Geisteshaltung zu entwickeln und den Plan zu erschaffen, den du brauchst, um deine neue Routine aufzubauen.

Phase Eins: Unerträglich (Tag 1–10)

In der ersten Phase erfordert jede neue Aktivität enormen Aufwand. Das ist beim Frühaufstehen nicht anders. Man kämpft gegen bestehende Gewohnheiten an, die seit Jahren tief in der eigenen Persönlichkeit verankert sind.

In dieser Phase wirst du manchmal merken, dass der Geist zwar willig, das Fleisch aber schwach ist. Die Gewohnheit, die Schlummertaste zu drücken und dir selbst die Gelegenheit zu nehmen, jeden Morgen optimal zu beginnen, hindert dich daran, der unternehmerische Superstar zu werden, der du sein kannst. Also bleib stark und mach weiter!

Während du dich in der ersten Phase mit bestehenden Gedankenmustern und einschränkenden Überzeugungen herumschlägst, wirst du merken, aus welchem Holz du geschnitzt bist und wozu du in der Lage bist. Du musst dich durchbeißen und an deiner Vision festhalten. Glaub mir, du schaffst das.

Ich weiß aus Erfahrung, dass es entmutigend sein kann, am fünften Tag aufzuwachen und zu merken, dass du noch fünfundzwanzig Tage vor dir hast, bevor du dich komplett in einen Frühaufsteher verwandelt hast. Denk in solchen Momenten daran, dass du schon die Hälfte der ersten Phase geschafft hast und auf dem besten Weg bist, ein echter Morgenmensch zu werden. Diese ersten Gefühle bleiben nicht ewig. Du bist es dir selbst schuldig, durchzuhalten. Es wird nicht mehr lange dauern, bis du die Person bist, die du immer sein wolltest, und genau das bekommst, was du dir erträumst.

Phase Zwei: Unbequem (Tag 11-20)

Körper und Geist fangen in der zweiten Phase an, sich daran zu gewöhnen, früher aufzuwachen. Du wirst merken, dass es dir ein kleines bisschen leichter fällt, aufzustehen, aber noch ist es keine Gewohnheit – es fühlt sich nicht ganz natürlich an und ist noch kein Teil deiner Persönlichkeit geworden.

Die größte Versuchung an diesem Punkt ist, sich zu belohnen, indem man eine Pause macht, besonders am Wochenende. Eine Frage, die in der *Miracle-Morning-Community* relativ oft gestellt wird, lautet: „Wie oft pro Woche steht ihr früh auf und macht einen *Miracle Morning*?" Meine Antwort – und die von Tausenden von Langzeitanwendern des *Miracle Morning* – lautet: „Jeden Tag."

Du hast in der ersten Phase das Schlimmste geschafft, also mach weiter. Warum solltest du es dir antun wollen, die erste Phase noch einmal durchmachen zu müssen, indem du eine Pause einlegst? Glaube mir, das willst du nicht, also lass es lieber!

Phase Drei: Unaufhaltsam (Tag 21–30)

Inzwischen ist das Frühaufstehen nicht nur eine Gewohnheit, es ist ein Teil von dir geworden, ein Teil deiner Persönlichkeit. Körper und Geist haben sich dem neuen Dasein angepasst. In den nächsten zehn Tagen ist es wichtig, dass du diese Gewohnheit fest in dir selbst und deinem Leben verankerst.

Wenn du den *Miracle Morning* in der Praxis umsetzt, bekommst du dadurch auch eine bessere Perspektive auf die drei unterschiedlichen Phasen der Angewöhnung. Das bedeutet, du lernst dadurch, dir jede hilfreiche, neue Gewohnheit anzueignen – auch die Gewohnheiten von außergewöhnlich erfolgreichen Unternehmern, die du in diesem Buch findest.

Jetzt hast du die einfachste und effektivste Methode gelernt, dir jede neue Gewohnheit in 30 Tagen erfolgreich anzueignen und zu erhalten. Dadurch kennst du jetzt auch die Geisteshaltung und die Vorgehensweise, die du brauchst, um die 30-Tage-*Miracle-Morning*-Herausforderung anzunehmen. Jetzt brauchst du dir nur noch vorzunehmen, gleich damit anzufangen und bei der Stange zu bleiben.

Denk an das, was du gewinnst

Wenn du dich der 30-Tage-*Miracle-Morning*-Herausforderung stellst, legst du damit den Grundstein für Erfolg in jedem deiner Lebensbereiche – für den ganzen Rest deines Lebens. Indem du jeden Morgen aufstehst und zuerst einen *Miracle Morning* machst, beginnst du jeden Tag mit einem außergewöhnlichen Maß an ***Disziplin*** (der überaus wichtigen Fähigkeit, die dich in die Lage versetzt, deine Verpflichtungen zu erfüllen), ***Klarheit*** (der Kraft, die du daraus gewinnst, dich auf das Wichtigste zu konzentrieren) und ***Persönlichkeitsentwicklung*** (des vielleicht wichtigsten Erfolgsfaktors, den du haben kannst). Du wirst also in den nächsten 30 Tagen schnell merken, wie du dich *zu der Person entwickelst*, die du sein musst, um außergewöhnlich viel persönlichen, geschäftlichen oder finanziellen Erfolg zu erlangen – so, wie du es dir erträumst.

Gleichzeitig machst du den *Miracle Morning* von einem Konzept, das sich spannend anhört und das du gerne ausprobieren möchtest (auch wenn es dich vielleicht ein bisschen nervös macht), zu einer lebenslangen Gewohnheit, die dich immer weiter in die Person verwandelt, die du sein musst, um das Leben zu bekommen, das du dir wünschst. Du wirst anfangen, dein Potenzial zu erfüllen und Ergebnisse in deinem Leben zu erfahren, die alles, was du bisher kennst, weit übertreffen.

Neben erfolgversprechenden Gewohnheiten wirst du auch die ***Geisteshaltung*** entwickeln, die du brauchst, um dein Leben zu verbessern – nach innen und nach außen. Indem du jeden Tag die Life S.A.V.E.R.S. anwendest, erfährst du die körperlichen, geistigen, emotionalen und spirituellen Vorzüge von **S**tille, **A**ffirmationen, **V**isualisierungen, **E**xercise (Bewegung), **R**eading (Lesen) und **S**chreiben. Dadurch fühlst du dich unmittelbar weniger gestresst, besser im Einklang mit dir selbst, konzentrierter, glücklicher und gespannter auf dein eigenes Leben. Du verschaffst dir viel mehr Energie, Klarheit und Motivation, deine höchsten Ziele und Träume zu verfolgen – besonders die, die du schon viel zu lange aufgeschoben hast.

Denk daran, deine Lebenssituation wird sich verbessern, nachdem – und erst *nachdem* – du zu der Person geworden bist, die du sein musst, um sie zu verbessern. Genau das können diese nächsten 30 Tage deines Lebens werden: dein Neuanfang und dein neues Bewusstsein.

Du schaffst das!

Wenn du jetzt nervös, zögerlich oder besorgt bist, ob du es schaffen wirst, 30 Tage durchzuhalten, entspann dich bitte. Es ist normal, dass du dich jetzt so fühlst, insbesondere dann, wenn du in der Vergangenheit bereits Schwierigkeiten hattest, morgens aus dem Bett zu kommen. Da ist es ganz natürlich, dass du ein bisschen unsicher oder zurückhaltend bist, aber das ist sogar ein sehr gutes Zeichen. Es zeigt, dass du bereit bist, dich ganz der Sache zu verschreiben, sonst wärst du nicht nervös.

Los geht's!

BONUSKAPITEL

DIE MIRACLE-GLEICHUNG UND DIE UNTERNEHMERISCHE ERFOLGSFORMEL

Es gibt nur zwei Arten zu leben. So, als wäre nichts ein Wunder und so, als wäre alles ein Wunder.

ALBERT EINSTEIN

Beim *Miracle Morning* geht es darum, dich selbst auf die nächste Stufe zu heben, damit dein Erfolg ebenfalls Flügel bekommt. Jetzt ist es an der Zeit, dass du alles nimmst, was du bisher gelernt hast, und es in der ultimativen Erfolgsformel zusammenfasst, die alle Höchstleistungsträger – aus allen Bereichen – nutzen, um regelmäßig großartige Ergebnisse zu erzielen.

Als Hal und ich uns zusammengesetzt haben, um dieses Buch zu schreiben, verglichen wir unsere Notizen und besprachen verschiedene Ansätze und Strategien, die wir in der Vergangenheit benutzt und mit anderen Unternehmern geteilt haben. Als ich von Hals *Miracle-Gleichung* hörte, merkte ich, wie ähnlich sie der unternehmerischen Erfolgsformel ist, die ich selbst lehre – und wie gut sich dies beiden Formeln ergänzen. Du hast also Glück: Du bekommst beide!

Zuerst habe ich Hal gebeten, seine *Miracle-Gleichung* mit dir zu teilen, danach kommt meine unternehmerische Erfolgsformel ins Spiel. Dadurch wirst du eine von beiden oder sogar beide verwenden können, um deine Ergebnisse noch weiter zu steigern.

Die Miracle-Gleichung

UG x ÜE = W

Hallo, hier ist Hal. Ich hoffe, dein *Miracle Morning* macht dir Spaß. Du weißt inzwischen, dass du dank der Life S.A.V.E.R.S. früh aufwachen und deine Persönlichkeitsentwicklung so richtig in Schwung bringen, einen außergewöhnlichen Energiepegel halten, deine Konzentration zielgerichtet einsetzen und die unternehmerischen Überfliegerfähigkeiten und -prinzipien anwenden kannst.

Aber ich weiß genau, dass du nicht bis hierher gelesen hast, um nur ein kleines bisschen erfolgreicher zu werden. Du möchtest Riesenschritte tun und außergewöhnliche Erfolge erzielen, stimmt's? Stimmt. Und wenn du das Folgende auf deine Karriere als Unternehmer anwendest wirst du sogar noch viel weiter kommen: Du wirst einer der erfolgreichsten Leistungsträger werden – im obersten Prozent!

Um diesen Sprung zu machen, brauchst du aber noch ein letztes Werkzeug in deinem Kasten: die *Miracle-Gleichung.*

Die *Miracle-Gleichung* ist die grundlegende Strategie, die ich angewandt habe, um ständig neue Verkaufsrekorde aufzustellen, als einer der jüngsten Mitarbeiter in die „Hall of Fame" meines Unternehmens aufgenommen zu werden und mich anschließend zum Bestsellerautor und internationalen Redner zu entwickeln. Es steckt aber noch mehr dahinter. Es ist genau die Gleichung, die alle Höchstleistungsträger – das oberste Prozent im jeweiligen Bereich – nutzen, um ehrfurchtgebietende Resultate zu schaffen, während die restlichen 99 Prozent sich fragen, wie sie das zustande gebracht haben.

Als die *Miracle-Gleichung* geboren wurde, steckte ich gerade mitten in einer Stressphase, weil mein Arbeitgeber *Cutco* einen zweiwöchigen Verkaufswettbewerb ausgerufen hatte. Dadurch sollte freundschaftlicher Wettbewerb gefördert und Anreize geschaffen werden, Verkaufsrekorde aufzustellen, sowohl für jeden einzelnen Verkäufer als auch für den ganzen Standort.

In jenem Jahr war der Verkaufswettbewerb für mich etwas ganz Besonderes, und zwar aus zwei Gründen. Zum einen wollte ich versuchen, der erste Verkäufer in meiner Firma zu werden, der dreimal hintereinander den ersten Platz belegte. Zum zweiten musste ich das schaffen, obwohl ich von den 14 Tagen nur 10 arbeiten konnte.

Ich wusste, dass ich tief aus meinen Reserven schöpfen musste, wenn ich das schaffen wollte, und dass Angst und Selbstzweifel mir viel mehr im Weg stehen würden als gewöhnlich. Wenn ich ehrlich bin, war ich versucht, meine Verkaufsziele angesichts der Umstände etwas niedriger anzusetzen.

Aber dann fiel mir wieder ein, was Dan Casetta, einer meiner Mentoren, einmal gesagt hatte: „Der wahre Zweck eines Ziels ist nicht, es zu erreichen. Sein wahrer Sinn ist es, zu der Person zu werden, die ihre Ziele erreichen kann, unabhängig davon, ob man ein bestimmtes Ziel nun erreicht oder nicht. Wirklich wichtig ist, wer man wird, wenn man bis zum letzten Moment alles gibt – nicht das, was dabei herauskommt."

Ich entschied mich also dafür, bei meinen ursprünglichen Zielen zu bleiben, obwohl es durchaus möglich war, dass ich sie nicht erreichen würde, weil ich einfach nicht so viel Zeit hatte. Wenn ich in nur zehn Tagen einen Rekord aufstellen wollte, das wusste ich, würde ich ganz besonders konzentriert, gewissenhaft und zielgerichtet bleiben müssen.

Das Ziel war zweifelsohne besonders ehrgeizig, und wie du sehen wirst, verlangte es mir ab, mir selbst zu beweisen, aus welchem Holz ich geschnitzt war.

Zwei Entscheidungen, durch die das Unmögliche möglich wird

Wie bei jeder großen Herausforderung musste ich Entscheidungen treffen, die damit zusammenhingen, dass ich das Ziel erreichen wollte.

Ich rollte den Verkaufswettbewerb von hinten auf, indem ich mich fragte: „Wenn ich den Rekord in nur zehn Tagen brechen will, welche Entscheidungen muss ich dann jetzt treffen und wozu muss ich mich im Voraus bereits entschließen?"

So entdeckte ich, dass es zwei Entscheidungen waren, die besonders große Auswirkungen hatten. Dass es die gleichen Entscheidungen waren, die alle Höchstleistungsträger früher oder später in ihrer Karriere treffen müssen, merkte ich erst später.

Diese Entscheidungen sind die Grundlage der *Miracle-Gleichung*.

Die erste Entscheidung: Unerschütterlicher Glaube

Da ich wusste, dass ich bereits Angst und Selbstzweifel hegte, wurde mir klar, dass ich mich jeden Tag entscheiden musste, unerschütterlich an mich selbst zu glauben, wenn ich das scheinbar Unmögliche schaffen wollte – egal, welche Ergebnisse ich tatsächlich erzielte.

Ich wusste, dass es Zeiten geben würde, in denen ich an mir zweifelte, und Zeiten, in denen ich so weit von der Spur abgekommen war, dass das Ziel in noch weiterer Ferne zu liegen schien als vorher. Und genau in diesen Momenten musste ich meine Selbstzweifel mit unerschütterlichem Glauben überwinden.

Um mir auch für die schwierigen Momente so viel Glauben an mich selbst zu erhalten, habe ich in dieser Zeit immer wieder mein „Miracle-Mantra" wiederholt:

Ich werde ______________ (den nächsten Verkauf schaffen, 20 potenzielle Kunden anrufen, mein Ziel erreichen, usw.), egal, was passiert. Eine andere Möglichkeit gibt es nicht.

Indem ich mir das immer wieder selbst vorsagte, schaffte ich es, mein Unterbewusstsein darauf zu programmieren und mein Bewusstsein darauf auszurichten, mich immer näher an mein Ziel zu führen.

Bitte mach dir klar, dass es nicht normal ist, so unerschütterlich an etwas zu glauben. Es liegt nicht in unserer Natur. Deshalb tun es auch nur die Höchstleistungsträger in allen Feldern. Eines der Probleme daran, sich unerschütterlichen Glauben zu erhalten, liegt darin, dass es sich nicht immer authentisch anfühlt, weil man einfach nicht *ganz sicher* wissen kann, dass es funktionieren wird. Deshalb spreche ich auch von Glauben. Dieser Glaube ist eines der Kernelemente, die eine Elite ausmachen. Elitesportler sind eines der besten Beispiele für Personen, die nach der *Miracle-Gleichung* leben und sich unerschütterlichen Glauben daran erhalten, sie könnten jedes Spiel gewinnen und jeden Schuss in einen Treffer verwandeln – obwohl natürlich so gut wie kein Athlet jedes Spiel gewinnt und absolut keiner von ihnen jeden Schuss im Tor versenkt.

Als Kind und Jugendlicher war ich ein großer Fan von Michael Jordan, einem der besten Basketballspieler aller Zeiten. Michael Jordan war ein Musterbeispiel für die *Miracle-Gleichung*, weil er unerschütterlich daran glaubte, dass er jeden Wurf im Korb versenken können würde. Wenn er danebenwarf, verlangte er gleich wieder nach dem Ball, weil er wusste, dass er beim nächsten Versuch treffen würde. Und wenn er dann wieder nicht traf, verlangte er trotzdem den Ball, weil er unerschütterlich daran glaubte, dass es beim dritten Versuch klappen würde. Wenn der dann auch danebenging, verlangte Jordan den Ball erneut, weil er wusste, dass er beim vierten Mal treffen würde.

So geht es nämlich den besten Spielern der Welt: Sie verlangen immer wieder den Ball, weil sie sich irgendwann in ihrem Leben dafür entschieden haben – bewusst oder unbewusst –, dass sie mit jedem Schuss einen Treffer landen können, egal, wie oft sie ihr Ziel verfehlen und obwohl es immer möglich und letztendlich unvermeidbar ist, dass man auch mal danebenliegt.

Ein durchschnittlicher Basketballspieler bekommt vermutlich einen Knick in sein Selbstbewusstsein, wenn er mehrmals hintereinander den Korb verfehlt, und sein Glaube an sich selbst und seine Fähigkeiten gerät ins Wanken. Aber nicht Jordan. Egal, wie oft er danebenwarf, er bewahrte sich immer den unerschütterlichen Glauben daran, dass er beim nächsten Mal treffen würde.

Wenn nur noch Sekunden auf der Uhr sind und das Spiel unentschieden steht, dann sind es Höchstleistungsträger – die Michael Jordans dieser Welt – die ihren Teamkollegen ohne zu zögern sagen: „Gebt mir den Ball!" Der Rest des Teams atmet erleichtert auf, weil sie sich vom Druck und der Angst befreit fühlen, den entscheidenden Wurf zu vermasseln. Michael Jordan dagegen stellt sich jedem Wurf mit unerschütterlichem Glauben, obwohl er natürlich auch nicht vor Fehlern gefeit ist. Im Lauf seiner legendären Karriere hat er übrigens sechsundzwanzigmal bei spielentscheidenden Würfen danebengeworfen und nur zweiundzwanzigmal getroffen – aber den Glauben daran, dass er jedes Mal treffen kann, hat er nie verloren.

Das ist die erste Entscheidung, die äußerst erfolgreiche Menschen treffen, und das kannst du auch.

Wenn du auf ein Ziel hinarbeitest und dabei vom Weg abkommst, was fliegt dann als Erstes aus dem Fenster? Richtig, *der Glaube daran, dass das Ziel, das du dir gesetzt hast, überhaupt erreichbar ist.* Du beginnst, dich selbst negativ zu beeinflussen, indem du dir sagst: „Ich arbeite in die falsche Richtung. Es sieht so aus, als könne ich das Ziel nicht erreichen." Und mit jeder Sekunde, die verstreicht, glaubst du ein bisschen weniger daran und verstrickst dich tiefer in Selbstzweifel.

Dieser Glaube – der Glaube, den du auch entwickeln musst – hat nichts mit Wahrscheinlichkeit zu tun. Er stammt aus einer gänzlich anderen Quelle. Die meisten Verkaufsleute arbeiten nach etwas, das sich „Gesetz des Durchschnitts" nennt. Aber wir reden hier nicht vom Durchschnitt, sondern von einer Art „Gesetz des Wunders". Wenn du immer wieder danebenwirfst – oder, in deinem Fall, einfach nichts verkaufst –, musst du dich umso mehr davon überzeugen, was Michael Jordan sich auch sagt: „Ich habe zwar dreimal verfehlt, aber ich will den Ball trotzdem, und nächstes Mal treffe ich."

Du musst dich nicht mit dem Gesetz des Durchschnitts abfinden. Du hast die Wahl und die Kraft, dir einen unerschütterlichen Glauben zu erhalten, egal, was kommt, und egal, welche Ergebnisse du erzielst. Ab und zu zweifelst du vielleicht an dir selbst oder hast einen schlechten Tag, aber gerade dann ist es besonders wichtig, dass du – immer wieder – den Glauben daran findest, dass alles möglich ist. An diesem Glauben musst du während deiner ganzen Reise festhalten, egal, ob es sich damit um einen zehntägigen Verkaufswettbewerb oder eine dreißig Jahre dauernde Karriere handelt.

Menschen, die Durchschnittsleistungen erbringen, hören auf zu glauben, dass es überhaupt möglich ist, ihr Wunschziel zu erreichen, wenn es so aussieht, als würden sie es nicht schaffen.

Du dagegen wiederholst dein *Miracle-Mantra*:

Ich werde ____________ (den wichtigen Vertrag abschließen, 20 potenzielle Kunden anrufen, mein Ziel erreichen), egal, was passiert. Eine andere Möglichkeit gibt es nicht.

Dann nimm dich beim Wort und tu, was du dir versprochen hast.

Auch Elitesportler haben manchmal Tage, an denen sie das schlechteste Spiel ihres Lebens machen. Solche Spiele, bei denen es für drei Viertel der Zeit so aussieht, als könnten sie gar nichts treffen. Und dann, im vierten Viertel, gerade dann, wenn ihre Mannschaft es am dringendsten nötig hat, fangen sie an zu treffen. Sie verlangen stets nach dem Ball; sie glauben immer an sich selbst und ihre eigenen Fähigkeiten. Im letzten Viertel landen sie plötzlich dreimal so viele Treffer wie im ganzen Rest des Spiels.

Und warum? Weil sie sich darauf konditioniert haben, unerschütterlich an ihre Talente, Fähigkeiten und Fertigkeiten zu glauben – egal, was auf der Punktetafel steht oder wo sie sich gerade auf der Weltrangliste befinden.

Außerdem …

… besitzen sie aber auch noch den zweiten Teil der *Miracle-Gleichung*: überdurchschnittlichen Einsatz.

Die zweite Entscheidung: Überdurchschnittlicher Einsatz

Wenn du zulässt, dass dir der Glaube an dich selbst abhanden-kommt, folgt ihm der Einsatz meistens auf dem Fuß. „Was soll's", redest du dir ein, „es ist ohnehin sinnlos, sich abzustrampeln, um ein Produkt zu verkaufen oder ein Ziel zu erreichen, das ich niemals schaffen kann." Plötzlich fängst du an, zu hinterfragen, ob du es jemals schaffen kannst, ein neues, profitables Produkt zu finden oder auch nur noch eines zu verkaufen, geschweige denn das große Ziel zu erreichen, das du dir vorgenommen hast.

Das ist mir auch schon oft passiert. Ich fühlte mich entmutigt und dachte: „Wozu versuche ich es überhaupt?" Wenn der halbe Monat vorbei ist und man als Unternehmer erst 7.500 Dollar statt der gewünschten 50.000 Dollar Umsatz gemacht hat, denkt man langsam: „Das schaffe ich doch nie und nimmer."

An dieser Stelle brauchst du überdurchschnittlich viel Einsatz. Konzentriere dich auf dein ursprüngliches Ziel und spüre die Verbindung zu der Vision, die du davon erschaffen hast. Finde das große „Warum" in deinem Herzen und deinem Hirn, das du hattest, als du dir das Ziel ursprünglich gesetzt hast.

Dafür musst du das Ziel noch einmal neu aufrollen, so wie ich es getan habe. Frag dich selbst: „Wenn ich am Ende dieses Monats das Ziel erreicht hätte, was hätte ich dann alles dafür getan? Was hätte ich tun müssen?"

Wie auch immer die Antwort ausfällt, wichtig ist, dass du bei der Stange bleibst und dich durchbeißt, egal, wie die Ergebnisse aussehen. Du musst daran glauben, dass du am Ende erfolgreich dastehen wirst. Du musst dir den unerschütterlichen Glauben an den Erfolg erhalten und gleichzeitig überdurchschnittlichen Einsatz zeigen, bis das Spiel abgepfiffen wird. Nur so schaffst du dem Wunder die Gelegenheit, überhaupt zu geschehen.

Wenn du das tust, was der Durchschnittsmensch macht – das, was in unserer menschlichen Natur liegt –, dann bist du genau das: ein durchschnittlicher Unternehmer. Entscheide dich dafür, kein Durchschnittsmensch zu sein! Denk daran: Dein Denken und Handeln bestimmen die Resultate. Das ist eine selbsterfüllende Prophezeiung.

Du hast einen Vorteil: Ich erkläre dir jetzt die Strategie, mit der du praktisch sicherstellst, dass du jedes deiner Ziele erreichst.

Die Miracle-Gleichung

Unerschütterlicher Glaube + Überdurchschnittlicher Einsatz = Wunder

Es ist einfacher als du denkst. Das Geheimnis hinter einem unerschütterlichen Glauben liegt darin, zu erkennen, dass es sich dabei um eine Geisteshaltung und eine Strategie handelt – nicht um etwas Konkretes. Im Gegenteil, der Glaube ist nicht einmal leicht zu fassen. Kein Verkäufer bringt jedes Geschäft zum Abschluss. Es ist nicht jeder Schuss ein Treffer. Deshalb musst du dir den unerschütterlichen Glauben einprogrammieren, damit er dich antreibt, überdurchschnittlichen Einsatz in die Sache zu stecken.

Denk daran, der Schlüssel dazu, diese Gleichung in die Praxis umzusetzen und mitten im tiefsten Selbstzweifel unerschütterlichen Glauben zu bewahren, liegt in deinem *Miracle-Mantra*:

Ich werde ________, egal, was passiert. Eine andere Möglichkeit gibt es nicht.

Für mich bedeutete das zum Beispiel erst kürzlich, dass ich mir immer wieder sagen musste: „Ich werde 1,5 Millionen Dollar Umsatz machen, egal was passiert. Eine andere Möglichkeit gibt es nicht."

Setz dir ein Ziel und mach es zu einem Teil deines *Miracle-Mantras*. Deine Affirmationen nimmst du dir sowieso schon jeden Morgen (und vielleicht zusätzlich noch einmal jeden Abend) vor. Dein Miracle-Mantra solltest du dir aber darüber hinaus jeden Tag immer wieder vorsagen: im Auto oder Zug zur Arbeit, auf dem Laufband im Fitnessstudio, unter der Dusche, in der Schlange an der Supermarktkasse, auf dem Weg zu einem Kunden – einfach *überall, wohin du gehst.*

Dein *Miracle-Mantra* wird deinen Glauben an dich selbst verstärken und dir den Zuspruch geben, den du brauchst, um nur noch einen Anruf zu machen oder mit nur noch einer Person zu reden, die durch die Tür kommt.

Bonuslektion

Erinnerst du dich noch daran, was ich von meinem Mentor Dan Casetta über den Zweck von Zielen gelernt habe? *Der wahre Zweck eines Ziels ist nicht, es zu erreichen. Sein wahrer Sinn ist es, zu der Person zu werden, die ihre Ziele erreichen kann, unabhängig davon, ob man ein bestimmtes Ziel nun erreicht oder nicht. Wirklich wichtig ist, wer man wird, wenn man bis zum letzten Moment alles gibt – nicht das, was dabei herauskommt.*

Du musst der Typ Mensch werden, der das Ziel erreichen kann. Dabei erreichst du das Ziel zwar nicht jedes Mal, aber du kannst dadurch trotzdem zu einer Person werden, die sich unerschütterlichen Glauben erhält und überdurchschnittlichen Einsatz zeigt, egal, was am Ende dabei herauskommt. So wirst du der Mensch, der du sein musst, wenn du regelmäßig außergewöhnlich hoch gesteckte Ziele erreichen willst.

Das Ziel zu erreichen, spielt dabei (fast) keine Rolle, aber es wird dir trotzdem immer häufiger gelingen. Gewinnen Höchstleistungssportler jedes Mal? Nein, aber meistens. Genauso kannst du auch meistens gewinnen.

Du kannst früher aufstehen, mit Hingabe und Begeisterung die Life S.A.V.E.R.S. absolvieren, dich organisieren, konzentrieren und auf dein Ziel ausrichten und alle Verkaufstechniken wie ein Profi meistern. Den Erfolg, den du dir wünschst, wirst du trotzdem nur erlangen, wenn du unerschütterlichen Glauben und überdurchschnittlichen Einsatz kombinierst.

Die *Miracle-Gleichung* erlaubt dir, auf Kräfte zuzugreifen, die niemand so ganz versteht. Du erhältst Energie aus einer Quelle, die man als Gott, das Universum, das Gesetz der Anziehung oder sogar einfach nur als Glück bezeichnen könnte. Ich weiß nicht, wie sie funktioniert, ich weiß nur, dass sie es tut.

Wenn du dieses Buch bis hierher gelesen hast, ist klar, dass du dir Erfolg dringender wünschst als fast alles andere. Entschließe dich also dazu, die *Miracle-Gleichung* und alles, was du als Unternehmer tun musst, mit voller Kraft durchzuziehen. Du verdienst es und ich will, dass du es auch bekommst!

Die Miracle-Gleichung in der Praxis

1. Schreib dir die *Miracle-Gleichung* auf und häng sie an einer Stelle auf, wo du sie jeden Tag siehst: **Unerschütterlicher Glaube + Überdurchschnittlicher Einsatz = Wunder (UG + ÜE = W∞).**
2. Wähle dein oberstes Ziel für dieses Jahr. Welches Ziel würde deinen Erfolg auf die nächste Stufe heben, wenn du es erreichen könntest?
3. Schreib dein *Miracle-Mantra* auf: *Ich werde ____________ (füg hier deine Ziele und täglichen Handlungen ein), egal, was passiert. Eine andere Möglichkeit gibt es nicht.*

Dabei geht es mehr darum, wer du durch diesen Prozess werden kannst. Dein Selbstbewusstsein wird sich steigern und du wirst schon das nächste Mal, wenn du versuchst, ein Ziel zu erreichen (und jedes weitere Mal danach) zu der Art von Person, die alles gibt, was in ihr steckt.

Die unternehmerische Erfolgsformel

F x G x E = E

Hier ist noch mal Cameron für die Zielgerade dieses Buchs. Halt durch, jetzt bekommst du noch mal ein besonders fettes Stück guten Rat! Die Geheimformel, mit der man ausrechnen kann, wie wahrscheinlich es ist, dass man als Unternehmer Erfolg hat, ist ganz ähnlich wie die Formel, die Hal für die *Miracle-Gleichung* verwendet. Meine Formel, die unternehmerische Erfolgsformel, lautet: F x G x E = E.

Das F steht für *Fokus*. Das G bedeutet *Glaube*. Das erste E steht für *Einsatz* und das zweite für *Erfolg*. Wenn du also deinen *Fokus* mit deinem *Glauben* und deinem *Einsatz* multiplizierst, kommt dabei dein *Erfolgsniveau* heraus. Das ist mathematisch ziemlich interessant.

Um als Unternehmer Erfolg zu haben, musst du also dafür sorgen, dass alle drei Bereiche vor dem Gleichheitszeichen mit Volldampf laufen. Das bedeutet, dass du dich einmal im Jahr, im Quartal, in der Woche oder sogar am Tag hinsetzen und die folgenden Dinge beurteilen und aufschreiben solltest:

1. Wie *fokussiert* bist du auf die Dinge, die dein Unternehmen am Laufen halten und nach vorne bringen? Bewerte dich auf einer Skala von 0 bis 100 Prozent. Denkst du genug an deine Schlüsselzahlen und -daten (täglich oder wöchentlich). Managst du dein Team richtig und hast du immer ein offenes Ohr für deine Mitarbeiter? Wie gut konzentrierst du dich wirklich auf deine wichtigsten Ziele und darauf, deine Fortschritte in die richtige Richtung festzuhalten? Wie fokussiert bist du darauf, jeden Tag genau das zu tun, was am wichtigsten ist? Lässt du dich von sozialen Medien ablenken oder schaffst du es, konsequent an den Projekten zu arbeiten, die die größten Auswirkungen auf deinen Erfolg haben? Sei ehr-

lich und bewerte dich auf einer Skala von 0 bis 100 Prozent. Konzentrierst du dich jeden Tag zu vierzig Prozent auf deine wichtigsten Aufgaben? Fünfzig Prozent? Achtzig Prozent? Neunzig? Schreib die Zahl auf und hänge sie an einem Ort auf, wo du sie immer im Blick hast.

2. Wie stark *glaubst* du an dich selbst und dein Unternehmen? Du weißt schon: glaubst du daran, dass du die richtigen Mitarbeiter hast, glaubst du an deinen Markt, dein Produkt, deine Zukunft … oder zweifelst du an dir? Wachst du morgens auf und denkst: „Hurra, ich habe es ganz schön gut. Ich weiß, was wir machen und es geht mir gut damit. Ich habe jede Menge Selbstvertrauen." Oder bist du nervös, ängstlich und besorgt? Wie stark glaubst du an dein Team, dein Produkt, deine Dienstleistung und deine eigene Arbeit? Wie viel Glauben hast du an deine unternehmerischen Fähigkeiten? Wo würdest du dich auf einer Skala von 0 bis 100 Prozent einordnen? Bei vierzig Prozent? Fünfzig? Achtzig? Neunzig Prozent? Schreib dir auch diese Zahl auf.

3. Als Letztes geht es um deinen *Einsatz*. Wie viel Prozent Einsatz zeigst du? Hundert Prozent oder nur fünfzig? Arbeitest du den ganzen Tag lang hart und verlässlich oder schüttelst du alles aus dem Ärmel, wie es kommt? Setzt du dich an den Schreibtisch und fängst ernsthaft an, alles zu geben? Verschwendest du täglich oder wöchentlich Zeit? Wie viel Einsatz zeigst du für dein Unternehmen auf einer Skala von 0 bis 100 Prozent? Sechzig Prozent? Siebzig? Achtzig? Neunzig? Schreib diese Zahl auf.

Das ist der Punkt, an dem die Geheimformel tatsächlich beginnt, ihre Wirkung für dich zu entfalten. Nimm deine Prozentzahlen aus allen drei Bereichen, Fokus, Glaube und Einsatz, und multipliziere sie miteinander. Das Ergebnis ist die Wahrscheinlichkeit, dass du als Unternehmer erfolgreich werden wirst.

- Die unternehmerische Erfolgsformel
- Fokus x Glaube x Einsatz = Erfolg
- F x G x E = E
- ___% x ___% x ___% = ___% Erfolgswahrscheinlichkeit

Nehmen wir zum Beispiel an, ein Unternehmer wäre zu 80 % auf seine Firma fokussiert, glaubte zu 80 % daran und zeigte 80 % Einsatz. Normalerweise würde man denken, dass dort alles wie am Schnürchen läuft, oder? Schauen wir uns aber mal die Zahlen an:

- F x G x E = E
- ___% x ___% x ___% = ___% Erfolgswahrscheinlichkeit
- 80 % x 80 % x 80 % = 51,2 % Erfolgswahrscheinlichkeit

Das ist keine allzu hohe Wahrscheinlichkeit. Ich hatte schon Kunden mit solchen Zahlen, denen ich gesagt habe, sie wären besser dran, wenn sie nach Las Vegas fahren und ihr gesamtes Vermögen auf rot oder schwarz setzen würden. Dadurch könnten sie sich auch gleich eine Menge Stress ersparen.

Selbst wenn der Kunde ein bisschen besser dastand, sagen wir zu 90 % fokussiert, mit 90 % Glaube und 90 % Einsatz, kommt am Ende keine richtig großartige Zahl heraus.

- 90 % x 90 % x 90 % = 72,9 % Erfolgswahrscheinlichkeit

In Wahrheit führt kein Weg daran vorbei, dass Unternehmer diese Zahlen hochschrauben müssen, wenn sie erfolgreich sein wollen. Sie brauchen mindestens 98 % – so geht es zumindest mir selbst.

- 98 % x 98 % x 98 % = 94,1 % Erfolgswahrscheinlichkeit

Auf eine solche Wahrscheinlichkeit kann man schon eher wetten. Und ganz ehrlich, wenn du deine Tage mit einer vom *Miracle Morning* bestimmten Geisteshaltung und einem ebensolchen System beginnst, machst du damit schon die ersten Schritte auf dem Weg zum Erfolg – für dich und für deine Firma.

So nutze ich diese Formel, um mich zu motivieren und zu leiten:

Mindestens einmal im Quartal, oft aber auch monatlich, wöchentlich und manchmal sogar täglich, schreibe ich schnell meine Zahlen auf, um zu sehen, wo ich stehe. Aktuell, während ich dieses Buch schreibe, sieht meine neue *COO Allianc*e zum Beispiel so aus:

- F x G x E = E
- 90 % x 95 % x 90 % = 76,9 % Erfolgswahrscheinlichkeit

Nicht besonders gut, also ist es an der Zeit, jede dieser drei Zahlen in Bezug auf meine Konzentration auf mein Kerngeschäft hochzuschrauben.

Wie gut konzentrierst du dich auf dein Kerngeschäft?

Schlussgedanken

Herzlichen Glückwunsch! Du hast etwas geschafft, was nur einer kleinen Zahl von Menschen gelingt: Du hast ein ganzes Buch gelesen. Wenn du es so weit geschafft hast, verrät mir das etwas über dich. Du sehnst dich nach mehr. Du willst mehr werden, mehr tun, mehr beitragen und mehr verdienen.

Genau jetzt hast du die einmalige Chance, die Life S.A.V.E.R.S. zu einem Bestandteil deines Arbeits- und Privatlebens zu machen, deine tägliche Routine zu verbessern und schlussendlich dein ganzes Leben zu einer erstklassigen Erfahrung zu machen, wie du sie dir in deinen kühnsten Träumen nicht vorgestellt hättest. Bevor du es dich versiehst, wirst du die astronomischen Vorzüge der täglichen Gewohnheiten aller Höchstleistungsträger genießen können.

In fünf Jahren wirst du zurückblicken und erkennen, dass dein Leben, deine Beziehungen zu anderen und dein Einkommen das Ergebnis von genau einer Sache sind: von der Person, die du geworden bist. Du hast es in der Hand, jeden Morgen früh aufzustehen und Zeit darauf zu verwenden, die beste Version deiner selbst zu werden. Ergreif diese Gelegenheit beim Schopf, erschaff dir eine

Vision für die Zukunft und wende das an, was du aus diesem Buch gelernt hast, um deine Vision wahr werden zu lassen!

Stell dir vor, wie du in ein paar Jahren das Journal wiederfindest, das du angefangen hast, gleich nachdem du dieses Buch gelesen hast. Darin findest du die Ziele, die du dir notiert hast – Träume, die du zu dieser Zeit nicht einmal laut auszusprechen wagtest. Wenn du dich dann umsiehst, wirst du feststellen, dass diese Träume inzwischen Teil deines Lebens geworden sind.

Im Moment stehst du am Fuß eines Bergs, den du ohne größere Probleme besteigen kannst. Alles, was du tun musst, ist, für deinen *Miracle Morning* aufzustehen und die Life S.A.V.E.R.S. anzuwenden, Tag für Tag, Monat für Monat und Jahr für Jahr, während du dich selbst, dein Unternehmen und deine Erfolge zu Höhen führst, wie du sie noch nie erlebt hast.

Kombiniere deinen *Miracle Morning* mit dem Entschluss, die Überfliegerfähigkeiten und -prinzipien zu meistern und die *Miracle-Gleichung* zu nutzen, um Ergebnisse zu erzielen, von denen die meisten Menschen nur träumen können.

Dieses Buch enthält alles, von dem Hal und ich wissen, dass es dir helfen wird, all deine Lebensbereiche auf die nächste Stufe zu heben, und zwar schneller, als du es im Moment vielleicht glaubst. Man wird nicht dazu geboren, Höchstleistungen zu erbringen – man wird zu einer solchen Person, indem man sein Leben darauf ausrichtet, sich selbst und seine Fähigkeiten konstant zu verbessern, um das zu erreichen, was man sich schon immer gewünscht hat.

Und das kannst du auch. Ich verspreche es dir.

Los geht's! Die 30-Tage-Miracle-Morning-Herausforderung

Jetzt bist du dran! Werde einer von zehntausenden Menschen, die ihr Leben mithilfe des *Miracle Morning* verwandelt haben. Schließ dich der Online-Community auf www.TMMBook.com an und lade dir das Starterset herunter, damit du heute noch anfangen kannst.

In vier Schritten zur (30-tägigen) Miracle-Morning-Herausforderung

Schritt 1: Hol dir das 30-Tage-Miracle-Morning-Herausforderungs-Starterset

Geh auf www.TMMBook.com und lade dir dort das kostenlose 30-Tage-*Miracle-Morning*-Herausforderungs-Starterset herunter. Es enthält Übungen, Affirmationen, tägliche Checklisten, Fortschrittstabellen und alles andere, was du brauchst, um dir die 30-tägige *Miracle-Morning*-Herausforderung so einfach wie möglich zu gestalten. Bitte nimm dir jetzt ein paar Minuten Zeit dafür.

Schritt 2: Plane deinen ersten Miracle Morning für morgen ein

Wenn du es noch nicht getan haben solltest, nimm dir jetzt vor, deinen ersten *Miracle Morning* so bald wie möglich anzugehen – am besten gleich morgen.

Schreib ihn dir in den Kalender und leg dabei auch gleich den Ort fest, an dem du ihn machen möchtest. Denk daran, wir empfehlen dir, das Schlafzimmer dafür zu verlassen, damit dein Bett dich nicht in Versuchung führt.

Ich mache meinen *Miracle Morning* jeden Tag auf der Wohnzimmercouch, während alle anderen im Haus noch tief und fest schlafen. Ich habe aber auch schon von Leuten gehört, die ihren *Miracle Morning* lieber draußen in der Natur absolvieren, auf der Terrasse oder in einem Park in der Nähe.

Am besten suchst du dir ein Plätzchen aus, an dem du dich wohlfühlst und ungestört sein kannst.

Schritt 3: Lies die erste Seite des Startersets und mach die Übungen

Lies die Einführung in dein 30-Tage-*Miracle-Morning*-Herausforderungs-Starterset, folge den Anweisungen und mach die Übungen. Wie auf alles im Leben, was sich zu machen lohnt, musst du dich auch auf die 30-Tage-*Miracle-Morning*-Herausforderung ein bisschen vorbereiten. Es ist wichtig, dass du die Anfangsaufgaben in deinem Schnellstarterset machst (und es sollte auch nicht länger als 30-60 Minuten dauern), aber denk auch daran, dass dein *Miracle Morning* auch in Zukunft damit anfangen wird, dass du dich am Tag oder Abend zuvor mental, emotional und logistisch darauf vorbereitest. Darunter fällt auch die fünfstufige Anti-Schlummer-Aufwachstrategie aus Kapitel 2.

Schritt 4: Such dir einen Rechenschaftspartner (empfohlen)

Erfolg und Rechenschaft, die man einem anderen ablegt, sind untrennbar miteinander verbunden, das zeigen zahlreiche Belege. Den meisten Menschen widerstrebt es zwar, Rechenschaft abzulegen, aber jemanden zu haben, der einen höheren Maßstab an uns anlegt als wir es selbst tun, verbessert unsere Fähigkeit, zu schaffen, was wir uns vorgenommen haben, enorm. Jeder kann die Vorzüge genießen, die es mit sich bringt, einen Rechenschaftspartner zu haben, deshalb würden wir dir ans Herz legen, dass du dir jemanden suchst – ein Familienmitglied, einen Freund, einen Kollegen, deinen Partner oder deine Partnerin etc. –, der dich bei der 30-Tage-*Miracle-Morning*-Herausforderung unterstützt. Natürlich ist das nicht zwingend nötig, aber du wirst es wirklich sehr hilfreich finden.

Eine Person zu haben, der du regelmäßig Rechenschaft ablegst, sorgt nämlich nicht nur dafür, dass deine Chancen, durchzuhalten, sich erheblich verbessern, es macht auch einfach mehr Spaß, sich mit jemandem zusammenzutun. Wenn du etwas spannend findest und begeistert davon bist, es alleine auszuprobieren, steckt darin schon eine Menge Kraft. Diese Kraft vervielfacht sich allerdings noch deutlich, wenn du jemanden an deiner Seite hast, der ebenso begeistert und aufgeregt ist.

Ruf heute noch jemanden an, oder schreib ihm eine SMS oder E-Mail (oder mehrere), und lade ihn ein, mit dir zusammen die 30-Tage-*Miracle-Morning*-Herausforderung zu versuchen. Am schnellsten stellst du ihm alle nötigen Informationen zur Verfügung, indem du ihm den Link zu www.MiracleMorning.com schickst, damit er sich das *Miracle-Morning*-Schnellstarterset herunterladen kann. Darin enthalten sind:

- **Das KOSTENLOSE *Miracle-Morning*-Trainingsvideo**
- **Der KOSTENLOSE *Miracle-Morning*-Audioguide**
- **Zwei KOSTENLOSE Kapitel von *Miracle Morning – Die Stunde, die alles verändert***

Das kostet deinen Rechenschaftspartner nichts, aber du erhältst dadurch jemanden, der ebenso entschlossen ist, sein Leben auf die nächste Stufe zu heben wie du, sodass ihr euch unterstützen und ermutigen könnt, indem ihr euch gegenseitig Rechenschaft ablegt.

WICHTIG: Warte mit deinem ersten *Miracle Morning* und der 30-Tage-Herausforderung nicht, bis du einen Rechenschaftspartner gefunden hast. Egal, ob du schon jemanden gefunden hast, der den Weg mit dir gehen will oder nicht, ich würde dir dringend empfehlen, deinen ersten *Miracle Morning* gleich für morgen einzuplanen und ihn durchzuführen – egal, was passiert. Leg gleich damit los! Wenn du schon ein paar Tage lang erfahren hast, wie sich der *Miracle Morning* anfühlt, wirst du ein viel leichteres Spiel haben, jemand anderen mit deiner Begeisterung anzustecken.

Fang einfach damit an und lade einen Freund, ein Familienmitglied oder einen Kollegen ein, sich auf www.MiracleMorning.com das kostenlose *Miracle-Morning*-Schnellstarterset zu holen, wenn du Zeit dafür hast.

Deine Wunschperson wird in weniger als einer Stunde vollständig in der Lage sein, dein *Miracle-Morning*-Rechenschaftspartner zu werden – und sich wahrscheinlich ebenfalls ein bisschen inspiriert fühlen.

Bist du bereit, dein Leben auf die nächste Stufe zu heben?

Was ist die nächste Stufe deines Berufs- oder Privatlebens? Welche Lebensbereiche musst du verändern, um auf diese nächste Stufe zu gelangen?

Mach dir selbst das Geschenk von nur 30 Tagen, die du investierst, um dein Leben Tag für Tag entscheidend zu verbessern. Egal, wie deine Vergangenheit aussieht – du *kannst* die Zukunft verändern, indem du deine Gegenwart änderst.

Unternehmerprofil
PAT FLYNN

Pat Flynns Firma heißt *Smart Passive Income.*

Größte Businesserfolge

- Pat landete mit seinem Buch *Will It Fly?* auf der Bestsellerliste des *Wall Street Journal.*
- 2015 wurde sein Podcast von der *Academy of Podcasters* als „Bester Business-Podcast" ausgezeichnet.
- Er arbeitet als Berater für Firmen wie *LeadPages, ConvertKit* und *Pencils of Promise.*
- Das Magazin *Forbes* setzte ihn auf seine Liste der „Top Transparent Business Leaders"
- Sein Podcast wurde schon über 30 Millionen Mal heruntergeladen.

Morgenroutine

- Pat steht jeden Morgen um 4 Uhr auf, wäscht sich das Gesicht und putzt sich die Zähne.
- Dann trinkt er einen Viertelliter Wasser und isst getoastetes Ezekiel-Brot mit Mandelbutter.
- Er macht Dehnübungen und visualisiert das, was er an diesem Tag erreichen will.
- An drei Tagen pro Woche geht er als Nächstes Basketball spielen. An den anderen beiden arbeitet oder schreibt er stattdessen.
- Dann meditiert er sieben Minuten lang und schreibt fünf Minuten Tagebuch (in sein *Five Minute Journal*).
- Dann liest er seine Affirmationen und andere Texte, bis seine Kinder aufstehen.
- Danach verbringt er Zeit mit den Kindern und macht sie für die Schule fertig.
- Seine Frau und er bringen den Sohn gemeinsam zur Schule.
- Danach verbringt er Zeit mit seiner Frau und seiner Tochter. Sie spielen Spiele, lesen und genießen gemeinsam den Rest des Tages.

SCHLUSSWORT

MACH HEUTE ZU DEM TAG, AN DEM DU AUFGIBST, WER DU WARST, UND ZU DEM WIRST, DER DU WERDEN KANNST!

Denke jeden Tag beim Aufwachen: „Heute bin ich glücklich, weil ich aufgewacht bin, weil ich am Leben bin, weil ich ein wertvolles menschliches Leben habe und es nicht verschwenden werde. Ich werde all meine Energie einsetzen, um mich selbst weiterzuentwickeln und mein Herz zu anderen wachsen zu lassen. Ich werde so viel wie möglich tun, um anderen zu dienen."

DALAI LAMA

Dinge ändern sich nicht. Wir ändern uns.

HENRY DAVID THOREAU

Wo du jetzt bist, ist das Ergebnis davon, wer du *warst*. Aber wohin du von hier aus gehst, hängt ausschließlich davon ab, wer du dich ab sofort entscheidest zu werden.

Jetzt ist dein Moment. Beschließe, dass heute der wichtigste Tag deines Lebens ist, denn wer du *jetzt* wirst – durch die Entscheidungen, die du triffst und die Dinge, die du tust – bestimmt, wer und wo du für den Rest deines Lebens sein wirst. Schieb es nicht auf die lange Bank, das Leben, das du dir wünschst und das du verdienst – das Glück, die Gesundheit, den Reichtum, den Erfolg und die Liebe – zu erschaffen und zu erleben.

Kevin Bracy, einer meiner Mentoren, sagte gerne: „Warte nicht ab, werde großartig!" Wenn du dein Leben verbessern möchtest, musst du zunächst dich selbst verbessern.

Lade jetzt das 30-Tage-*Miracle-Morning*-Herausforderungs-Starterset auf www.TMMBook.com herunter und nimm dir fest vor, sie zu schaffen (mit oder ohne Rechenschaftspartner), um dir sofort mehr von deinem eigenen Potenzial zu erschließen als je zuvor. Stell es dir nur mal vor: In nur einem Monat wirst du schon auf dem besten Weg sein, jeden Bereich deines Lebens grundlegend zu verändern.

Helfen wir anderen!

Darf ich dich um einen kleinen Gefallen bitten?

Wenn dieses Buch dir etwas für dein Leben gebracht hat, wenn du das Gefühl hast, dass es dir nach der Lektüre besser geht, und wenn du denkst, der *Miracle Morning* könnte für dich den Neubeginn bedeuten, den du brauchst, um jeden deiner Lebensbereiche auf die nächste Stufe zu heben, dann hoffe ich, dass du jemandem, den du magst, etwas Gutes tun wirst:

Schenk ihm das Buch oder leih ihm dein Exemplar. Bitte ihn, es zu lesen, damit er ebenfalls die Chance hat, sein Leben zu verbessern.

Falls du noch nicht bereit bist, dein eigenes Buch wegzugeben, weil du planst, es noch einmal zu lesen, schenk ihm doch einfach ein eigenes Exemplar, um ihm zu sagen: „Hey, ich mag und schätze dich, und ich will dir helfen, dein Leben so gut wie möglich zu gestalten. Lies dieses Buch!"

Wenn du genau wie ich glaubst, dass man ein besonders guter Freund (oder ein besonders gutes Familienmitglied) wird, indem man seinen Freunden und Liebsten hilft, die beste Version ihrer selbst zu werden, solltest du ihnen unbedingt dieses Buch schenken.

Gemeinsam heben wir das Bewusstsein der gesamten Menschheit auf die nächste Stufe – Morgen für Morgen.

Vielen Dank.

EINE EINLADUNG VON HAL

Die Leser und Anwender des *Miracle Morning* haben eine außergewöhnliche Gemeinschaft von über 200.000 ähnlich gesonnen Personen auf der ganzen Welt geschaffen, die jeden Tag mit einem Ziel aufwachen und Zeit darauf verwenden, das unbegrenzte Potenzial zu nutzen, das in uns allen liegt. Gleichzeitig helfen sie anderen, das Gleiche zu erreichen.

Als Autor von *Miracle Morning* empfand ich es als meine Pflicht, eine Online-Community zu schaffen, in der sich Leser zusammenfinden können, um sich kennenzulernen, sich gegenseitig Mut zu machen, sich über die besten Methoden auszutauschen, sich gegenseitig zu unterstützen, über das Buch zu diskutieren, Videos zu posten, einen Partner zu finden, dem sie Rechenschaft ablegen können, und sogar Smoothierezepte und Sporteinheiten zu teilen.

Damals hätte ich mir ehrlich gesagt nicht träumen lassen, dass die *Miracle-Morning*-Community eine der positivsten, engagiertesten und sich gegenseitig am besten unterstützenden Online-Communitys der Welt werden würde, aber genau das ist passiert. Die Persönlichkeit und menschliche Größe unserer Mitglieder aus über 70 Ländern erstaunt mich jeden Tag aufs Neue – und es werden immer mehr.

Geh einfach auf www.MyTMMComunity.com und beantrage Aufnahme in die Facebookgruppe der *Miracle-Morning*-Community.

So kommst du augenblicklich in Kontakt mit über 50.000 Menschen, die die Methoden des *Miracle Morning* bereits anwenden – zum Teil schon seit Jahren. Sie sind gerne bereit, ihre Ratschläge, Unterstützung und Erfahrung zu teilen, um dir schneller zum Erfolg zu verhelfen.

Ich moderiere diese Community und schaue auch regelmäßig dort vorbei, also freue ich mich darauf, dich dort zu treffen. Wenn du lieber persönlich auf den Sozialen Medien mit mir in Kontakt treten möchtest, folge einfach @HalElrod auf Twitter oder www.facebook.com/YoPalHal auf Facebook. Lass uns bald Kontakt aufnehmen!

ÜBER DIE AUTOREN

HAL ELROD ist einer der besten amerikanischen Redner, was sich auch daran zeigt, dass ihm verschiedene Ortsgruppen der *Entrepreneur Organization* (EO) durchschnittlich 9,7 von 10 Punkten geben. Am bekanntesten ist er trotzdem als Autor des Buchs, das weithin als eines der lebensveränderndsten Bücher aller Zeiten gilt, und das auf Amazon über 1.500 Fünf-Sterne-Rezensionen bekommen hat: ***Miracle Morning – Die Stunde, die alles verändert.*** Der Bestseller wurde inzwischen in 21 Sprachen übersetzt und verkauft sich auf der ganzen Welt hervorragend.

Die Grundlage für Hals Lebenswerk wurde gelegt, als er erst 20 Jahre alt war und nach einem schrecklichen Autounfall tot aufgefunden wurde. Ein betrunkener Autofahrer hatte ihn mit über 110 km/h angefahren und ihm 11 Knochen gebrochen. Hal war sechs Minuten lang klinisch tot und erlitt einen unheilbaren Hirnschaden. Nach sechs Tagen im Koma wachte er auf und musste sich der unvorstellbaren Realität stellen – darunter auch den Ärzten, die ihm sagten, er würde nie wieder gehen können. Entgegen dieser Prophezeiung bewies er jedoch, dass wir alle in der Lage sind, scheinbar unüberwindliche Hindernisse zu nehmen und alles zu erreichen, was wir uns fest genug vorgenommen haben, indem er nicht nur wieder lernte zu gehen, sondern sogar einen 52 Meilen langen Ultramarathon lief und zum „Hall of Fame"-Businessmann, Autor eines internationalen Bestsellers, gefeierten Redner und Moderator des überaus erfolgreichen Podcasts „Achieve Your Goals" wurde.

Vor allem anderen ist Hal unendlich dankbar dafür, mit seiner Traumfrau verheiratet zu sein und zwei Kinder zu haben. Sein Leben teilt er mit ihnen in Austin in Texas.

Wenn du mehr über Hals Reden, seine Live-Events, sein Coaching, seine Bücher und den in Kürze erscheinenden Dokumentarfilm über den *Miracle Morning* erfahren möchtest, schau bitte auf www.halelrod.com vorbei.

CAMERON HEROLD ist auf der ganzen Welt bekannt als der „Business Growth Guru".

Er steht als Berater hinter Hunderten von Firmen, die exponentiell wachsen. Seine Consultingagentur ist ausgesprochen dynamisch und betreut unter anderem einen der großen vier amerikanischen Mobilfunkanbieter und ein Königshaus. Was seine Klienten am meisten an ihm schätzen? Dass er kein Theorietyp ist, sondern immer aus persönlicher Erfahrung spricht. Er hat sich seinen Ruf als Guru für Firmenwachstum erarbeitet, indem er seine Klienten zu einem Punkt führt, an dem sie ihren Umsatz und ihre Gewinne innerhalb von höchstens drei Jahren verdoppeln können.

Cameron war schon immer Unternehmer. Mit 21 Jahren hatte er bereits 14 Angestellte. Mit 35 hatte er zwei Unternehmen aufgebaut, die jeweils 100 Millionen Dollar wert waren. Im Alter von 42 führte er *1-800-GOT-JUNK?* von einem Gewinn von 2 Millionen Dollar zu 106 Millionen Dollar und 3.100 Angestellten – in nur sechs Jahren. In der gleichen Zeit landeten seine Unternehmen über 5.200-mal in den Medien und wurden unter anderem in der beliebten Fernsehsendung von Oprah Winfrey präsentiert.

Cameron weiß nicht nur, wie man einem Unternehmen Flügel verleiht, er verfügt darüber hinaus über eine einzigartige Bühnenpräsenz. Der aktuelle Herausgeber des Wirtschaftsmagazins *Forbes*, Rich Karlgaard, sagt über ihn: „Cameron Herold ist der BESTE REDNER, den ich je gehört habe … Bei ihm landet jeder Schuss im Tor."

Wenn Cameron die Bühne verlässt, hört er deshalb noch lange nicht auf, anderen Dinge beizubringen. Sein internationaler Bestseller *Double Double* wird gerade zum siebten Mal aufgelegt und wurde bereits in mehrere Sprachen übersetzt.

Cameron ist ein gefeierter Redner auf den Bühnen der Welt und hat schon in 26 Ländern bezahlte Vorträge gehalten. Außerdem ist er einer der am besten bewerteten Lektoren im Masterprogramm für Unternehmertum von EO und MIT und ein schlagkräftiger und effektiver Redner bei unzähligen Events für CEOs und COOs auf der ganzen Welt.

In seinen drei neuen Businessratgeber (erschienen im Jahr 2016) thematisiert Cameron Public Relations, Meetings und wie du dein Team anleiten kannst, die Firmenvision zu begreifen.

HONORÉE CORDER hat mehr als 21 Bücher geschrieben, darunter *You Must Write a Book, Vision to Reality, Prosperity for Writers, Business Dating, die Successful-Single-Mom*-Reihe, *If Divorce is a Game, These are the Rules*, und *The Divorced Phoenix*. Außerdem ist sie Hal Elrods Businesspartnerin und managt mit ihm gemeinsam die *Miracle-Morning*-Buchserie. Daneben coacht Honorée Geschäftsleute, Autoren und angehende Sachbuchautoren, die gern einen Bestseller landen und sich mehrere Einkommensquellen erschließen wollen. Und auch sonst wirkt sie jede Menge Wunder und hat es einfach rundum voll drauf. Mehr über Honorée erfährst du auf ihrer Webseite: www.honoreecorder.com.

Hal Elrod, David Osborn mit Honorée Corder:

Miracle Morning für Millionäre
Das Erfolgsgeheimnis: Was die Reichen vor 8 Uhr tun

Aus dem amerikanischen Englisch von Christina Brombach
Geleitwort von Prof. Dr. Lothar Seiwert
ISBN 978-3-95904-068-6
Edition Forsbach 2019

Wie wäre es, wenn das Erfolgsgeheimnis der Millionäre gar nicht darin besteht, mehr zu tun, sondern vorteilhafter zu handeln?

Die Reichen wissen, dass alles in ihrer Gegenwart davon abhängt, wie sie in der Vergangenheit gedacht, entschieden und gehandelt haben. Trotzdem können Sie Ihre aktuellen Umstände ganz leicht ändern. Und zwar sofort!

In diesem bahnbrechenden Wegweiser zum Reichtum erfahren Sie …

- Dass der Morgen und Reichtum unstrittig zusammenhängen.
- Warum man im Sitzen nicht reich wird.
- Welcher einfache, fünfstufige Aufwachprozess garantiert, dass Sie früh aufstehen werden – wie ein Millionär.
- Welche vier Entscheidungen Sie treffen müssen, um reich zu werden.
- Die klaren Handlungsschritte, für die Sie sich entscheiden müssen, wenn Sie Millionär werden wollen.
- Einen neuen Umgang mit Affirmationen – und wie Sie sie so nutzen können, dass sie zu Ergebnissen führen.
- Wie das „Rückspiegelsyndrom“ Ihr finanzielles Wachstum erheblich hemmen kann.
- Den Schlüssel, wie Sie Ihre blinden Flecken in Zukunftsvisionen verwandeln.

Werden Sie vor 8 Uhr morgens zum Miracle Morning Millionär

Hal Elrod, Steve Scott mit Honorée Corder:

Miracle Morning für Autoren
Dein Schreibritual für mehr Erfolg und höheres Einkommen

Aus dem amerikanischen Englisch von Christina Brombach
Geleitwort von Prof. Dr. Lothar Seiwert
ISBN 978-3-95904-070-9
2. Aufl., Edition Forsbach 2020

Brauchen Sie mehr Zeit zum Schreiben – ohne dafür die wichtigen Dinge zu opfern? Suchen Sie nach einer Methode, mit der Sie immer wieder neue, tolle Buchideen entdecken können? Wünschen Sie sich ein zuverlässiges Einkommen durch das Schreiben, oder möchten Sie Ihre bestehenden Einkünfte verbessern?

Dann sollten Sie *Miracle Morning für Autoren* lesen. In diesem Buch verbinden sich Hal Elrods weltweit erfolgreiches Morgenritual mit Steve Scotts bewährter Schreibgewohnheitstechnik.

Das erwartet Sie in Miracle Morning für Autoren:

- Die Erkenntnis, dass eine Morgenroutine Auswirkungen auf Ihr ganzes Leben hat.
- Eine erprobte Strategie, mit der Sie Zeit zum Schreiben finden.
- Unsere Methode, mit der Sie jede Menge Bücher verkaufen.
- Steves Lieblingsapp, mit der Sie Ihre großartigen Ideen festhalten und für das nächste Buch recherchieren können.
- Hals Strategie, mit Gedanken umzugehen, die Sie einschränken und am Erfolg hindern.
- Den „Flow“ und eine Anleitung, wie Sie Schreibblockaden für immer aus dem Weg räumen.

Der *Miracle Morning für Autoren* ist Ihr Schlüssel zu einem neuen Schreibritual, mit dem Sie Ihr Einkommen erhöhen und größeren Eindruck auf die Welt machen können.